U0201835

“生命早期1000天营养改善与应用前沿”编委会

姜毓君　东北农业大学
蒋卓勤　中山大学预防医学研究所
李光辉　首都医科大学附属北京妇产医院
厉梁秋　中国营养保健食品协会
刘　彪　内蒙古乳业技术研究院有限责任公司
刘烈刚　华中科技大学同济医学院
刘晓红　首都医科大学附属北京友谊医院
毛学英　中国农业大学
米　杰　首都儿科研究所
任发政　中国农业大学
任一平　浙江省疾病预防控制中心
邵　兵　北京市疾病预防控制中心
王　晖　中国人口与发展研究中心
王　杰　中国疾病预防控制中心营养与健康所
王　欣　首都医科大学附属北京妇产医院
吴永宁　国家食品安全风险评估中心
严卫星　国家食品安全风险评估中心
杨慧霞　北京大学第一医院
杨晓光　中国疾病预防控制中心营养与健康所
杨振宇　中国疾病预防控制中心营养与健康所
荫士安　中国疾病预防控制中心营养与健康所
曾　果　四川大学华西公共卫生学院
张　峰　首都医科大学附属北京儿童医院
张玉梅　北京大学

CNHFA 中国营养保健食品协会推荐用书

生命早期1000天
营养改善与应用前沿
Frontiers in Nutrition Improvement and Application During the First 1000 Days of Life

婴幼儿配方食品喂养效果评估

Evaluation of Feeding Effects of Infants and Young Children Formulas

张玉梅
江　华　主编

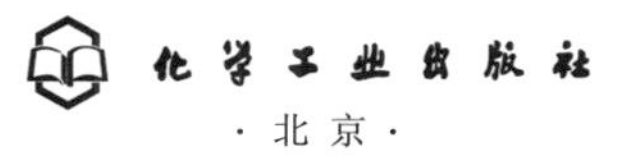
化学工业出版社
·北京·

内容简介

本书是目前唯一基于母乳成分研发的婴幼儿配方食品喂养效果与健康风险评价技术的中文出版物。作者通过比较课题组已经完成的多项婴幼儿配方食品临床喂养试验的设计及效果评价，参考国际上已发表的相关研究，系统分析和整理婴幼儿配方食品喂养效果与健康风险评价适用技术，以指导设计临床喂养试验，促进我国婴幼儿配方食品的品质提升，提高我国婴幼儿配方食品的美誉度与国际竞争力。

本书可作为婴幼儿配方食品研发人员、乳品科学家以及妇幼营养保健人员的参考书。

图书在版编目（CIP）数据

婴幼儿配方食品喂养效果评估 / 张玉梅，江华主编．北京 ：化学工业出版社，2024．7．--（生命早期 1000 天营养改善与应用前沿）．-- ISBN 978-7-122-45868-1

Ⅰ．TS216

中国国家版本馆 CIP 数据核字第 2024KM1855 号

责任编辑：李　丽　刘　军　　　加工编辑：赵爱萍

责任校对：李雨晴　　　装帧设计：王晓宇

出版发行：化学工业出版社（北京市东城区青年湖南街 13 号　邮政编码 100011）

印　　装：中煤（北京）印务有限公司

710mm×1000mm　1/16　印张 19　字数 265 千字　2024 年 7 月北京第 1 版第 1 次印刷

购书咨询：010-64518888　　　售后服务：010-64518899

网　　址：http://www.cip.com.cn

凡购买本书，如有缺损质量问题，本社销售中心负责调换。

定　　价：128.00 元

《婴幼儿配方食品喂养效果评估》编写人员名单

主编

张玉梅　江　华

副主编

赵励彦　薛　勇　何晶晶　陈章健

编写人员（按姓氏汉语拼音排序）

陈章健　戴子健　何晶晶　江　华　梁　栋　刘瑞爽

马　莺　文羽洁　薛　勇　张玉梅　赵　艾　赵励彦

周倩龄

序一

生命早期1000天是人类一生健康的关键期。良好的营养支持是胚胎及婴幼儿生长发育的基础。对生命早期1000天的营养投资被公认为全球健康发展的最佳投资之一，有助于全面提升人口素质，促进国家可持续发展。在我国《国民营养计划（2017—2030年）》中，将“生命早期1000天营养健康行动”列在“开展重大行动”的第一条，充分体现了党中央、国务院对提升全民健康的高度重视。

随着我国优生优育政策的推进，社会各界及广大消费者对生命早期健康的认识发生了质的变化。然而，目前我国尚缺乏系统论述母乳特征性成分及其营养特点的系列丛书。2019年8月，在科学家、企业家等的倡导下，启动“生命早期1000天营养改善与应用前沿”丛书编写工作。此丛书包括《孕妇和乳母营养》《婴幼儿精准喂养》《母乳成分特征》《母乳成分分析方法》《婴幼儿膳食营养素参考摄入量》《生命早期1000天与未来健康》《婴幼儿配方食品品质创新与实践》《特殊医学状况婴幼儿配方食品》《婴幼儿配方食品喂养效果评估》共九个分册。丛书以生命体生长发育为核心，结合临床医学、预防医学、生物学及食品科学等学科的理论与实践，聚焦学科关键点、热点与难点问题，以全新的视角阐释遗传 - 膳食营养 - 行为 - 环境 - 文化的复杂交互作用及与慢性病发生、发展的关系，在此基础上提出零岁开始精准营养和零岁预防（简称“双零”）策略。

该丛书是一部全面系统论述生命早期营养与健康及婴幼儿配方食品创新的著作，涉及许多原创性新理论、新技术与新方法，对推动生命早期1000天适宜营养的重要性认知具有重要意义。该丛书编委包括国内相关领域的学术带头人及产业界的研发人员，历时五年精心编撰，由国家出版基金资助、化学工业出版社出版发行。该丛书是母婴健康专业人员、企业产品研发人员、政策制定者与广大父母的参考书。值此丛书付梓面世之际，欣然为序。

任发政

2024年6月30日

序二

儿童是人类的未来，也是人类社会可持续发展的基础。在世界卫生组织、联合国儿童基金会、欧盟等组织的联合倡议下，生命早期1000天营养主题作为影响人类未来的重要主题，成为2010年联合国千年发展目标首脑会议的重要内容，以推动儿童早期营养改善行动在全球范围的实施和推广。“生命早期1000天”被世界卫生组织定义为个人生长发育的“机遇窗口期”，大量的科研和实践证明，重视儿童早期发展、增进儿童早期营养状况的改善，有助于全面提升儿童期及成年的体能、智能，降低成年期营养相关慢性病的发病率，是人力资本提升的重要突破口。我国慢性非传染性疾病导致的死亡人数占总死亡人数的88%，党中央、国务院高度重视我国人口素质和全民健康素养的提升，将慢性病综合防控战略纳入《“健康中国2030”规划纲要》。

“生命早期1000天营养改善与应用前沿”丛书结合全球人类学、遗传学、营养与食品学、现代分析化学、临床医学和预防医学的理论、技术与相关实践，聚焦学科关键点、难点以及热点问题，系统地阐述了人体健康与疾病的发育起源以及生命早期1000天营养改善发挥的重要作用。作为我国首部全面系统探讨生命早期营养与健康、婴幼儿精准喂养、母乳成分特征和婴幼儿配方食品品质创新以及特殊医学状况婴幼儿配方食品等方面的论著，突出了产、学、研相结合的特点。本丛书所述领域内相关的国内外最新研究成果、全国性调查数据及许多原创性新理论、新技术与新方法均得以体现，具有权威性和先进性，极具学术价值和社会价值。以陈君石院士、孙宝国院士、陈坚院士、张福锁院士、刘仲华院士为顾问，以任发政院士为编委会主任、荫士安教授为副主任的专家团队花费了大量精力和心血著成此丛书，将为创新性的慢性病预防理论提供基础依据，对全面提升我国人口素质，推动21世纪中国人口核心战略做出贡献，进而服务于“一带一路”共建国家和其他发展中国家，也将为修订国际食品法典相关标准提供中国建议。

中国营养保健食品协会会长

边振甲

2023年10月1日

前言

——为未来，且估量

无法母乳喂养的孩子呱呱坠地，从遥远的古代到婴儿配方食品出现之前，新生命到来的欣喜稍纵即逝，能否活下去成了无数家庭将要面临的长长短短的麻烦和伤痛。面对各种危险，有母乳的孩子幸福无边，母乳不仅可以满足6月龄内婴儿的全部营养，更能预防感染，延续人类的基因、智慧，促进胃肠道逐渐发育成熟及免疫功能完善。母乳是新生儿的理想食物，母乳喂养的婴儿生长发育水准也成了婴儿生长发育的金标准。早在1915年，人们就采用以脱脂牛乳为基础，脂肪含量与人类母乳相似的“调制合成奶”喂养了300名婴儿，也开启了婴幼儿配方食品质量、安全、功能性评估的先河。

按照国家食品安全标准，婴幼儿配方食品包括必需成分和可选择成分，每一种成分及含量范围的确定及纳入标准都经历了一次次评估和再评估。以往人们更重视质量评估，某种程度上忽视了婴幼儿配方食品安全和功能评估。细胞、动物实验及类器官技术均可用于评估安全和功效；当然，婴幼儿喂养的人群研究，是评估普通婴幼儿配方食品及特殊医学用途婴儿配方食品的喂养耐受性、喂养效果的最佳手段。

婴幼儿是家庭的未来、社会的未来，更是人类的未来。有机会撰写此书，深感荣幸，笔者挖掘研究团队长期的母乳研究积淀，并承担母婴营养的职业责任，希冀通过本书，促进婴幼儿配方食品科学的喂养效果和安全风险估量与评价，从而助力创造婴幼儿配方食品的美好未来。

最后，非常感谢书中每位作者对本书所做出的贡献。本书是获得2022年度国家出版基金的“生命早期1000天营养改善与应用前沿”从书的组成部分，在此感谢国家出版基金的支持，同时感谢中国营养保健食品协会对本书出版给予的支持。

张玉梅教授

2024年3月4日书于北京大学公共卫生学院办公室

目录

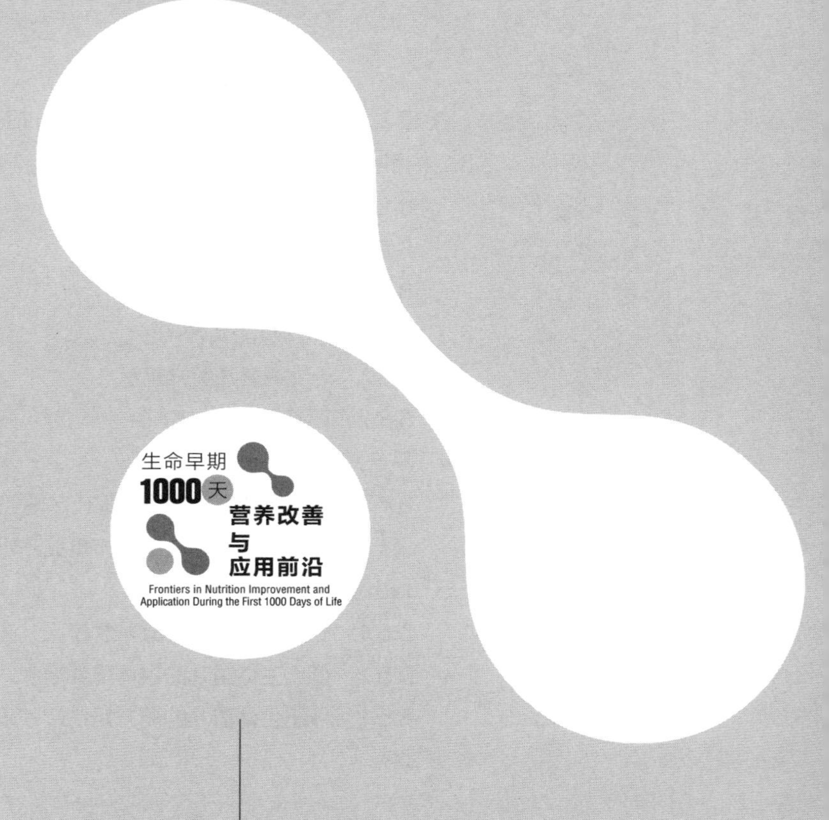

婴幼儿配方食品喂养效果评估

Evaluation of Feeding Effects of Infants and Young Children Formulas

第 1 章

绪论

母乳是新生儿的理想食品，世界卫生组织（World Health Organization, WHO）建议 0 ~ 6 月龄婴儿纯母乳喂养，之后添加辅食的同时应持续母乳喂养至 2 周岁或者更长时间[1]。遗憾的是并非所有的母亲都能在分娩后实施纯母乳喂养，有证据显示，至少有 25% 以上的女性乳房单侧或双侧发育不全[2]，乳头皲裂疼痛会导致乳腺炎，引发泌乳及乳汁排出异常，致母亲放弃母乳喂养[3]。没有母乳或者母乳分泌量不足的婴儿能否活下去并获得与母乳喂养婴儿相似的健康结局，一直是医学、营养及食品领域关注的问题。

1.1 婴幼儿配方食品的定义及分类

婴儿配方食品（奶粉）的出现，拯救了无数无法母乳喂养婴儿的生命，也弥补了母乳不足导致的婴儿能量及营养素缺乏。与世界上其他国家或地区一样，我国的婴儿配方食品按照婴幼儿的健康状况分为普通婴儿配方食品和特殊医学用途婴儿配方食品。

按照我国《食品安全国家标准 婴儿配方食品（GB 10765—2021）》和《食品安全国家标准 特殊医学用途婴儿配方食品通则（GB 25596—2010）》的定义，普通婴儿配方食品满足正常婴儿的营养需要，而特殊医学用途婴儿配方食品则针对患有特殊紊乱、疾病或医疗状况等特殊医学状况婴儿的营养需求而设计。

1.1.1 婴幼儿配方食品

婴幼儿配方食品即普通婴幼儿配方食品，按照婴幼儿的年龄及营养需求特点，分为婴儿配方食品、较大婴儿配方食品和幼儿配方食品[4-6]。

1.1.1.1 婴儿配方食品

婴儿配方食品是指适用于正常婴儿食用，其能量和营养成分能满足0～6月龄婴儿正常营养需要的配方食品。按照蛋白质的来源不同可分为两类[4]：

（1）乳基婴儿配方食品　指以乳类及乳蛋白制品为主要蛋白来源，加入适量的维生素、矿物质和/或其他原料，仅用物理方法生产加工制成的产品。

（2）豆基婴儿配方食品　指以大豆及大豆蛋白制品为主要蛋白来源，加入适量的维生素、矿物质和/或其他原料，仅用物理方法生产加工制成的产品。

1.1.1.2 较大婴儿配方食品

较大婴儿配方食品是指适用于正常较大婴儿食用，其能量和营养成分能满足 7 ～ 12 月龄较大婴儿部分营养需要的配方食品。按照蛋白质的来源同样可分为两类：乳基较大婴儿配方食品与豆基较大婴儿配方食品[5]。

1.1.1.3 幼儿配方食品

幼儿配方食品：以乳类及乳蛋白制品和 / 或大豆及大豆蛋白制品为主要蛋白来源，加入适量的维生素、矿物质和 / 或其他原料，仅用物理方法生产加工制成。其适用于幼儿食用，能量和营养成分能满足正常幼儿的部分营养需要[6]。

1.1.2 特殊医学用途婴儿配方食品

特殊医学用途婴儿配方食品指针对患有特殊紊乱、疾病或医疗状况等特殊医学状况婴儿的营养需求而设计制成的粉状或液态配方食品。在医生或临床营养师的指导下，单独食用或与其他食物配合食用时，其能量和营养成分能够满足 0 ～ 6 月龄特殊医学状况婴儿的生长发育需求[7]。

按照 GB 25596—2010，我国特殊医学用途配方食品分为：①无乳糖或低乳糖配方；②乳蛋白部分水解配方；③乳蛋白深度水解配方或氨基酸配方；④早产 / 低出生体重婴儿配方；⑤母乳营养补充剂；⑥氨基酸代谢障碍配方。分别适用于以下特殊医学状况：乳糖不耐受婴儿、乳蛋白过敏高风险婴儿、食物蛋白过敏婴儿、早产 / 低出生体重儿、早产 / 低出生体重儿（母乳喂养）、氨基酸代谢障碍婴儿。

1.2 婴幼儿配方食品的发展历史

从公元前 1000 年到 20 世纪，漫长的历史长河中，无法母乳喂养的婴儿只能求救她人获得“乳汁”。早在现代婴儿配方奶粉出现之前母乳替代品就已经存在。一般采用两种替代母乳喂养的方法，一是选择“奶妈”，以色列、古罗马[8]以及古代的中国，都记载不同级别的“奶妈”，最初既哺育自己的孩子，也哺喂没有母乳或者缺乏母乳喂养的婴儿，逐渐使“奶妈”成为一个职业。另一种是选择其他哺乳动物的乳汁，主要来源为牛、羊和山羊[9]。直到19世纪末，奶妈喂养被认为是无法得到自己母亲母乳喂养婴儿的最安全方式。19世纪后期，随着玻璃奶瓶、奶嘴的出现，喂养动物奶更加便捷，但在牛乳中添加碳水化合物等成分的婴儿配方奶粉出现之前，仅有很少的无法母乳喂养的婴儿能够存活[10]。

1.2.1 国外婴幼儿配方食品发展历史

无法母乳喂养的婴儿难以存活，成了无数家庭的痛。雀巢公司的历史展览记载了创办人亨利·雀巢，一位最初是药剂师的学徒，在19世纪60年代发明了一种婴儿配方粉从而挽救濒死婴儿的故事。德国人Justus von Liebig发明商业化的婴儿食品（获得专利）：李比希配方（Liebig’s formula）由小麦及麦芽粉、少许碳酸钾（降低酸度）加入到牛乳中煮沸而成，标志着婴幼儿配方食品的开端，李比希也被认为是婴儿配方食品的创始人[11]。1878年，Biedert首次提出牛奶中蛋白质含量高于母乳，并设计往牛奶中加入水、糖和奶油，使其更近似母乳[12]。李比希婴儿食品的营销和蒸发牛奶的发明，促使很多种商业化配方奶粉迅速出现[13]。

婴儿配方粉始于牛乳，但早在公元1760年，有学者比较了人乳与牛、羊、驴、马、山羊乳的化学成分，认为人类母乳可以为婴儿提供最佳营养[13]。寻找无法母乳喂养新生儿的母乳替代品的过程漫长，人们很早就关注到非人类哺乳动物乳汁的局限性。公元1545年，人们开始关注给婴儿喂动物奶的问题[10]。给婴儿直接喂食动物乳汁虽然解决了饥饿，但产生的健康危害较多，如直接给羊奶导致婴儿叶酸缺乏，而直接给牛乳则易引起早发性低钙血症发作和氮质血症，损害婴儿的肾功能[10]。

20世纪初，牛奶成为人们认为最优的动物奶基质[10]，只要进行某些调整改良，就能满足人类婴儿生长发育安全和适口性。调节方法包括去除牛奶的脂肪并用植物油替代；为适应新生儿相对未成熟的肾小管系统，通过添加其他成分稀释，从而降低牛乳的蛋白质含量；以及添加或平衡其中的矿物质和维生素（如添加铁、调整钙磷比等）[11]。

1915 年，美国人 Gerstenberger 医生等发明了以牛乳为基础，并且脂肪含量与母乳相同的配方，即脂肪 4.6%、碳水化合物 6.5%、蛋白质 0.9%，就是把均质化的植物油、橄榄油及乳糖添加到脱脂牛乳制成，后人将此配方称为调制的合成奶（synthetic milk adapted, SMA）。4 年后发明者采用该配方喂养了 300 名婴儿，成为以母乳成分为导向，学习母乳，以牛乳为基础的婴儿配方食品现代产业发展的开端[14]。

英文版《婴儿配方粉：评估配方新成分的安全性（*Infant Formula: Evaluating the Safety of New Ingredients*）》[10] 描述了商业化的婴儿配方粉历史的沿革，笔者增加了近年来大米蛋白水解物作为商业化婴儿配方食品的蛋白质来源，如表 1-1 所示。

表 1-1　欧美国家商业化婴儿配方粉发展史

配方粉	时间	配方粉配方组成特点
牛乳基配方粉	1867 年	小麦粉、牛奶、麦芽粉和碳酸氢钾
	1915 年	牛奶、乳糖、橄榄油和植物油；粉末状
	1935 年	配方的蛋白质含量
	1959 年	引入铁强化配方
	1960 年	基于婴儿肾负荷，设计配方粉的稀释度（合适的渗透压）
	1962 年	配方的乳清蛋白 / 乳酪蛋白比与母乳近似
	1984 年	引入牛磺酸
	20 世纪 90 年代末	引入核苷酸
	21 世纪初	引入长链多不饱和脂肪酸
非牛乳基配方粉	1929 年	商用大豆配方粉
	20 世纪 60 年代中	引入大豆分离蛋白
	21 世纪 20 年代初	引入大米蛋白[15]（2020 年前已在美国、西班牙、意大利、法国上市，欧盟委员会已经批准燕麦蛋白水解物、大米蛋白水解物为新食品原料）

2003 年，Kleinman 等[16] 记载了德国的 Forster 等学者将 Voit 首创的间接测热法应用于婴儿和儿童，提供了首个被广泛引用的婴儿能量消耗参考值。有学者与 Voit 合作[17]，采用量热法估计脂肪、碳水化合物和蛋白质的能量值，从而提出婴儿膳食供能营养素的摄入量建议，即基

于能量需要喂养婴儿。研究婴儿新陈代谢的基础儿科营养学迅速发展，促进了人们对于婴儿营养认识的提高。

20 世纪初，母乳成分、各类动物乳成分的研究逐渐深入，特别是欧洲和美国对婴儿配方食品的研究和进展不断拓宽及深入，如研究发现牛乳的乳清蛋白氨基酸构成、比例与母乳相似，1961 年惠氏公司在美国首创以乳清蛋白为主的婴儿配方（S-26）。到 21 世纪 70 年代末，世界范围内采用婴儿配方食品喂养婴儿较为普遍[18]。

婴幼儿是公认的脆弱敏感人群，欧美等发达国家及国际食品法典委员会（Codex Alimentarius Commission, CAC）早在 21 世纪 70 年代就建立婴幼儿配方食品标准。美国食品与药物管理局（FDA）1971 年就提出了婴儿配方食品的成分标准，并从 1976 年开始多次修订。德国、英国等均为早期建立国家婴儿配方食品标准的国家。2006 年欧盟委员会发布关于婴儿蛋白质需要量的指令（Commission Directive 2006/141/CE），并在其后多次修改[19]。联合国粮农组织（FAO）和世界卫生组织（WHO）联合成立的 CAC，1981 年发布了 Codex Stan 72—1981《婴儿配方食品法规标准》[20]。

1.2.2 中国婴幼儿配方食品发展史

中国婴儿配方粉始于 20 世纪 50 年代的豆基婴儿配方，即以大豆蛋白为蛋白质的主要来源，原料为大豆粉、蛋黄粉、大米粉、植物油和蔗糖。研究人员采用该配方粉喂养 100 名婴儿后，结果发现婴儿的生长发育均在正常范围内[18]。

以牛乳为基础的婴儿配方粉始于 20 世纪 80 年代，1979 年黑龙江省乳品工业研究所提出了我国第一个以牛乳为基础的婴儿配方食品，取名为“婴儿配方乳粉Ⅰ”（配方Ⅰ），其主要原料为牛乳、豆浆、蔗糖和饴糖。该配方被全国很多企业用于生产婴儿配方食品。

黑龙江省乳品工业研究所和内蒙古轻工业研究所 1985 年在配方Ⅰ的基础上研制出以牛乳为基础并调整了乳清蛋白含量的“婴儿配方乳粉Ⅱ”（配方Ⅱ）。由此开始，我国逐渐研制出从婴儿到幼儿的一系列配方产品，

1997 年全国婴幼儿配方粉年产量达 6 万吨左右。

1989 年我国首次发布婴幼儿配方食品的国家标准：《婴儿配方乳粉Ⅰ》（GB 10765—1989）；《婴儿配方乳粉Ⅱ》（GB 10766—1989）；《婴儿配方代乳粉》（GB 10767—1989）；《婴幼儿食品 “5410”配方食品》（GB 10768—1989）；《婴幼儿食品 断奶期配方食品》（GB 10769—1989）；《婴幼儿食品 断奶期补充食品》（GB 10770—1989）。

婴幼儿配方食品国家标准已经进行了多次修订，目前已经成为食品安全国家标准，并增加了一个新的品类：特殊医学用途婴儿配方食品。现行标准分别为《食品安全国家标准 婴儿配方食品》（GB 10765—2021）；《食品安全国家标准 较大婴儿配方食品》（GB 10766—2021）；《食品安全国家标准 幼儿配方食品》（GB 10767—2021）；《食品安全国家标准 特殊医学用途婴儿配方食品通则》（GB 25596—2010）。婴幼儿配方食品为满足或者补充不同年龄段及特殊医学状态婴幼儿的生长发育的营养需要，故四类食品分别称为 1 段配方食品、2 段配方食品、3 段配方食品及特医婴儿配方食品，分别为 0 ～ 6 月龄婴儿、7 ～ 12 月龄较大婴儿、13 ～ 36 月龄幼儿及 0 ～ 6 月龄 /0 ～ 12 月龄患有特殊紊乱、疾病或医疗状况的特殊医学状态婴儿的全部或部分营养需要而设计制造的产品。

《特殊医学用途婴儿配方食品通则》目前正在修订[21]，本书成稿尚未公布，新修订版对现有的特殊医学用途婴儿配方食品种类进行调整（以最终版为准）。例如，上一版 6 类部分水解蛋白配方的适用人群增加了功能性胃肠道不适婴儿；原通则中“可用于乳蛋白过敏高风险婴儿”修改为“可选择用于乳蛋白过敏高风险婴儿”；增加 6 类特殊医学用途婴儿配方食品：①生酮配方；②防反流配方；③脂肪代谢异常配方；④高能量配方；⑤蛋白质组件；⑥中链脂肪组件。新配方食品可分别用于难治性癫痫，频发胃食管反流，脂肪酸代谢、转运、吸收等障碍，由疾病引起的高消耗、生长发育迟缓、限制液体摄入、需要额外补充蛋白质及中链脂肪酸等医学状况的婴儿。

上述标准对各类婴幼儿配方食品提出详细的技术要求，除了一般要求、原料要求、感官要求以外，也规定了婴儿生长发育所必需的成分、可选择成分来源、含量范围。标准在不断的修订过程中增加一些可选择成分，也将某种可选择成分变为必需成分，包括配方中含量范围的改变，就来自对婴幼儿配方食品从原料、配方到婴幼儿喂养效果的不断评估。国内外婴幼儿配方食品的历史，也是婴幼儿配方食品不断进行评估的历史。

1.3 婴幼儿配方食品的评估

婴幼儿配方食品的评估包括质量评估、安全性评估和功能评估。

1.3.1 婴幼儿配方食品的质量评估简介

狭义的质量评估是指按照婴幼儿配方食品的标准、法规、条例、公告中的指标要求，对原料、加工过程及终产品进行质量评价；广义的质量评估还包括对原料、终产品中的必需成分、可选择成分的质量进行综合评价。

蛋白质是生命的物质基础，以婴幼儿配方粉的蛋白质为例：GB 10765—2021 要求蛋白质含量，应按氮量（N）×6.25，乳基婴儿配方食品中乳清蛋白含量≥ 60%（可按原料添加量计算），为改善婴儿配方食品的蛋白质质量或提高其营养价值，可参照附录 A 中必需与半必需氨基酸的含量添加 L 型单体氨基酸，其来源应符合附录 B 规定。

上述标准要求 1 段配方原料使用乳清蛋白（whey protein），依据原料市场的可及性，浓缩乳清蛋白、分离乳清蛋白均可选择作为原料。浓缩乳清蛋白、分离乳清蛋白均来自乳酪生产的副产品——乳清，但前者含有乳矿物质、乳糖等，含蛋白质 35%～80%，后者蛋白质含量在 90% 以上，杂质较少[22]。乳清蛋白含有生理活性功能的亚单位，包括 α-乳白蛋白（α-lactoalbumin）、乳铁蛋白、骨桥蛋白等[23]，这些成分最先由欧美国家的乳蛋白原料厂商开发，市场上作为高等级乳清蛋白原料销售。

α-乳白蛋白、乳铁蛋白、骨桥蛋白三种成分，仅乳铁蛋白为标准在列的可选择成分，允许在配料表标识；受限于标签管理要求，α-乳白蛋白、骨桥蛋白仅能以乳清蛋白粉标识。为了提高乳清蛋白的质量，市售乳清蛋白原料分类中出现了不同程度强化α-乳白蛋白的分离乳清蛋白、强化骨桥蛋白的分离乳清蛋白等。

α-乳白蛋白是人类母乳乳清蛋白的主要成分，在牛乳乳清中，β-乳球蛋白含量最高。α-乳白蛋白占母乳总蛋白的22%，但仅占牛乳总蛋白的3.5%[24]。牛乳α-乳白蛋白与人类母乳α-乳白蛋白结构相似度接近80%，氨基酸组成与母乳相似，同样富含色氨酸、赖氨酸和半胱氨酸，可在小肠消化后几乎全部被吸收。

母乳蛋白质含量为9～11g/L[25]，而市售婴儿配方粉蛋白质含量为13～15g/L，较高的蛋白质含量会增加婴儿的肝、肾负担[26]，且配方粉喂养的婴儿生长发育曲线与母乳喂养婴儿存在差异[27]，并导致成年后的超重、肥胖的风险增加。

因此，选择氨基酸模式与母乳接近的优质蛋白质原料，并补充缺乏的单体L型氨基酸逐渐成为婴儿配方粉发展趋势。早在20世纪80年代以前，就有学者研究强化α-乳白蛋白的婴儿配方粉，并逐步开展了对婴儿进行喂养研究[28]。

2014年*Science*杂志发表了一篇专访文章《自然界的第一个功能食品》，讲的就是母乳，除了众所周知的蛋白质、氨基酸、脂肪、脂肪酸、乳糖、母乳低聚糖、维生素、矿物质及2003年以后逐渐认知的微生物以外，还隐藏着很多功能成分，如母乳含有脂肪酶和蛋白酶，泌出之前以酶原形式存在，当婴儿吮吸乳头，流淌到婴儿口腔的乳汁中酶原就开始逐渐被激活，从口腔到胃，这些酶变为活性酶，对蛋白质进行部分消化（相当于水解）[29]。

早在20世纪30年代，就有研究者将部分水解乳清蛋白和深度水解乳清蛋白应用于牛乳过敏高风险婴儿及牛乳蛋白过敏婴儿。在*Science*论文发表前后，随着国际婴儿配方粉企业关于部分水解乳蛋白的功效宣传，部分水解乳清蛋白和部分水解乳酪蛋白（partially hydrolyzed casein, pHC）逐渐添加在我国普通婴儿配方粉中。当然依据GB 25596—2010，部分水解乳蛋白配方可作为0～1岁过敏高风险婴儿的特殊医学配方食品，其对过敏高风险婴儿的功效存在诸多争议，欧盟自 2017 年开始要求对水解蛋白配方进行营养安全性和适宜性评估，可见新修订的 GB 25592 也对适用人群进行了修正。

1.3.2 婴幼儿配方食品的安全性评估

婴幼儿配方食品的安全性评估，狭义上包括对必需成分、可选择成分从原料到终产品的质量指标、卫生学标准及符合有害物质的限量水平等进行评估；广义上除了上述内容，还包括对其是否可满足婴幼儿生长发育的需要进行评估。因而婴幼儿配方食品的安全性评估指标，既包括身长、体重、头围、上臂围等生理性发育指标，也包括与年龄相当的认知发育指标，并且应当比较婴幼儿配方食品喂养的婴儿与母乳喂养的婴儿的上述指标是否存在差异。婴儿配方食品可以帮助无法母乳喂养的婴儿活下来，但是对婴儿的当前健康以及长远健康是否能达到母乳喂养的健康效果，是评估婴幼儿配方食品安全性的近期和长远指标，也是婴幼儿配方食品未来发展的努力方向之一。此外，作为一个特殊年龄段的专用食品，特别是特殊医学用途配方婴儿食品，喂养耐受性评估必不可少。

1.3.2.1 降低蛋白质含量的婴儿配方食品的安全性评估

婴儿配方食品的蛋白质含量降低已经成了国内外关注的重点，因而我国现行版的食品安全国家标准也把 1 段、2 段婴儿配方食品的蛋白质含量低限降低：GB 10765—2021 规定乳基婴儿配方食品蛋白质含量为 1.8 ～ 3.0g/100kcal，而 2010 版规定蛋白质含量为 1.88 ～ 2.93g/100kcal。

上述修改，一方面来自母乳研究，与市售婴配粉相比，母乳蛋白质含量较低，且研究发现哺乳动物的乳汁，非蛋白氮（nonprotein nitrogen，NPN）含量在其他乳汁占总含氮量的 5% 左右，只有人类母乳的 NPN 占 20% ～ 25%，也就是人类母乳的蛋白质含量被高估，我国母乳蛋白质水平与世界其他国家相比尽管无显著性差异，但也偏低 [30-33]；另一方面来自婴幼儿喂养的安全性评价数据。

欧洲的儿童肥胖研究 [European Childhood Obesity Project (EU CHOP)]

始于 2001 年，0 ～ 1 岁婴儿按照配方粉蛋白质含量（将来自欧洲 5 个国家 11 个地区的婴儿配方粉）分为低蛋白组（1 段配方 1.77g/100kcal，2 段配方 2.2g/100kcal）和高蛋白组（1 段配方 2.9g/100kcal，2 段配方 4.4g/100kcal），并与母乳喂养组（0 ～ 6 月龄纯母乳喂养，7 ～ 12 月龄坚持母乳喂养并添加辅食）进行比较，除了生长发育（身高、体重、体重指数等）模式与母乳喂养儿童存在差异，婴儿期（0 ～ 12 月龄）低蛋白质摄入降低了 2 岁前超重肥胖的风险，而摄入高蛋白质会增加学龄前、学龄期超重、肥胖的风险 [27, 34]。

研究证实婴儿配方粉喂养的婴儿从 3 月龄开始体重及体重指数（body mass index, BMI）显著高于母乳喂养的婴儿，这与婴儿配方食品蛋白质含量较高有关，且有队列研究证实婴儿配方粉喂养的婴儿成年后患超重肥胖、心脑血管疾病及 2 型糖尿病的风险远远高于母乳喂养者 [35-39]。

1.3.2.2 婴幼儿配方食品喂养耐受性评估

除了评估婴儿配方食品的生长发育安全性，还要通过喂养试验评估配方食品的喂养耐受性，乳基配方食品考察乳基成分及其他组分摄入后的相关症状，尽早识别潜在的乳蛋白过敏、乳糖不耐受等引起的喂养不耐受，确保婴儿的喂养安全。

喂养不耐受（feeding intolerance, FI）是指无法消化的肠内喂养，并伴有胃潴留增加、腹胀和 / 或反流。一般常见于早产儿，常会导致胃肠功能紊乱，胃潴留量超过喂养量的 50%，引发呕吐或腹胀或两者兼有，严重可致早产儿或新生儿的肠内喂养减少、延迟或停止 [40-41]，喂养不耐受的某些症状也存在于足月儿，非母乳喂养、剖宫产婴儿发生率较高 [42-43]。喂养不耐受的常见原因为肠动力低下、酶消化、细菌定植、激素反应和局部免疫反应等 [44-45]。

目前临床医生及营养师通过早产儿或者足月儿喂养过程的胃肠道症状、体征，必要情况下结合实验室诊断、肠镜、病理 [46-47] 诊断其是否导致喂养不耐受，一般情况下家长或者社区医生可以通过“牛奶相关症状评分” [48] 等问卷评估婴儿牛乳基配方食品的喂养耐受情况。

1.3.2.3 水解食物蛋白作为原料的婴儿配方粉喂养安全性评估

在美国的一项研究中，儿童食物过敏的发病率大约为 8%[49]，发达国家 1 岁以内婴儿 0.5% ～ 3% 曾发生过牛乳过敏[50]。牛奶属于常见致敏食物[51]，羊奶与牛奶相似，这是由牛羊乳蛋白所致。牛奶中主要的过敏蛋白为 α-乳白蛋白、β-乳球蛋白、免疫球蛋白、αs1-酪蛋白、β-酪蛋白及 κ-酪蛋白，酪蛋白中以 αs1-酪蛋白致敏性最强，乳清蛋白中以 β-乳球蛋白致敏性最强[50]。目前 GB 25596—2010 规定在特殊医学婴儿配方食品使用部分水解乳蛋白、深度水解乳蛋白作为乳蛋白部分水解配方和乳蛋白深度水解配方的蛋白质原料；欧盟、美国、澳新等地区和国家允许将部分水解乳蛋白，特别是深度水解乳蛋白用于特殊医学用途配方食品（food special for medical purpose, FSMP），部分水解乳蛋白可作为普通婴儿配方食品的原料。

目前部分水解大米蛋白及部分水解大麦蛋白已经通过欧洲食品安全局（European Food Safety Authority, EFSA）的新食品原料评估[52]，2019 年美国食品和药物管理局（Food and Drug Administration, FDA）评估认可大米蛋白水解物为安全（generally recognized as safe, GRAS）物质[53]。水解蛋白作为可以上市应用的新食品原料，也经历一系列评估，笔者根据参考文献[54]，列出欧盟对于蛋白质水解物或其组分应用的评估程序。水解乳蛋白来源及食品级的加工处理非常重要，这也是欧盟评估蛋白质水解物安全性的基础。欧盟蛋白质水解物可作为新食品原料的评价程序如图 1-1 所示。

水解乳蛋白指的是水解的乳清蛋白、乳酪蛋白制品及其相应产品。按照水解酶水解度、超高温及超滤处理的不同，一般将水解乳蛋白分为部分水解蛋白（partial hydrolysates, pHs）和深度水解蛋白（extensive hydrolysates, eHs）。就部分水解蛋白而言，按照蛋白的来源不同，一般婴幼儿配方粉原料常使用部分水解乳清蛋白（partial hydrolysates-whey, pHs-W）及部分水解乳酪蛋白（partial hydrolysates-casein, pHs-C）。

目前为止，还没有定义部分水解蛋白和深度水解蛋白及区别二者不同的蛋白质 / 肽的分子量大小的一般性共识[55]。一般水解蛋白的指标包

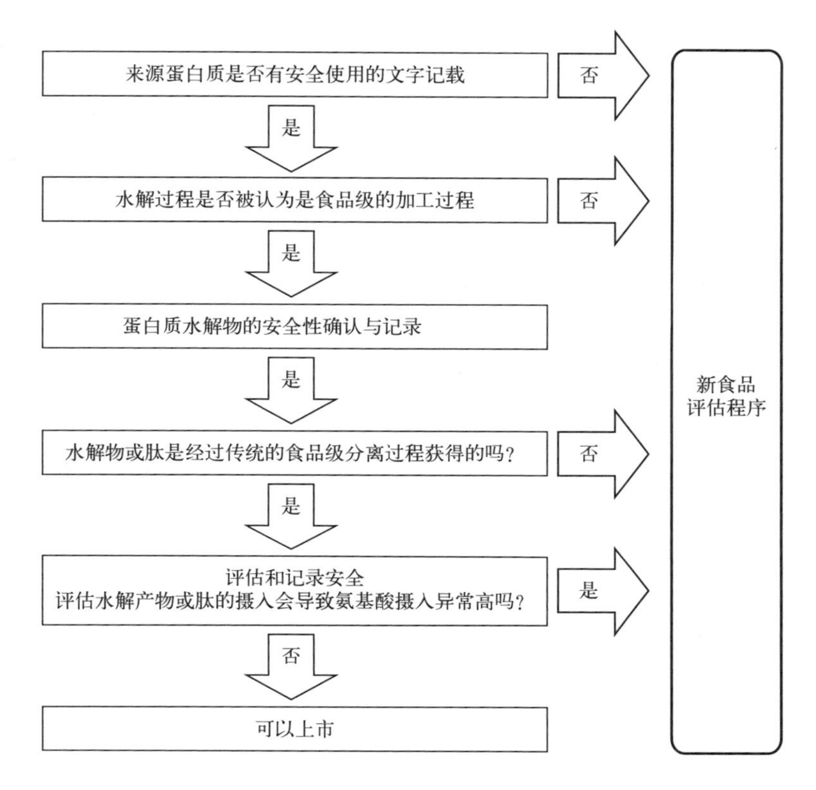

图 1-1 欧盟蛋白质水解物可作为新食品原料的评价程序

括作为生化反应技术的结局性指标——蛋白质的水解度、肽段分子量谱或 α-氨基氮与总氮比值（α-AA-N/Total N）。牛奶中蛋白质分子量范围较大，α-乳白蛋白分子量为 14000 到＞ 100000。因酶水解度不一、超热处理及超滤工艺的不同，部分水解蛋白（pHs）中分子量＞ 6000 的肽段约占 18%，而深度水解蛋白中＞ 90% 的肽段分子量＜ 3000。市场上商业化的部分水解蛋白（pHs-W）大约有 18% 的肽段分子量＞ 6000，而深度水解蛋白（eHs）仅有 1%～5% 的肽段分子量＞ 3500[56]。

按照肽段越短产品的过敏原越弱的假说，不同水解乳蛋白的残基肽分子量范围是很多水解蛋白生产商必备的指标。但分子量范围仅能区分配方粉中蛋白质 / 肽的性状特征，却不能确定肽的残存致敏原。基于此，水解乳蛋白的分子量分布仅能作为残余致敏原的指示性指标，而不是决定性指标。此外，不同企业的水解乳蛋白，甚至同一个企业不同型号的产品因制备过程的控制条件不同，而不能实质等同。由此可见，乳基婴儿配方粉进行喂养耐受性的评价非常必要。

乳蛋白水解工艺如热处理、酶及超滤等，都影响水解乳蛋白吸收[57-58]。水解蛋白的肽段比完整蛋白短，经过消化吸收，游离氨基酸进入血液循环更快，一旦游离氨基酸高于蛋白质的净合成能力，首过效应的氨基酸氧化途径被刺激加速，可使血浆氨基酸水平保持在安全范围内[55]。因而与完整蛋白配方粉（infant formula）相比，部分水解蛋白婴儿配方粉（partially hydrolysis formula, pHF）喂养婴儿的净氮利用率降低约 10%。因而在 EFSA 评估的科学共识发布之后，欧盟指令（EU）2016/127[59] 要求 2021 年之后上市的采用水解蛋白作为原料的婴儿配方食品及较大婴儿配方食品，需要在提供一系列材料的基础上，完成喂养安全性评估，确保水解蛋白作原料的婴儿配方食品和较大婴儿配方食品的营养安全（food safety）与适宜性。申报者需要上交相关科学及技术资料，为此 EFSA 发布科学技术指南[60]，并在 2021 年依据法律修改的新要求发布修订[61]。

该指南条目细致，除了第一部分申请企业申请表的相关数据以外，还需要提供很细致的水解乳蛋白婴儿配方粉的详细数据、资料、文件。

第二部分要求提供婴儿配方粉的信息，包括名称、理化性质、组成（包括微生物组成）、配料表详细信息等以及能量和营养素信息，企业标准文件（符合 GLP 及 ISO17025）；配方粉的加工；水解乳蛋白的资料（原料蛋白质及分子量范围等），蛋白质水解物关于蛋白质残基、氨基酸、肽段分布的指纹图谱，采用 HPLC-MS 测定蛋白质残基的方法，需提供批次之间变化范围；蛋白质水解物的加工工艺过程（原料来源，水解条件：酶 / 酸水解，pH，温度，时间），水解产生的降解产物或者新物质信息（包括美拉德反应产物、氨基酸修饰产物），出于透明度要求，还应在档案中提供制造过程的非机密摘要；稳定性信息及参考资料。

第三部分要求提供水解乳蛋白婴儿配方粉的营养安全及适宜性信息，也就是提供喂养研究资料，可以根据历史应用情况，提供临床前资料及已经公开发表的临床研究数据等。

关于水解蛋白原料的婴儿和较大婴儿配方食品的营养安全性及适宜性临床研究，指南对随机双盲临床试验的研究目的、受试产品、研究设计、受试人群（普通人群的健康足月儿）、主要的结局指标（生长发育的指标：身长、体重、头围）以及配方食品摄入量、辅食添加后食物摄入量、喂养耐受及不良反应、临床研究收集的数据指标及统计方法原则等都有详细要求。

1.3.3 婴幼儿配方食品的功能评估

某些特殊医学用途配方食品，按照规定要求在提交注册评审之前进行临床评价，阐明产品对于特殊医学状态婴儿的营养适宜性；而对于满足健康足月儿生长发育营养需要的普通婴幼儿配方粉来说，按照世界卫生组织（WHO）/ 联合国粮农组织（FAO）等国际组织及我国卫生行政部门等多部门的要求，不能声称功效。但发达国家的儿科医生注重基础研究和临床喂养的科学评价结果，企业创制一个新的婴儿配方食品，也多采用持续性的基础研究和临床评价来评估婴儿配方食品的某种生理功能。很多可选择添加在婴幼儿配方粉中的成分如长链多不饱和脂肪酸（二十二碳六烯酸，DHA）、牛磺酸、低聚糖（如低聚果糖、低聚半乳糖、母乳低聚糖）、叶黄素等均经过这样的评价。

婴幼儿配方食品从原料到产品可经过多方面营养成分含量检测或功能评价，一般常用细胞实验、动物实验、人群研究。一般将以动物、微生物、细胞、组织、类器官进行的研究称为临床前评价，近年来随着单细胞、类器官技术的进展，也用于婴幼儿配方食品的功能评估，如类脑器官用于评价脑组织相关细胞的功能，进而用于解码认知发育；类胃肠道器官用于评估功能组分的消化、吸收及生物利用。

1.3.3.1 婴幼儿食品的临床前生理功能评价——细胞、动物实验、类器官研究

临床前评价为婴儿喂养的安全性研究奠定基础，但受限于物种差异

以及体重、比表面积的差异，动物实验证明某项功能阳性，人群研究未必有效，因而“最恰当的实验对象是人类自身”[62]。动物实验多在发现某一成分或者食物具有某种功能时，进行机制研究。

以生命早期（婴儿期）蛋白质摄入为例，喂养过程研究发现配方粉喂养的婴儿与母乳喂养儿相比，体重显著增加，体成分存在差异，甚至与儿童期高血压有关[63]，通过细胞及动物实验发现，婴幼儿期过量摄入蛋白质，会刺激胰岛素和胰岛素样生长因子-1（insulin like growth factor-1, IGF-1）分泌，进一步刺激脂肪细胞分化，导致脂肪组织增多，是儿童期、成年后超重肥胖的分子生物学基础[64-65, 27]，且过量蛋白质还加重肾脏负担，引起肾脏容积增加，估算的肾小球滤过率发生改变。

研究发现，人体摄入牛乳 α-乳白蛋白后[66]，经初步消化，可以产生与摄入母乳相同的由甘氨酸-亮氨酸-苯丙氨酸组成的三肽，将其英文 Gly-Leu-Phe 缩写为 GLF 肽，被称为免疫调节肽，可以激活中性粒细胞、增强巨噬细胞的吞噬作用，调节细胞免疫。α-乳白蛋白初步消化还可以产生其他抗菌肽，抑制致病菌。

肠道派尔集合淋巴结的树突状细胞产生的 IL-12 是抗食物过敏的关键因素，体外实验证明[67]，骨桥蛋白（OPN）可以促使人肠道免疫细胞分泌 IL-12，提示其可以调节肠道免疫。骨桥蛋白介导 Th1 细胞分泌 IL-12；骨桥蛋白基因敲除小鼠因缺乏 OPN 导致细胞免疫严重受损，与正常小鼠相比，感染轮状病毒后，症状更严重，腹泻持续时间比正常小鼠长[68]。

类器官指利用成体干细胞或多能干细胞进行体外三维（3D）培养而形成的具有一定空间结构的组织类似物。类器官能在体外最大程度地模拟真实器官的组织结构和功能，并长期稳定传代培养。目前，多种脏器类器官已被成功构建，其中包括大脑、骨 / 软骨、小肠、胃、结肠、肺、膀胱、肝脏、胰腺、肾脏、卵巢、食管、心脏等，不仅包括正常器官组织类器官，还有相应肿瘤组织类器官。类器官培养相比现有体外 2D 细胞培养方法可以更好地模拟组织器官的生理特点，同时可与动物模型系统形成良好的互补且无种属差异，如可利用大脑或骨 / 软骨类器官构建改善智力和骨骼发育的功效评价模型。

1.3.3.2 婴幼儿配方食品从原料到产品的婴幼儿喂养功能评价

婴幼儿配方食品从原料到产品的生理活性需要婴幼儿喂养研究提供高等级的证据，目前关于人群研究的证据等级，如 Burns 等提出的分级方法，动物实验及实验室（细胞）研究证据等级级别最低，而随机双盲对照试验（randomized clinical trials, RCT）级别接近最高，级别最高的是同一性较好的 RCT 研究形成的大样本量 Meta 分析 / 系统综述，而级别较低的也包括专家共识，如图 1-2 所示。仍以婴儿配方食品的蛋白质含量为例，列举几个相关的随机对照临床研究。

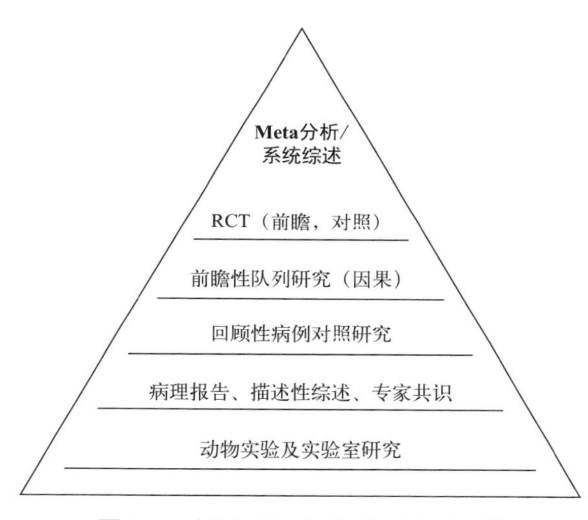

图 1-2 功能评估的证据等级示意图 [69]

（1）α-乳白蛋白与免疫 将添加强化 α-乳白蛋白及益生菌的配方粉（试验配方，EF）与标准婴儿配方粉（对照配方，CF）分别喂养出生后 2 周龄的婴儿，持续喂养 6 个月。结果发现，与对照配方相比，添加 α-乳白蛋白的婴儿配方粉可显著降低 6 月龄婴儿的过敏性皮炎发生率（2.6% *vs* 17.0%），且能显著增加粪便中分泌型免疫球蛋白 A（sIgA）的水平（$P < 0.05$）[70]。

研究者比较了母乳喂养（母乳组）、添加 α-乳白蛋白的配方粉（试验配方 1 组，EF1）及同时添加 α-乳白蛋白和低聚果糖的配方粉（实验配方 2，EF2）对婴儿粪便双歧杆菌增殖的影响，发现两个配方粉组也与母乳组相似，均可促进婴儿肠道双歧杆菌的增殖。因此，α-乳白蛋白也被称为具有“益生元样”作用[71]。

我们课题组[72]也采用富含 α-乳白蛋白的婴儿配方粉（试验配方，EF）与标准配方粉（对照配方，CF）分别喂养出生后 2 周龄的婴儿，持续喂养 6 个月，并与母乳喂养婴儿（母乳组）比较。比较 6 月龄时婴儿的年龄别身长评分，发现试验组婴儿的身长水平优于对照组，跟母乳喂养组相似；EF 组婴儿上火症状评分低，肠绞痛发生率低于对照组。

（2）骨桥蛋白（osteopontin, OPN）与免疫　OPN 是近年来研究较多的乳清蛋白，存在于母乳、脐带血、婴儿血浆中，脐带血及婴儿血浆骨桥蛋白浓度是成人的 7 ～ 10 倍[73]，提示 OPN 与婴儿的发育有关。测量 29 名丹麦女性乳汁中 OPN 浓度，浓度范围变化较大（18 ～ 322mg/L），平均浓度为 138mg/L，占总蛋白的 2.1%，远高于牛乳中 OPN 浓度（18mg/L）。我们课题组报告了中国 3 城市（北京、苏州、许昌）母乳 OPN 活性蛋白含量变化，其中初乳含量最高[74]。研究还发现，中国母乳 OPN 水平高于丹麦、瑞典及韩国[75]。

与对照组相比，用强化 OPN 的婴儿配方粉喂养婴儿能改善其免疫状态：添加乳源 OPN 的两个婴儿配方食品喂养组中婴儿血液肿瘤坏死因子 α（TNF-α）显著低于不添加的对照组，试验期间父母自报婴儿发热率显著低于对照组[76]。

总之，经过一系列的质量、安全性及功能评估后，EFSA 2014 年修订的婴儿及较大婴儿配方食品的科学共识，已将婴儿和较大婴儿的牛乳和羊乳基配方食品的蛋白质含量最小值修改（下调）为 1.8g/100kcal[77]。

截至 2024 年 2 月，EFSA 的专家委员会已对企业申报的婴儿配方粉蛋白质含量 1.6g/100kcal 进行评估，喂养研究证明[78]可以满足 3 ～ 12 月龄婴儿的营养需要，并可能降低配方粉喂养的婴儿超重、肥胖发生风险。尽管如此，母乳喂养仍是会使婴儿获得理想的当前及长远健康效益的最佳选择。因而无论 WHO、联合国儿童基金会、各国的膳食指南和儿科的婴儿喂养指南都提倡母乳喂养，应降低使用配方食品喂养婴儿的比例。但分娩后母亲由于身体状况、疾病、职业及泌乳量的限制，许多孩子仍然无法获得母乳喂养或纯母乳喂养。至于罹患疾病或者存在疾病风险婴儿的特殊膳食需要，亟待深入研究婴儿配方食品，不断地改进并创制各类不同的婴儿配方，并对其配方组成、活性成分、喂养效果进行系统评价。

（张玉梅，梁栋）

参考文献

[1] World Health Organization. Breastfeeding. https://www.who.int/health-topics/breastfeeding#tab=tab_2.

[2] Geddes D T. Inside the lactating breast: the latest anatomy research. J Midwifery &Womens Health 2007, 52(6): 556-563.

[3] Spencer J P. Management of mastitis in breastfeeding women. Am Fam Physician, 2008, 78(6): 727-731.

[4] GB 10765—2021.

[5] GB 10766—2021.

[6] GB 10767—2021.

[7] GB 25596—2010.

[8] Stevens E E, Patrick T E, Pickler R. A history of infant feeding. J Perinat Educ, 2009, 18(2): 32-39.

[9] Fomon S J. Nutrition of normal infants. St. Louis: Mosby-Year Book, 1993.

[10] Institute of Medicine. Infant formula: evaluating the safety of new ingredients. Washington, DC: The National Academies Press, 2004.

[11] Fomon S J. Infant feeding in the 20th century: formula and beikost. J Nutr, 2001, 131(2): S409- S420.

[12] Dowling D A. Lessons from the past: a brief history of the influence of the social economic and scientific factors on infant feeding. Newborn Infant Nurs Rev, 2005, 5(1): 2-9.

[13] Radbill S. Infant feeding through the ages. Clinical Pediatrics, 1981, 20(10): 613-621.

[14] Schuman A. A concise history of infant formula (twists and turns included). Contemp Pediatr, 2003, 2: 91.

[15] Bocquet A, Briend A, Chouraqui J P, et al. The new European regulatory framework for infant and follow-on formulas: comments from the Committee of Nutrition of the French Society of Pediatrics (CN-SFP). Arch Pediatr, 2020, 27(7): 351-353.

[16] Kleinman R E, Barness L A, Finberg L. History of pediatric nutrition and fluid therapy. Pediatr Res, 2003, 54(5): 762-772.

[17] Eknoyan G. Santorio Sanctorius (1561-1636)-founding father of metabolic balance studies. Am J Nephrol, 1999, 19(2): 226-233.

[18] 王芸，王心祥，刘冬生 . 婴幼儿配方食品国内外发展历史及国际法规介绍 . 中国乳品工业，1998, 26(6): 43-45.

[19] Commission Directive 2013/46/EU of 28 August 2013 amending Directive 2006/141/EC with

regard to protein requirements for infant formulae and follow-on formulae.
[20] https://www.fao.org/fao-who-codexalimentarius/codex-texts/list-standards/en/
[21] GB 25596—2010.
[22] 张久龙，肖洪亮，韩光毅，等. 乳清蛋白研究进展与应用. 食品安全导刊，2016 (3): 106-107.
[23] Jiang R, Liu L, Du X, et al. Evaluation of bioactivities of the bovine milk lactoferrin-osteopontin complex in infant formulas. J Agric Food Chem, 2020, 68(22): 6104-6111.
[24] Layman D K, Lönnerdal B, Fernstrom J D. Applications for alpha-lactalbumin in human nutrition. Nutr Rev, 2018, 76(6): 444-460.
[25] Rudloff S, Kunz C. Protein and nonprotein nitrogen components in human milk, bovine milk, and infant formula: quantitative and qualitative aspects in infant nutrition. J Pediatr Gastroenterol Nutr, 1997, 24(3): 328-344.
[26] Räihä N C, Axelsson I E. Protein nutrition during infancy. An update. Pediatr Clin North Am, 1995, 42(4): 745-764.
[27]Koletzko B, von Kries R, Closa R, et al. Lower protein in infant formula is associated with lower weight up to age 2 y: a randomized clinical trial. Am J Clin Nutr, 2009, 89(6): 1836-1845.
[28] Jakobsson I, Lindberg T, Benediktsson B. In vitro digestion of cow's milk proteins by duodenal juice from infants with various gastrointestinal disorders. J Pediatr Gastroenterol Nutr, 1982, 1(2): 183-191.
[29] Gura T. Nature's first functional food. Science, 2014, 345(6198): 747-749.
[30] Hester S N, Hustead D S, Mackey A D, et al. Is the macronutrient intake of formula-fed infants greater than breast-fed infants in early infancy? J Nutr Metab, 2012 (2012): 891201.
[31] Lönnerdal B.Nutritional and physiologic significance of human milk proteins.Am J Clin Nutr, 2003, 77(6): S1537-S1543.
[32] 中国营养学会. 中国居民膳食营养素参考摄入量（2023 版）. 北京：人民卫生出版社，2023.
[33] Yang T, Zhang Y M, Ning Y, et al. Breast milk macronutrient composition and the associated factors in urban Chinese mothers. Chin Med J (Engl), 2014, 127(9): 1721-1725.
[34] Patro-Gołąb B, Zalewski B M, Kouwenhoven S M, et al. Protein concentration in milk formula, growth, and later risk of obesity: a systematic review. J Nutr, 2016, 146(3): 551-564.
[35] Heinig M J, Nommsen L A, Peerson J M, et al. Energy and protein intakes of breast-fed and formula-fed infants during the first year of life and their association with growth velocity: the DARLING Study. Am J Clin Nutr, 1993, 58(2): 152-161.
[36] Järvisalo M J, Hutri-Kähönen N, Juonala M, et al. Breast feeding in infancy and arterial endothelial function later in life. The cardiovascular risk in young finns study. Eur J Clin Nutr, 2009, 63(5): 640-645.
[37] Wang X, Yan M, Zhang Y, et al. Breastfeeding in infancy and mortality in middle and late adulthood: a prospective cohort study and meta-analysis. J Intern Med, 2023, 293(5): 624-635.
[38] Horta B L, Loret de Mola C, Victora C G. Long-term consequences of breastfeeding on cholesterol, obesity, systolic blood pressure and type 2 diabetes: a systematic review and meta-analysis. Acta

Paediatr, 2015, 104(467): 30-37.

[39] Mokdad A H, Jaber S, Aziz M I, et al. The state of health in the Arab world, 1990-2010: an analysis of the burden of diseases, injuries, and risk factors. Lancet, 2014, 383(9914): 309-320.

[40] Albraik R K, Shatla E, Abdulla Y M, et al. Neonatal feeding intolerance and its characteristics: a descriptive study. Cureus, 2022, 14(9): e29291.

[41] Moore T A, Wilson M E. Feeding intolerance: a concept analysis. Adv Neonatal Care, 2011, 11(3): 149-154.

[42] Duale A, Singh P, Al Khodor S. Breast milk: a meal worth having. Front Nutr, 2022, 8: 800927.

[43] Akagawa S, Tsuji S, Onuma C, et al. Effect of delivery mode and nutrition on gut microbiota in neonates. Ann Nutr Metab, 2019, 74(2): 132-139.

[44] Neu J. Gastrointestinal development and meeting the nutritional needs of premature infants.Am J Clin Nutr, 2007, 85(2): 629-634.

[45] Cresi F, Maggiora E. Rome, Italy: National Congress of the Italian Society of Neonatology. Feeding Intolerance and Gastroesophageal Reflux. 2018.

[46] 董孝云，赵真，师淑峰 . 新生儿牛奶蛋白过敏症 78 例诊治分析 . 医学信息，2015, 25(5): 295-296.

[47] 唐军 . 早产儿喂养不耐受：一个重要的临床问题 . 中华围产医学杂志，2020, 27(3): 177-181.

[48] Bajerova K, Salvatore S, Dupont C, et al. The cow's milk-related symptom score (CoMiSS™): a useful awareness tool. Nutrients, 2022, 14(10): 2059.

[49] Elghoudi A, Narchi H. Food allergy in children-the current status and the way forward. World J Clin Pediatr, 2022, 11(3): 253-269.

[50] EFSA (European Food Safety Authority), EFSA Panel on Dietetic Products, Nutrition and Allergies (NDA), Scientific Opinion on the evaluation of allergenic foods and food ingredients for labelling purposes. EFSA J, 2014, 12(11): 3894.

[51] Tanno L K, Demoly P. Food allergy in the World Health Organization's International Classification of Diseases (ICD)-11. Pediatr Allergy Immunol, 2022 ,33(11):e13882.

[52] EFSA Panel on Nutrition, Novel Foods and Food Allergens (NDA), Turck D, et al. Safety of partially hydrolysed protein from spent barley(Hordeum vulgare) and rice (Oryza sativa) as a novel foodpursuant to Regulation (EU) 2015/2283. EFSA J, 2023, 21(9): 8064.

[53] GRAS Notice (GRN) No. 944 with amendments, GRAS Conclusion for the Use of Rice Protein Hydrolysate (PeptAIde™) in Select Foods and Beverages. https://www.fda.gov/food/generally-recognized-safe-gras/gras-noticeinventory.

[54] Schaafsma G. Safety of protein hydrolysates, fractions thereof and bioactive peptides in human nutrition. Eur J Clin Nutr, 2009, 63(10): 1161-1168.

[55]Vandenplas Y, Alarcon P, Fleischer D, et al. Should partial hydrolysates be used as starter infant formula? a working group consensus. J Pediatr Gastroenterol Nutr, 2016, 62(1): 22-35.

[56] Aggett P J, Haschke F, Heine W, et al. Comment on antigen-reduced infant formulae. ESPGAN committee on nutrition. Acta Paediatr, 1993, 82(3): 314-319.

[57] Fairclough P D, Hegarty J E, Silk D B, et al. Comparison of the absorption of two protein hydrolysates and their effects on water and electrolyte movements in the human jejunum. Gut, 1980, 21(10): 829-834.

[58] Grimble G K. Mechanisms of peptide and amino acid transport and their regulation. Nestle Nutr Workshop Ser Clin Perform Programme, 2000, 3: 63-84.

[59] Commission Delegated Regulation (EU) 2016/127 of 25 September 2015 supplementing Regulation (EU) No 609/2013 of theEuropean Parliament and of the Council as regards the specific compositional and information requirements for infant formulaand follow-on formula and as regards requirements on information relating to infant and young child feeding, 2016: 1-29.

[60] EFSA Panel on Dietetic Products, Nutrition and Allergies (NDA), Turck D, et al. Scientific and technical guidance for the preparation and presentation of an application for authorisation of an infant and/or follow-on formula manufactured from protein hydrolysates. EFSA J, 2017, 15(5): 4779.

[61] EFSA Panel on Dietetic Products, Nutrition and Allergies (NDA), Turck D, et al. Scientific and technical guidance for the preparation and presentation of an application for authorisation of an infant and/or follow-on formula manufactured from protein hydrolysates(revision 1). EFSA J, 2021, 19(3): 6556.

[62] Gold H. The proper study of mankind is the man. Am J Med, 1952, 12(6): 619-620.

[63] Parada-Ricart E, Ferre N, Luque V, et al. Effect of protein intake early in life on kidney volume and blood pressure at 11 years of age. Nutrients, 2023, 15(4): 874.

[64] Brands B, Demmelmair H, Koletzko B. Early nutrition project. How growth due to infant nutrition influences obesity and later disease risk. Acta Paediatrica, 2014, 103(6): 578-585.

[65] Melnik B C. The potential mechanistic link between allergy and obesity development and infant formula feeding. Allergy Asthma Clin Immunol, 2014, 10(1): 37.

[66] Committee on nutrition, American Academy of Pediatrics. Pediatric nutrition handbook. Kleinman RE, 5th ed. Elk Grove Village, IL: American Academy of Pediatrics, 2004: 55-97.

[67] Ashkar S, Weber G F, Panoutsakopoulou V, et al. Eta-1 (osteopontin): an early component of type-1 (cell-mediated) immunity. Science, 2000, 287(5454): 860-864.

[68] Rollo E E, Hempson S J, Bansal A, et al. The cytokine osteopontin modulates the severity of rotavirus diarrhea. J Virol, 2005, 79(6): 3509-3516.

[69] Burns P B, Rohrich R J, Chung K C. The levels of evidence and their role in evidence-based medicine. Plast Reconstr Surg, 2011, 128(1): 305-310.

[70] Rozé J C, Barbarot S, Butel M J, et al. An α-lactalbumin-enriched and symbiotic-supplemented v. a standard infant formula: a multicentre, double-blind, randomised trial. Br J Nutr, 2012, 107(11): 1616-1622.

[71] Wernimont S, Northington R, Kullen M J, et al. Effect of an α-lactalbumin-enriched infant formula supplemented with oligofructose on fecal microbiota, stool characteristics, and hydration status: a randomized, double-blind, controlled trial. Clin Pediatr (Phila), 2015, 54(4): 359-370.

[72] Wu W, Zhao A, Liu B, et al. Neurodevelopmental outcomes and gut bifidobacteria in term infants fed an infant formula containing high sn-2 palmitate: A cluster randomized clinical trial. Nutrients, 2021, 13(2): 693.

[73] Schack L, Lange A, Kelsen J, et al. Considerable variation in the concentration of osteopontin in human milk, bovine milk, and infant formulas. J Dairy Sci, 2009, 92(11): 5378-5385.

[74] Zhang J, Zhao A, Lai S, et al. Longitudinal changes in the concentration of major human milk proteins in the first six months of lactation and their effects on infant growth. Nutrients, 2021, 13(5): 1476.

[75] Bruun S, Jacobsen L N, Ze X, et al. Osteopontin levels in human milk vary across countries and within lactation period: data from a multicenter study. J Pediatr Gastroenterol Nutr, 2018, 67(2): 250-256.

[76] Lönnerdal B, Kvistgaard A S, Peerson J M, et al. Growth, nutrition, and cytokine response of breast-fed infants and infants fed formula with added bovine osteopontin. J Pediatr Gastroenterol Nutr, 2016, 62(4): 650-657.

[77] EFSA NDA Panel (EFSA Panel on Dietetic Products, Nutrition and Allergies). Scientific opinion on the essential composition of infant and follow-on formulae. EFSA J, 2014, 12(7): 3760.

[78] Ziegler E E, Fields D A, Chernausek S D, et al. Adequacy of infant formula with protein content of 1.6g/100 kcal for infants between 3 and 12 months. J Pediatr Gastroenterol Nutr, 2015, 61(5): 596-603.

婴幼儿配方食品喂养效果评估

Evaluation of Feeding Effects of Infants and Young Children Formulas

第 2 章

婴幼儿配方食品的细胞及类器官评价

母乳被认为是婴儿时期最佳的食物和营养来源，然而在某些情况下婴儿配方食品（奶粉）成为很多婴儿的唯一或主要营养素及能量来源。

常见的使用婴儿配方食品的情况如下。

① 婴儿不能或不适合母乳喂养。有些婴儿出生后由于各种原因，如母亲的健康问题或婴儿的健康问题，无法接受母乳喂养。在这种情况下，医生通常会建议使用婴幼儿配方食品或特殊医学用途婴儿配方食品。

② 辅助喂养。有些母亲可能无法提供足够的母乳来满足婴儿的需求，因此需要使用婴儿配方食品来辅助喂养。

③ 母乳喂养的替代品。在一些情况下，婴幼儿配方食品被用作母乳喂养的替代品，因为一些家庭可能更喜欢使用婴儿配方食品。

这些婴幼儿配方食品通常以母乳成分为基准进行设计和配方，以满足婴幼儿的营养需求，包括蛋白质、碳水化合物、脂肪、维生素和矿物质。与母乳相比，婴幼儿配方食品具有相对容易存储和携带的优点。目前在我国市场销售的婴幼儿配方食品均经过国家相关部门配方注册、严格的监管和质量控制，以确保产品符合国家食品安全标准后才能获准上市销售。尽管如此，在选择和使用婴幼儿配方食品时仍需要特别留意产品的质量和喂养效果。婴幼儿配方食品喂养的效果和安全性评价至关重要。

历史上曾发生过婴幼儿配方食品相关的重大食品安全事件。例如，2003 年劣质婴幼儿配方奶粉导致“大头娃娃”的“阜阳奶粉事件”；2008 年国内销售的很多品牌奶粉被发现含有有害的三聚氰胺类化学物质，导致数千名使用该类产品喂养儿患上严重的肾脏疾病甚至死亡。近年来，也有些国际品牌婴儿配方食品在 2020 年和 2023 年因检测出“香兰素”和克罗诺、阪崎肠杆菌交叉污染而被召回。除了这些在监管环节可控制的风险，婴儿配方奶粉还存在多种未知问题。以大豆配方奶粉为例[1]，当婴幼儿对乳制品中乳蛋白过敏或对乳糖不耐受时，豆基（大豆）婴儿配方奶粉成为他们的选择。据调查显示，部分俄罗斯（18%）和美国（25%）的婴儿在出生后第一年被喂食豆基婴儿配方奶粉。这些婴幼儿通过食用豆基婴儿配方奶粉会接触到染料木素、大豆异黄酮以及甜菜素等异黄酮类物质。研究者根据豆基婴儿配方奶粉中测量的总异黄酮水平、配方奶粉摄入量和婴儿体重，估计了通过豆基婴儿配方奶粉异黄酮的暴露量。在美国，婴儿的总异黄酮摄入量为 2.3 ～ 9.3mg/(kg•d)，远高于食用母乳或乳基婴儿配方奶粉的婴儿。这些异黄酮通常被称为植物雌激素，它们能够与雌激素受体（estrogen receptors, ERs）结合，并表现比雌二醇稍弱的雌激素活性，这也是多年来豆基婴儿配方食品安全性问题的质疑点[2-4]。数十年前，豆基婴儿配方奶粉中还包含大豆粉。然而，在二十世纪五六十年代，喂食豆基婴儿配方奶粉的婴儿中报告了甲状腺功能改变的病例，主要是甲状腺肿。后续通过在配方食品中加入更多的碘，并用大豆分离蛋白代替大豆粉，就鲜少有婴儿出现甲状腺肿的报道了。

婴幼儿配方食品除了安全性问题，喂养效果和功能评价也是非常值得关注的问题。婴幼儿配方食品的配方基于模拟母乳成分，以达到母乳的喂养效果，并通过增加新成分（新食品原料）以增强对婴儿生长发育和健康的正面功效。评价婴幼儿配方食品及其成分的功效通常涉及多个方面的研究，主要包括体外细胞和体内动物实验以及人群临床营养干预试验。本章节将着重介绍体外试验中的细胞及类器官评价。

2.1 婴幼儿配方食品的细胞及类器官评价设计原则

婴幼儿配方食品的细胞和类器官评价是为了验证其安全性和效用，设计原则通常包括选择适当的模型、模拟生理条件、选择适当的浓度和暴露时间、监测多个参数、模拟体内吸收和代谢等方面。

2.1.1 选择适当的模型

选择合适的细胞和类器官模型，以模拟食品成分在人体内的代谢和效应。目前，我们对母乳和配方食品对健康的影响的了解主要来自流行病学研究，这些研究主要侧重于描述性经验。对于婴儿的肠道发育和生理调控的细胞和分子过程仍然存在许多未解之谜。其中一个原因是缺乏可靠的模型，用以全面了解母乳和配方食品对婴幼儿肠道的发育和维持所产生的影响，以及它们在调控全身效应中的作用。

与体内实验相比，体外实验具有一些显著的优势，包括相对较低的成本、较好的可重复性以及更低的伦理风险。在体外实验方面，主要包括 2D 细胞实验和 3D 类器官实验。在 2D 细胞培养系统中，研究人员通常使用永生化细胞系或原代细胞培养，这些方法在基础研究和高通量筛选中得到广泛应用。与传统的 2D 培养相比，3D 细胞培养提供了不同的视角。类器官是一种典型的 3D 细胞培养物，不同来源的干细胞在基质胶中生长，能够维持其来源组织的生理结构和功能。通过在体外以 3D 方式培养，类器官可以更好地模拟正常或疾病状态下体内器官或组织的三维结构和生理功能。

类器官主要通过干细胞培养分化形成，由于多能干细胞的分化潜力，可以被定向诱导为人体多种细胞，包括心肌细胞、成骨细胞、神经细胞等。通过三维培养系统的开发，干细胞产生了类似于整个器官的结构。类器官的主要特征有：①基于细胞类别的自我组织及空间限制的定向分化，这一过程与体内发育过程相似；②含有多种器官特异性细胞，这些细胞的空间组织、排列与来源器官类似；③具有一些来源器官特有的功能。

这也意味着与器官在发育过程中建立其特征组织的方式相似。类器官模型可以在体外环境中再现来源器官的生物学原理，并提供了简化的、易于获取的“最小化的系统”，用于评价不同物质对组织复杂性的发生发展过程的相对贡献。与哺乳动物实验模型相比，类器官模型的一个主要特点是更容易进行实验，有助于更深入地了解器官生物学。由于人类胚胎和胎儿组织极其有限，而且使用这些组织存在伦理问题，因此人类发育和器官形成的研究受到限制。此外，将人类器官与动物模型或动物模型衍生的类器官进行比较，人类器官可以很好地解决人类与其他物种在发育方面的差异性。在疾病建模和物质评价中，与传统的单细胞培养相比，类器官可以在器官水平上模拟组织病理学[5]。迄今为止，已建立了由人类干细胞衍生的常见类器官，如表 2-1 所示。

表 2-1　器官评价中常用的类器官

器官类型	应用	来源	作用
肠道类器官	精准医学	由内胚层发育而成	模拟肠道的生理结构和功能，包括肠吸收和分泌活动
肝脏类器官	疾病模拟及药物有效性研究	来自内胚层，由腹侧前肠上皮的外生部分发育成肝芽结构	模拟了发育中肝脏的早期细胞系
大脑类器官	揭示神经系统疾病的发病机制	源自神经外胚层	模拟神经发生、神经元迁移、皮质分层及神经环路建立等体内过程
视网膜类器官	研究视网膜发育及疾病的机制，开发新型治疗方案	来自神经外胚层	替代真实视网膜用于体内外研究

2.1.1.1 肠道类器官

肠道类器官是目前应用最多的类器官之一。胃肠道主要由内胚层发育而成，内胚层形成的上皮管发育成三个不同的部分，即前肠、中肠和后肠[6]。前肠将分化为部分空腔底、舌、咽至十二指肠乳头之间的消化管、肝、胆囊、下颌下腺、舌下腺、胰腺等器官；中肠将分化为自十二指肠乳头至横结肠右 2/3 之间的消化管；后肠将分化为自横结肠左 1/3 至肛管上段的消化管。无翼整合（wingless integrated, Wnt）和成纤维细胞生长因子（fibroblast growth factor, FGF）信号已被证明可抑制前肠发育，转而促进后肠发育，这可导致中肠和后肠的形成[7-8]。Wnts 和 FGF 的组合效应为人类肠器官组织的构建提供了基础。人类造血干细胞可通过最初应用活化素 A 来驱动中胚层特征，从而实现后肠特征。随后再加入后化 Wnt3a 和 Fgf4，就能明确后肠，即肠道的前体。最初，这种特化是在二维中进行的，但令人惊讶的是，细胞自发地形成了后肠管道，这些管道出芽形成球体。这说明这些祖细胞具有非凡的自组织能力，这种特性使它们能够在适宜的环境中生长，生成完整的三维类器官。这些成体来源的类器官可形成三维隐窝——绒毛结构，模拟肠道的生理结构和功能，包括肠吸收和分泌活动[9]。

2.1.1.2 肝脏类器官

肝脏主要来自内胚层，由腹侧前肠上皮的外生部分发育成肝芽结构[10]。肝芽产生肝母细胞，生成肝细胞和胆道上皮，而邻近中胚层衍生的间质则产生肝成纤维细胞和星状细胞。虽然类似的人类肝脏器官组织尚未生成，但最近有一种非常不同的方法生成了类似人类肝芽的组织[11]。这种方法首先在二维条件下将人类造血干细胞分化成肝脏内胚层细胞，然后混合三种细胞群：人类造血干细胞衍生的肝细胞、人类间充质干细胞和人类内皮细胞。这种混合细胞群模拟了发育中肝脏的早期细胞系。当高密度混合在一层基质胶上时，细胞会自发形成三维聚集体。肝芽样聚集体显示出血管化，可以异位移植到小鼠体内，以实现血液供应。

2.1.1.3 大脑类器官

脊椎动物的中枢神经系统源自神经外胚层。这种组织产生神经板，神经板折叠融合后形成神经管，神经管是一种具有顶端-基底极性的上皮细胞，围绕一个充满液体的腔体呈放射状组织，最终形成脑室。以前的许多研究都利用从多能干细胞（pluripotent stem cells, PSCs）体外衍生的神经干细胞（neural stem cells, NSCs）来研究神经分化[12]。然而，这些均匀的神经干细胞缺乏特有的顶端-基底极性，不能再现体内神经干细胞的复杂系谱。作为另一种方法，神经球是 NSCs 的聚集体，可用来评估其自我更新能力[13]。然而，神经球同样没有良好的组织，因此在模拟大脑发育的许多方面能力有限。因此，在过去几年中，有可能再现脑组织结构的其他三维培养方法已被广泛用于研究。其中，Yoshiki Sasai 实验室的工作重点是利用小鼠或人类的多细胞干细胞在三维环境中培养出各种孤立的脑区[14]。从体外类胚体形成开始，可以从神经外胚层生成特定的脑区特征。具体来说，前脑组织是通过将小鼠或人类的体外类胚体进行二维电镀并检查附着细胞而生成的[15-16]。然而，如果让聚集细胞在三维环境中继续生长[17]，它们会形成更复杂的结构，最终生成背侧前脑。在体外类胚体阶段刺激神经外胚层，然后应用特定的生长因子，就能生成各种脑区的器官组织。Lancaster 等[18]建立的异质神经器官组织被称为脑器官组织，在单个器官组织中包含多个不同的脑区。

2.1.1.4 视网膜类器官

视网膜是眼睛的感光神经区域，来自神经外胚层。与其他类器官方法一样，多能干细胞衍生视网膜类器官的演变也是建立在发育生物学的基础之上的。体外类胚体在培养基中衍生，生成神经外胚层[19]。视网膜类器官也被称为“培养皿中的眼睛”，具有视神经囊泡样结构，具有类似的视网膜分层。在经过长时间培养后，视网膜类器官可以包含大多数视网膜神经元细胞类型，例如视杆细胞、视锥细胞、神经节、双极细胞、水平细胞、无长突细胞和 Müller 细胞。

利用人体干细胞生成人体类器官目前尚处于起步阶段，但这一领域正在迅速发展。利用动物来源干细胞生产动物类器官也可以为减少实验动物的使用数量做出积极贡献。

2.1.2 模拟生理条件

在实验条件中模拟生理条件是非常重要的，这包括模拟温度、湿度、pH 值以及体内微环境等因素，以确保所使用的模型能够在贴近生物体内的环境下运作。这样可以更准确地评估婴幼儿配方食品对人体的影响。

考虑到婴幼儿配方食品主要是经口摄入，因此胃肠道细胞和肠道菌群是常见的评价模型。这可以帮助研究者更好地了解这些食品与肠道的相互作用，以及其对胃肠道健康的影响。同时，要考虑到体内环境中细胞并不是独立存在的，它们之间相互作用是非常重要的。因此，多细胞共培养和类器官培养成为模拟体内复杂生理环境的有力工具。这些方法允许研究者更好地模拟不同细胞类型之间的相互作用，以便更全面地了解配方食品对整体生理环境的影响。

类器官是研究体内器官发育的重要工具。由于类器官是一种易于获取的模型，因此它们有可能为那些难以用传统技术解答的发育问题打开一扇大门。对于人类特有的生物学来说更是如此。例如，人脑器官组织已被用于研究人类神经干细胞的独特分裂模式[18]。同样，视网膜器官组织也被用于测试人类和啮齿类动物组织形态发生和时间的差异[20]。此外，消化道器官组织可用于研究消化道器官的协调发育，与实验动物相比，人类在这一过程中表现出重要差异[21]。此外，类器官还可以模拟人体内环境。事实上，肠组织器官已被用于研究隐窝在干细胞自我更新和分化中的作用[22-23]。类器官还可以应用于模拟退行性疾病模型，例如肝纤维化等。疾病模型可以为器官功能验证提供有力证据，还可以减少因构建模式动物所需的巨大人力和物力，甚至最终减少动物实验。尤其是人类肝脏代谢药物的方式与动物的代谢方式不同，人类肝芽组织已被证明可以产生人类特异性代谢物[11]，这表明肝脏器官组织是进行此类研究的理想系统。类器官有望在临床上提供细胞甚至是整个器官的替代疗法。类器官可为待移植患者提供自体组织来源器官。在这方面，肾脏类器官具有巨大的治疗潜力，因为肾脏是终末期衰竭发生率最高的器官，也是器官移植需求量最大的器官。Taguchi 等[24]已经成功地将肾脏类器官移植到成年小鼠的肾囊下，并使其血管化，这是向替代战略迈出的充满希望的一步。肠道类器官也可以为损伤或病变组织切除后受损肠段的替换提供一种治疗选择。类器官甚至可以在基因缺陷的情况下进行基因校正，使用现代基因组编辑技术用修复的组织替换受损的器官。

虽然很明显类器官有许多潜在的用途，但它们目前仍具有局限性。迄今为止建立的所有类器官系统在再现体内发育的程度方面仍有待彻底定性。例如，虽然视网膜类器官很好地显示了典型的层状组织，但外节段未能形成，光感受器未能完全成熟，变得对光敏感。同样，脑类器官重现了大脑发育的早期事件，但皮质板层等后期特征未能完全形成。器官成熟度问题似乎是类器官技术的一个共同障碍，这是否会严重影响其治疗和研究潜力还有待观察。人类肠道类器官已显示出成熟肠道的特征，产生富含亮氨酸重复序列的 G 蛋白偶联受体-5（leucine rich repeat containing Gprotein-coupled receptor 5, $Lgr5^+$）成体干细胞[9]。最后，缺乏血管是体外类器官模型的另一个重要问题。由于营养供应的限制，类器官的生长潜力有限，这也会影响其成熟度。血管化是整个组织工程中的一个问题，人们已经采取了各种方法来解决这个问题。将类器官与内皮细胞共培养能生成类似血管的网络[11]。

2.1.3 选择适当的浓度和暴露时间

根据食品成分的实际浓度选择实验中的暴露浓度，以便在实验中模拟实际暴露情况，并有效评估食品成分的影响。首先，应了解所关注的食品成分在实际情况下的浓度范围。这有助于确保实验条件与真实情况相符。接着实验中选择一系列不同浓度，通常包括低、中、高不同剂量，以便评估剂量-效应关系。这有助于确定潜在的效应阈值和浓度依赖性。同时考虑到暴露时间对效应的影响，应该在不同时间点评估不同浓度的暴露。这可以揭示出时间依赖性效应。除了不同浓度的实验组，还应包括适当的对照组，以与实验组进行比较，帮助确定食品成分引起的效应。

2.1.4 监测多个参数

婴幼儿食品的体外评价不仅要监测细胞的存活率，还要考虑其他参数，以便更全面地评估食品对细胞的影响。包括：细胞形态和结构变化，可能反映出细胞的健康状态和受到的影响；氧化应激，测量氧化应激标志物，如氧自由基和抗氧化酶活性，以评估细胞内氧化应激的程度；细胞器损伤，检测细胞器（如线粒体、内质网等）的损伤，以了解食品成分对细胞内部结构的影响；能量代谢产物，测量细胞的能量代谢产物，如 ATP 水平，以评估细胞的能量状态；细胞内信号通路，研究食品成分对细胞内信号通路的影响，以了解其对细胞功能的调控；基因和蛋白质表达水平，揭示食品成分对基因调控和蛋白表达的影响；细胞因子分泌，定量细胞分泌的细胞因子，以了解其对免疫和炎症反应的影响；细胞（非）程序性死亡，研究食品成分是否导致细胞凋亡、坏死或其他形式的细胞死亡。

2.1.5 模拟体内吸收和代谢

婴幼儿配方食品的评估不仅是检测食品本身的功效和安全性，还需考虑食品成分在体内代谢物的影响。因此还需对其二次衍生物进行相关的功效和安全性评价。

2.1.6 选择适当的数据统计分析方法

根据数据类型、数据分布、样本大小的不同，选择合适的统计方法对收集到的数据进行详细的分析，以确定食品成分对模型的影响。

2.1.7 综合研究

将实验的结果与其他研究数据和临床试验数据综合研究，以全面评估婴幼儿配方食品的安全性。

2.1.8 遵守法规和伦理标准

在进行实验时，要遵守国家和地区的法规和伦理标准，确保研究符合伦理和法律要求。

2.2 婴幼儿配方食品的细胞及类器官评价常见方法

通常将婴幼儿配方食品或其核心成分与细胞或类器官进行共培养。在一定的暴露浓度与暴露时间下，检测细胞与类器官的状态，从而对婴幼儿配方食品进行功能和安全性评价。以下是一些常见的方法。

2.2.1 类器官构建

迄今为止，主要细胞谱系都已经发展出对组织结构进行建模的类器官培养系统。虽然不同的组织需要对应特定的培养方法，但是一般来说，将适当的多能干细胞或者特定组织的祖细胞嵌入基质胶（Matrigel®）或者其他适当的细胞外基质中，培养基则使用含有特定生长因子的细胞培养基模拟维持干细胞群所需的体内信号。在此生长条件下，嵌入的细胞增殖并自我组织成 3D 类器官结构，并在许多系统中可进行无限期传代和维持培养。到目前为止，类器官培养已用于各种组织，其中包括肠道、肝脏、大脑、视网膜、胃、肺、膀胱、胰腺、肾脏、卵巢、食管、心脏等，不仅包括正常器官组织类器官，还有相应肿瘤组织类器官。下面介绍利用人诱导多能干细胞（induced pluripotent stem cells, iPSCs）构建典型类器官的方法。不同组织脏器的类器官构建方法类似，主要是在培养基体系、特定生长因子和诱导分化的小分子化合物上有所不同，因此不在此一一列举。

2.2.1.1 肠类器官构建

将人诱导多能干细胞（iPSCs）接种到含 mTeSR1 培养基的 Matrigel 预包被的六孔板（coring）中，整个培养过程在 37℃的 5% 二氧化碳的培养箱中进行。细胞长到融合度为 70% ～ 80% 时，使用 3μmol/L 拉杜维格鲁西布（laduviglusib, CHIR-99021）+100ng/ml 激活素 A（activin A）+ 2mmol/L L-丙氨酰-L-谷氨酰胺（alanyl-glutamine, GlutaMAX）+1× 青霉素-链霉素（penicillin-streptomycin, Pen-Strep）处理 1 天，然后更换培养基促使细胞进行后肠分化。大概 4 天后分化为后肠细胞，然后更换成含有基础培养基（Dulbecco's Modified Eagle Medium/Nutrient Mixture F-12,DMEM F12）+ 1× 添加剂 B27 + 2mmol/L GlutaMAX + 100U/ml Pen-Strep + 3μmol/L CHIR-99021 + 300nmol/L 骨形态发生途径抑制剂（LDN193189）+ 100ng/ml 表皮生长因子（epidermal growth factor, EGF）的培养液，每 2 天换液。大概 20 天后使用细胞消化液（accutase）将细胞分解为单细胞悬液，再重悬于 Matrigel® 基质胶中，接种到 Nunc™ 多孔细胞培养板中，额外添加 Y-27632，大概需要 3 周单个结肠干细胞诱导生成结肠类器官，每天以 1∶4 的密度传代一次。后续实验操作前 2 天将培养基更换成不含 $CHIR^{+}$ 的结肠培养液。

2.2.1.2 大脑类器官构建

首先将人诱导多能干细胞（iPSCs）接种到六孔板中，当 iPSCs 在六孔板中长到融合度为 70% ～ 80% 时用于诱导拟胚体（embryoid bodies, EB），用含 50μmol/L 的 ROCK 抑制剂 Y-27632 的低 bFGF 的 ESCs 培养基重悬后，移至市售的超低吸附 96 孔 U 底细胞培养板（9000 个活细胞 / 孔）上。隔一天换新鲜的培养基，培养基中需添加 Y-27632（1∶100）及 FGF-2（4ng/ml）。EB 直径达到 350 ～ 600μm 时，换用不含 Y-27632 和 FGF-2 的培养基，隔天换液。EB 直径达到 500 ～ 600μm 时移至含有 500μl 神经诱导培养基的低吸附 24 孔板中，显微镜观察到 EBs 形态边缘变得更加明亮即提示神经外胚层的分化。4 ～ 5 天后开始显示与神经上皮形成一致的假复层上皮的放射状组织，及时将组织聚集转移到 Matrigel® 基质胶液滴中。将 Parafilm 膜用剪刀修剪为单个含 4×4（共 16 个）凹坑大小的正方形，将其放入 60mm 的组织培养皿中，每个凹坑中放置 1 个神经外胚层组织，快速滴入 Matrigel® 基质胶。置入 37℃培养箱中，孵育 20 ～ 30min 以使 Matrigel® 基质胶聚合，后加入 5ml 不含维生素 A 的脑类器官分化培养基，将 Parafilm 膜反过来并摇动培养皿，直至 Matrigel 液滴从凹坑中滴入培养基中，继续于培养箱中培养组织。观察包埋的组织呈现包含液体空腔的进一步扩张的神经上皮样后继续培养 24h，然后将培养基更换为不含维生素 A 的脑类器官分化培养基，继续培养 48h。然后将 60mm 的培养皿中培养液更换为含维生素 A 的脑类器官培养液，将其置于培养箱中的轨道振动筛上培养，大概 15 天，3 ～ 4 天换液一次。整个培养过程在 37℃的含 5% 二氧化碳的培养箱中进行。

2.2.2 细胞活力检测

这些实验通常使用人类肠上皮细胞或肠道类器官，以评估食品成分对细胞的毒性。这些体外模型在一定程度上可以模拟体内生理环境，从而有效、高效、方便地探索各种生理过程。例如，Caco-2 细胞被认为是学习分子吸收、运输和肠道相关代谢的理想模型。通常将细胞或类器官与待检测物质以一定浓度共孵育一定时间后，检测活细胞中的线粒体活性（XTT 检测法、Resazurin 测定）、染料区别死 / 活细胞（台盼蓝检测、碘化丙啶检测）、细胞代谢能力（CCK-8 检测法、CTG 发光法），实验结果以细胞颜色或溶液吸光度呈现。

2.2.3 遗传毒性检测

细菌回复突变试验、哺乳动物红细胞微核试验、体外哺乳类细胞次黄嘌呤-鸟嘌呤磷酸核糖基转移酶（hypoxanthine-guanine phosphoribosyltransferase, HGPRT）基因突变试验、体外哺乳类细胞胸苷激酶（thymidine kinase, TK）基因突变试验、体外哺乳类细胞染色体畸变试验，以及体外哺乳类细胞 DNA 损伤修复（非程序性 DNA 合成）试验等，这些试验常以组合的方式出现，以全面评价潜在的致突变风险。

2.2.3.1 细菌回复突变试验

将鼠伤寒沙门氏组氨酸营养缺陷型菌株培养在缺乏组氨酸的培养基

上，仅少数细菌可以自发回复突变的细菌生长。若待测物质中含有致突变物，则营养缺陷型的细菌回复突变生长为菌落。

2.2.3.2 哺乳动物红细胞微核试验

该试验检测待测物质引起的成熟红细胞染色体损伤或有丝分裂装置损伤，导致形成含有迟滞的染色体片段或整条染色体，即形成微核。就外周血细胞而言，至少观察 1000 个红细胞，计数嗜多染红细胞在总红细胞中的比例。

2.2.3.3 体外哺乳类细胞 HGPRT 基因突变试验

细胞在正常培养条件下，能够产生 HGPRT 基因，在含有 6-硫代鸟嘌呤（6-thioguanine, 6-TG）的选择性培养液中，HGPRT 催化产生核苷-5′-单磷酸（NMP），NMP 掺入 DNA 中导致细胞死亡。如果待测物质含有致癌和（或）致突变物，部分细胞 X 染色体上控制 HGPRT 的结构基因发生突变，不能再产生 HGPRT，从而使突变细胞对 6-TG 具有抗性作用，能够在含有 6-TG 的选择性培养液中存活生长。突变细胞可以继续分裂并形成集落。基于突变集落数，可以计算突变频率，以评价待测物质的致突变性。

2.2.3.4 体外哺乳类细胞 TK 基因突变试验

TK 基因的产物胸苷激酶在体内催化从脱氧胸苷（TdR）生成胸苷酸（TMP）。在正常情况下，此反应并非生命所必需，因为体内的 TMP 主要来自于脱氧尿嘧啶核苷酸（dUMP），即由胸苷酸合成酶催化的 dUMP 甲基化反应生成 TMP。但如果待测物质含有胸苷类似物［如三氟胸苷（trifluorothymidine, TFT）］，则 TFT 在胸苷激酶的催化下可生成三氟胸苷酸，进而掺入 DNA，造成致死性突变，故细胞不能存活。若 TK 基因发生突变，导致胸苷激酶缺陷，则 TFT 不能磷酸化，亦不能掺入 DNA，故突变细胞在含有 TFT 的培养基中能够生长，即表现出对 TFT 的抗性。根据突变集落形成数可计算突变频率，从而推断受试物的致突变性。

2.2.3.5 体外哺乳类细胞染色体畸变试验

通过检测受试物是否诱发体外培养的哺乳类细胞染色体畸变，评价受试物致突变的可能性。在加入或不加入代谢活化系统的条件下，使培养的哺乳类细胞暴露于受试物中。用中期分裂相阻断剂（如秋水仙素或秋水仙胺）处理，使细胞停止在中期分裂相，随后收获细胞、制片、染色、分析细胞的染色体数和畸变类型。

2.2.3.6 体外哺乳类细胞 DNA 损伤修复

在正常情况下，DNA 合成仅在细胞有丝分裂周期的 S 期进行。当化学或物理因素诱发 DNA 损伤后，细胞启动非程序性 DNA 合成程序以修复损伤的 DNA 区域。在非 S 期分离培养的原代哺乳动物细胞或连续细胞系中，加入 ^{3}H-胸腺嘧啶核苷（^{3}H-TDR）。通过 DNA 放射自显影技术或液体闪烁计数（LSC）法检测染毒细胞中 ^{3}H-TDR 掺入 DNA 的量，可说明受损 DNA 的修复合成程度。在体外培养细胞中，用缺乏半必需氨基酸精氨酸的培养基（ADM）进行同步培养，DNA 合成的始动受阻，使细胞同步于 G1 期；并用药物（常用羟基脲）抑制残留的半保留 DNA 复制后，通过 ^{3}H-TDR 掺入可显示非程序性 DNA 合成（UDS）。通过计数各样本细胞核的显影银颗粒数反映 DNA 损伤修复。

2.2.4 肠道屏障检测

肠道屏障由机械屏障、化学屏障、免疫屏障与生物屏障共同构成。肠道黏液层是肠上皮机械屏障的第一道防线，其主要成分是由吸收细胞分泌的黏蛋白。肠道中的胃酸、胆汁、各种消化酶、溶菌酶、黏多糖、糖蛋白和糖脂等化学物质是化学屏障。胆汁中的免疫球蛋白（sIgA）可以阻止细菌在肠道中黏附。肠道中杯状细胞分泌的糖蛋白和糖脂可以与细菌结合，使其随粪便排出。sIgA 同时也是肠道免疫调节中的重要物质，是阻止病原体入侵的主要免疫防御因子。肠道中的共生菌群与肠黏膜黏附，构成了生物屏障。常见的肠屏障检测方法有：糖分子探针、聚乙二醇类探针、同位素探针、血浆 D-乳酸、体外尤斯灌流室、血浆二胺氧化酶、血浆内毒素和组织学观察。在体外实验中，通常使用荧光标记的葡聚糖、跨上皮电阻和紧密连接蛋白表达来反映肠道通透性。

2.2.4.1 荧光标记葡聚糖检测

葡聚糖是多糖，具有不同的分子量。荧光素基团通过一个稳定的硫代氨甲酰键连接到葡聚糖上。接种在 Transwell 小室的细胞与受试物共孵育后，更换上室培养基为含荧光标记葡聚糖的培养基，更换下层培养基为无菌磷酸盐缓冲液。通过检测下层磷酸盐缓冲液中荧光含量，反映肠道细胞通透性。

2.2.4.2 跨上皮电阻检测

将电极放入预热至 37℃的 Hank's 平衡盐溶液（HBSS）中平衡 20min。去除培养皿中原有的培养基，更换为预热后的 HBSS，在细胞肠腔侧（apical, AP 侧）和肠内壁侧（basolate ral, BL 侧）分别加入 0.5ml HBSS，此时测定跨膜电阻值。使用空白载体重复上述步骤得到空白值。跨膜电阻 =（测定电阻值−空白值）× 单层表面积。

2.2.4.3 紧密连接蛋白检测

将细胞或类器官与婴幼儿配方食品或待检测成分共同孵育，随后对细胞上清液中紧密连接蛋白采用酶联免疫吸附试验进行定量检测。或将细胞裂解后，提取总蛋白，通过凝胶电泳后与特定的一抗、二抗结合，随后化学发光后根据特定的条带位置，对紧密连接蛋白进行半定量检测。

2.2.5 炎症因子水平检测

通常从 RNA 和蛋白水平来阐述炎症因子的水平变化。蛋白水平：将细胞或类器官与婴幼儿配方食品或待检测成分共同孵育，随后对培养基中的细胞因子采用酶联免疫吸附试验进行定量检测。或将细胞裂解后，提取总蛋白，通过凝胶电泳后与特定的一抗、二抗结合，随后化学发光后根据特定的条带位置，对炎症蛋白进行半定量检测。

2.2.6 多组学检测

多组学技术为研究细胞内不同分子的变化及其相互作用提供了高通量方法。以基因组、转录组、蛋白组和代谢组等为典型代表的多组学技术，不仅可以分析婴幼儿配方食品及其关键成分对细胞中 DNA、RNA、蛋白及代谢物的改变，还可以通过 GO/KEGG 通路富集分析，了解细胞信号通路的改变。信号通路是指能将细胞外的分子信号经细胞膜传入细胞内发挥效应的一系列酶促反应通路，分析信号通路对于理解生物过程背后的复杂机制至关重要。每条信号通路都存在自己的上下级联，不同信号通路之间又可能相互关联。但是组学由于其高通量特性，往往会出现一些假阳性或假阴性结果。因此组学尤其是非靶向组学分析的结果通常还需要进行一定验证实验，比如通过免疫印迹、荧光信号、mRNA 检测、靶向组学等手段针对核心结果进行验证。

这些方法通常是细胞和类器官评价的一部分，用于验证婴幼儿配方食品的安全性和效用。在设计实验时，需要根据研究的具体问题选择合适的方法，并遵循相关的实验和伦理标准。此外，通常还需要将这些实验与其他研究方法相结合，以全面评估食品产品的质量和安全性。

2.3 婴幼儿配方食品的细胞及类器官评价常用指标

婴幼儿配方食品的细胞和类器官评价通常涉及多个常用指标，以评估其安全性和效用。以下是一些常见的指标。

2.3.1 细胞毒性

2.3.1.1 细胞存活率

这是一个用于评估细胞在特定条件下存活和生存的指标。它通常以百分比的形式表示，表示在一定时间内，特定细胞群体中仍然活着的细胞的比例。通过计数或细胞代谢活性测定，来评估食品成分对细胞或类器官的毒性。

2.3.1.2　半数致死浓度（LC_{50}）

这是一种毒性学上的参数，通常以毫克 / 升（mg/L）或部分 / 百分比浓度等单位来表示。用于评估受试物对细胞或类器官的毒性，即需要多少物质才能导致一半细胞死亡。

2.3.1.3　细胞周期分析

细胞周期作为细胞内外信号交互作用的精密调控过程，以细胞周期蛋白依赖性蛋白激酶（CDKs）和细胞周期蛋白（cyclins）为驱动核心。G1 期是 DNA 含量最少的时期，DNA 复制还没有开始；G0 期是细胞静止期，不复制 DNA，无法与 G1 期分开。在 S 期，细胞开始复制到完成复制，是一个一倍 DNA 到二倍 DNA 的过程。G2 期是 DNA 复制完成至分裂的一段时间，此时细胞内含二倍 DNA。M 期是细胞分裂的过程，此时细胞内是二倍 DNA，无法与 G2 期分开。

2.3.2　遗传毒性

2.3.2.1　细菌回复突变率

Ames 试验是一个快速且相对低成本的方法，用于初步筛选潜在的致癌物质，但是它不一定适合所有类型的化合物，需要与其他实验手段联合分析。

2.3.2.2　微核频率

微核是小的染色体片段，通常包含一些基因信息，因此可以用来评估物质对细胞遗传稳定性的影响。高微核频率通常表示物质可能对细胞染色体产生损害，可能与基因毒性有关。低微核频率则表明物质对细胞染色体相对较安全。

2.3.3 肠道影响

2.3.3.1 荧光标记葡聚糖

它作为示踪剂，在体外肠道模型中可以通过监测其在肠道内外的荧光信号强度，确定肠道通透性的改变。

2.3.3.2 肠道电阻

它是一种重要的生理参数，用于评估肠道通透性以及肠黏膜屏障的健康状况。通常情况下，健康的肠道黏膜具有较高的电阻，表示紧密的细胞连接和黏膜屏障的有效性。降低的电阻可能表明黏膜屏障受损，可能导致物质和微生物的不受控制的渗透。对肠道电阻的监测，可以及时反映肠道通透性的变化。

2.3.3.3 紧密连接蛋白

紧密连接蛋白由跨膜蛋白和支架蛋白组成，构成了离子和分子通过细胞旁途径以及蛋白质和脂质在质膜顶端和基底外侧结构域之间移动的屏障。在紧密连接中已发现三种完整的蛋白质，分别是 Occludin、Claudins 和 JAM。闭塞蛋白 Occludin 包括四个跨膜结构域、两个大小相似的细胞外环和三个细胞质结构域（一个细胞内短转位、一个小氨基末端结构域和一个长羧基末端区域）。两个细胞外环都富含酪氨酸残基，在第一个环中，超过一半的残基是酪氨酸和甘氨酸。Occludin 胞质 C 末端形成卷曲螺旋结构，二聚化，能够与 MAGUK 蛋白 ZO-1、ZO-2 和 ZO-3 直接结合 [25]。肠道 Claudins 蛋白分为两类：封闭蛋白和成孔蛋白。封闭蛋白的表达增加将导致“更紧密”的上皮屏障，进一步限制管腔内容物通过细胞旁间隙的运动。封闭蛋白包括 Claudin-1、Claudin-3、Claudin-4、Claudin-5、Claudin-8、Claudin-11、Claudin-14、Claudin-18 和 Claudin-19。而成孔蛋白的表达增加，会增加细胞旁通透性。成孔蛋白包括 Claudin-2、Claudin-10a/-10b、Claudin-15、Claudin-16和Claudin-17[26]。JAM 是具有免疫球蛋白样胞外结构域的黏附分子家族，定位于上皮细胞和内皮细胞中，它们可以调节紧密连接的形成和中性粒细胞的迁移 [27-28]。

2.3.4 免疫调节

2.3.4.1 肠道免疫细胞

肠道免疫系统是人体免疫系统的一个重要组成部分，主要任务是识别和应对肠道中的各种微生物和抗原，同时保持对正常肠道组织的免疫耐受。与肠道免疫细胞相关的细胞类型包括：巨噬细胞，肠道中的巨噬细胞是专门负责吞噬和清除微生物、病原体和细胞残骸的专业免疫细胞，它们在肠道屏障的维护和感染控制中发挥重要作用；树突状细胞，是抗原呈递细胞，它们负责捕获、处理和呈递外源抗原给 T 细胞，从而引发免疫应答；T 细胞，肠道中的 T 细胞分为不同亚群，包括辅助 T 细胞（Th）、细胞毒性 T 细胞（Tc）、调节性 T 细胞（Treg）等，它们协同工作，帮助调控免疫应答、维持免疫平衡和抵御病原体；B 细胞，是免疫系统中的另一类抗原呈递细胞，它们产生抗体来对抗感染，肠道 B 细胞在黏膜免疫中发挥重要作用；自然杀伤细胞（NK 细胞），具有杀伤病原体和受感染细胞的能力，它们在免疫监视和免疫应答中发挥作用；肠道上皮细胞，它们形成了肠道黏膜屏障，不仅提供了生理屏障，还可以分泌抗菌肽和其他抗感染物质，参与免疫调节和炎症反应；壳聚糖细胞，是一种特殊的细胞类型，它们分布在肠道黏膜中，并帮助维持免疫平衡和肠道免疫调节，通过检测免疫细胞与受试物共孵育后的细胞状态，反映肠道中的免疫调节情况。

2.3.4.2 受体激活和炎症因子产生

TLR4 以识别脂多糖（LPS）而闻名。在它激活后，可导致 NF-κB 信号通路激活和炎性细胞因子产生 [29]。TLR4/NF-κB 下游的炎症因子主要包括：白细胞介素-1β（IL-1β），这是一种强烈的炎症介质，它参与调节炎症反应和免疫细胞活化；白细胞介素-6（IL-6），是一种多功能的细胞因子，它在炎症和免疫反应中发挥作用，促进免疫细胞的活化和炎症介质的产生；肿瘤坏死因子-α（TNF-α），它作为一种重要的炎症介质，参与调节炎症反应、细胞凋亡和免疫细胞的活化，过度的 TNF-α

产生与多种自身免疫性疾病和炎症性疾病有关；白细胞介素-8（IL-8），是一种上皮细胞来源的中性粒细胞趋化因子，它吸引免疫细胞进入炎症部位，以应对潜在的威胁；白细胞介素-12（IL-12），在免疫细胞的激活中起关键作用，它有助于促进免疫反应。

2.3.4.3 分泌型免疫球蛋白 A（sIgA）

sIgA 是黏膜免疫系统中最丰富的抗体，也是人初乳中主要的免疫球蛋白[30]。经典的 sIgA 诱导位点是肠道相关淋巴组织（gut-associated lymphoid tissue, GALT），包括 Peyer 斑块（Peyer's patches, PP）、孤立淋巴滤泡（isolated lymphoid follicles, ILF）和肠系膜淋巴结（mesenteric lymph nodes, MLN）。sIgA 通过非特异性免疫消除具有免疫排斥作用的病原体，成为黏膜免疫的第一道防线[31]。

这些指标可以用于评估婴幼儿配方食品的成分对细胞和类器官的影响。不同的实验目的需要不同的评价指标，需要根据研究目的选择适当的指标，并遵循相关的实验和伦理标准。

2.4 婴幼儿配方食品的细胞及类器官评价研究实例

对于婴幼儿配方食品的功能和安全评价，通常使用的是细胞模型和动物研究，类器官评价相关的研究较少。在本章节中，将展示已发表的细胞和类器官评价实例。

2.4.1 婴儿配方奶粉的细胞及类器官评价

Noel 等[32]从肠道 Lgr5 阳性干细胞衍生出体外肠道类器官模型，评价婴儿配方奶粉对肠道细胞的影响。

2.4.1.1 上皮屏障功能检测

研究者将 20% 母乳与 20% 婴儿配方奶粉涂在肠道类器官表面，每天监测肠上皮细胞跨上皮电阻（transepithelial electrical resistance, TER），持续48h。结果显示，与母乳相比，婴儿配方奶粉对肠道类器官的离子渗透性较弱。随后，在通过使用FITC标记的葡聚糖检测细胞旁分子渗透性的试验中发现，母乳与婴儿配方奶粉无显著性差异。通过对紧密连接蛋白的检测发现，使用母乳处理的类器官中紧密连接蛋白的表达水平更高。

2.4.1.2 肠道稳态的调节

研究者以α-防御素5（DEFA5）为例，探讨母乳与婴儿配方奶粉对肠道防御系统的影响。婴儿配方奶粉对DEFA5表达无影响，而母乳则可以显著增加DEFA5的表达水平。

2.4.1.3 免疫调节

与婴儿配方奶粉相比，母乳降低了促炎性细胞因子MCP-1的水平并完全抑制了GM-CSF的释放。这提示了母乳具有抗炎特性，能够减少上皮来源的促炎性细胞因子。除此之外，研究者检测了分泌型免疫球蛋白A（sIgA）水平。sIgA在肠道中提供了额外的保护性免疫防线，防止微生物附着在宿主细胞上[33]。黏膜二聚IgA与上皮细胞基底侧表面的聚合免疫球蛋白受体（polymeric immunoglobulin receptor, pIgR）结合，在细胞内转运，并在顶端表面释放，从而介导IgA跨肠上皮易位。研究结果表明，在母乳中可以检测到可溶性pIgR，在婴儿配方奶粉中则检测不到。暴露于母乳的类器官培养基中可以检测到高水平的sIgA，其平均值显著高于婴儿配方奶粉处理的培养基。

2.4.1.4 远距离效应评价

释放到上皮细胞基底侧的母乳产品可能会分布到全身，从而介导远距离效应。因此在对母乳与婴儿配方奶粉处理后的类器官进行蛋白质组学分析评价发现，母乳处理的类肠中有57种蛋白质的丰度增加，而婴儿配方奶粉处理的只有4种。这些结果强调了婴儿配方奶粉在支持宿主器官发育和组织稳态、免疫和许多其他生物过程的分子方面的欠缺。

2.4.2 人乳低聚糖的细胞及类器官评价

人乳低聚糖（human milk oligosaccharides, HMOs）是在还原端含有乳糖片段的复合聚糖，是母乳内仅次于乳糖和脂质的第三大固体成分。在初乳中的浓度为 20 ～ 25g/L，在足月乳汁中的浓度为 5 ～ 10g/L[34]。目前经过鉴定的 HMOs 大约有 200 种，其中大多数低聚糖是人乳所特有的。相比之下，牛奶中低聚糖的浓度仅为 100mg/L，家畜奶中 HMOs 比人乳中的含量低很多[35]。HMOs 不能被婴儿消化，但被认为可以调节肠道微生物群。具体表现为促进双歧杆菌等益生菌的生长并抑制潜在的致病微生物[36]。除此之外，HMOs 还被证明具有抗炎特性和与树突细胞特异性结合从而对新生儿的肠道免疫进行调节[37-38]。婴幼儿未发育成熟的肠黏膜中存在较少的 T 细胞，且以 Th2 型细胞为主。这种 Th2 型的 T 细胞偏向使得婴幼儿的肠黏膜更易受到细菌感染和食物过敏的影响[39]。HMOs 可以在转录和翻译水平上调节与免疫细胞募集相关的细胞因子的表达，包括 CCL21、CCL11、CCL13 和 CXCL3。He 等[40]通过胎儿的小肠样本在体外以类器官的形式直接检测了 HMOs 对人类未成熟肠黏膜信号转导的能力和信号传导途径。

Šuligoj 等[41]通过收集结肠息肉患者的近端、横向和远端结肠组织，在体外培养生成类器官。将结肠类器官种在 S-1 芯片上形成结肠类器官芯片。与发酵人乳低聚糖（f-HMOs）共孵育 24h 后，收集培养液进行后续的检测。使用酶联免疫吸附法检测上清液中的白介素-6（IL-6）和白介素 8（IL-8）。结果显示在近端和横端结肠芯片中，IL-6 和 IL-8 表达无显著改变。在远端结肠芯片中，IL-6 和 IL-8 的表达量分别增加了 3.93 倍和 5.18 倍。使用 FITC-dextran MW 4000（FD4）检测肠道芯片的屏障完整性。将 FD4 以 20μg/ml 的浓度加入上皮介质（上通道）中。通过在 495 ～ 525nm 处测量基底通道流出物的吸光度来监测扩散到血管通道中的染料。结果显示，FD4 小于 0.5×10^{6}cm/s，提示在播种后第二天就形成了致密的肠屏障。对紧密连接的检测结果显示，CLDN-8 在近端、横向和远端结肠芯片中表达显著增加，CLDN-5 在结肠近端表达较低，从结肠横向到远端表达增高。说明在与 f-HMOs 共孵育后可以增加肠道屏障功能。

2.4.3 乳-*N*-四糖的细胞评价

为了更好地模拟人类母乳成分，制造商新开发了与人乳低聚糖结构相同的产物。其中最主要的中性核心结构是乳-*N*-四糖（lacto-*N*-tetraose, LNT），这是一种线性四糖。Phipps 等[42]使用细菌回复突变试验和哺乳动物细胞微核试验评价其潜在的遗传毒性。Ames 试验：Phipps 等使用鼠伤寒沙门氏菌（*S. typhimurium*）菌株 TA98、TA100、TA1535 和 TA1537 以及大肠杆菌菌株 WP2 *uvr*A（pKM101）与不同浓度的 LNT（5μg/皿、15μg/皿、50μg/皿、150μg/皿、500μg/皿、1500μg/皿 或 5000 μg/皿）在平板上共同孵育，通过计数回复突变的细菌菌落数评价其致突变性。结果表明，即使在 5000μg/皿的浓度下，LNT 也没有表现出致突变潜力的细胞毒性。微核试验：选取健康的非吸烟成年人群的外周血淋巴细胞（human peripheral blood lymphocytes, HPBL）与不同浓度的 LNT（250μg/ml、500μg/ml、1000μg/ml 和 2000μg/ml）共同培养。LNT 的每个浓度下均有 3 个重复样本，通过观察样本中每 1000 个细胞中含微核的细胞频率，对 LNT 的致突变性进行评价。结果表明，在所选择的剂量下均未观察到微核细胞百分比的显著增加。

2.4.4 半乳糖低聚糖的细胞评价

半乳糖低聚糖（galacto-oligosaccharides, GOS）是从乳糖（牛奶中的主要糖分）通过酶解制备而来的，由多个半乳糖分子组成，通常含有 2 ～ 8 个单糖单位。为模拟 HMOs 的寡糖结构，制造商将同为寡糖结构的半乳糖低聚糖添加至婴幼儿配方食品中，具有促进肠道健康、改善肠道菌群和增强免疫系统功能等作用[43-44]。Yao 等[45]检测了 GOS 对肠道杯状细胞黏液分泌的影响。

2.4.4.1 细胞活力评估

此研究选用人肠杯状细胞（LS174T 细胞）与不同浓度的 GOS（0、5mg/ml、7.5mg/ml、10mg/ml、12.5mg/ml、15mg/ml 和 20mg/ml）共同

培养 24h、48h 和 72h，通过 CCK8 法评价细胞活力。与对照组相比，15mg/ml 和 20mg/ml GOS 处理 LS174T 细胞 24h、48h 和 72h 后，细胞活力显著降低。

2.4.4.2 细胞黏蛋白分泌评价

将 LS174T 细胞与不同浓度的 GOS（0、7.5mg/ml、10mg/ml 和 12.5mg/ml）共同培养 72h 后，检测黏蛋白分泌相关基因表达的变化。结果显示，*RETNLB* 基因和 *GAL3ST5* 基因在 12.5mg/ml 的 GOS 中表达升高。

2.4.4.3 炎症条件下对黏蛋白分泌基因的影响

通过使用肿瘤坏死因子-α（TNF-α）刺激 LS174T 细胞，实现炎症模型。炎症条件下，12.5mg/ml 的 GOS 可以显著增强黏蛋白分泌基因 *MUC2* 和 *TFF3* 的表达。

Arbizu 等 [46] 使用分泌黏液的杯状细胞系 HT29-MTX 和结肠上皮细胞系Caco-2综合评价低聚半乳糖乳清蛋白浓缩物（galacto-oligosaccharide-whey protein concentrate, GOS-W）对肠道屏障功能的影响。肠道屏障功能是指肠道调节营养物质、水和电解质的运输，同时抑制包括致病菌、抗原和 / 或毒素在内的管腔内容物的运输的能力。上皮层和黏液层是肠道屏障的主要成分之一。

（1）氧化应激检测　细胞中活性氧是内源性产生的，是生物体代谢过程的产物。当细胞内活性氧水平压倒细胞抗氧化防御系统时，就会发生氧化应激，导致核酸、蛋白质和脂质受损。使用脂多糖（4μg/ml）预处理 HT29-MTX 细胞 3h 后，使用 100μg/ml GOS-W 处理细胞，随后检测细胞内活性氧水平发现，GOS-W 可有效抑制胞内活性氧升高。

（2）炎症水平检测　GOS-W 可以有效抑制脂多糖诱导后，HT29-MTX 细胞中 Toll 样受体 4（toll-like receptor 4, TLR4）和下游炎症基因（IRAK-1、NF-κB）的表达。

（3）肠道屏障检测　GOS-W 可显著增加 HT29-MTX 和 Caco-2 细胞中紧密连接蛋白（ZO-1 和 Claudin-1）的表达。在后续的肠屏障离子渗透率检测中，研究者使用了 Caco-2/HT29-MTX 共培养体系。使用肿瘤坏死因子-α（TNF-α）对共培养屏障造成损伤后，GOS-W 可显著增加跨上皮电阻，有效缓解肠屏障损伤。

2.4.5 不饱和脂肪酸二十二碳六烯酸的细胞和类器官评价

二十二碳六烯酸（22∶6*n*-3，DHA）分子式为 $C_{22}H_{32}O_2$，是一种含有 22 个碳原子和 6 个双键的直链脂肪酸。DHA 在体内代谢过程中可由 α-亚麻酸生成，但生成量较低，主要通过食物补充，其中鱼油中含量较多。DHA 对大脑的结构和功能发育非常重要，尤其是对神经元和视网膜的发育至关重要[47]。组织中的 DHA 主要由肝脏中由必需脂肪酸（EFA）α-亚麻酸（ALA）合成，或摄入含有 DHA 的食物[48-49]。与母乳相比，喂食高 LA/ALA 比例配方奶粉的新生儿脑内 DHA 水平明显降低，22∶5*n*-6 水平明显升高[50]。大多数配方奶喂养的婴儿的脂肪组织中都检测不到 DHA 水平，而母乳喂养的婴儿中基本都能检测到[51]。Makrides 等[52] 也报告了类似的数据，母乳喂养婴儿大脑皮质的 DHA 值随着年龄的增长而增加，出生时的含量约为 7%，到出生后 48 周时的含量大于 10%，而配方奶喂养的婴儿（LA/ALA 为 9.4 ～ 11.3）大脑皮质的 DHA 值一直保持在 7% 左右。这些数据表明，婴儿出生后大脑很容易受到高 LA/ALA 配方喂养的影响，而且这种配方与神经 DHA 水平的降低有关。当六个月的婴幼儿在喂食了富含 DHA 的蛋黄配方奶粉后，红细胞 DHA 磷脂显著增加，在一岁时将拥有更好的视力[53]。在使用体外类器官培养体系中，DHA 可以增加人源结直肠癌类器官的生存率[54]。

（陈章健，马莺）

参考文献

[1] McCarver G, Bhatia J, Chambers C, et al. NTP-CERHR expert panel report on the developmental toxicity of soy infant formula. Birth Defects Research Part B-Developmental and Reproductive Toxicology, 2011, 92(5): 421-468.

[2] Badger T M, Gilchrist J M, Pivik R T, et al. The health implications of soy infant formula.Am J Clin Nutr, 2009, 89(5): S1668- S1672.
[3] Chen J R, Samuel H A, Shlisky J, et al. A longitudinal observational study of skeletal development between ages 3 mo and 6 y in children fed human milk, milk formula, or soy formula. Am J Clin Nutr, 2023, 117(6): 1211-1218.
[4] Andres A, Cleves M A, Bellando J B, et al. Developmental status of 1-year-old infants fed breast milk, cow's milk formula, or soy formula. Pediatrics, 2012, 129(6): 1134-1140.
[5] Rossi G, Manfrin A, Lutolf M P. Progress and potential in organoid research. Nat Rev Genet, 2018, 19(11): 671-687.
[6] Heath J K. Transcriptional networks and signaling pathways that govern vertebrate intestinal development. Curr Top Dev Biol, 2010, 90: 159-192.
[7] Dessimoz J, Opoka R, Kordich J J, et al. FGF signaling is necessary for establishing gut tube domains along the anterior-posterior axis in vivo. Mech Dev, 2006, 123(1): 42-55.
[8] McLin V A, Rankin S A, Zorn A M. Repression of Wnt/beta-catenin signaling in the anterior endoderm is essential for liver and pancreas development. Development, 2007, 134(12): 2207-2217.
[9] Spence J R, Mayhew C N, Rankin S A, et al. Directed differentiation of human pluripotent stem cells into intestinal tissue in vitro. Nature, 2011, 470(7332): 105-109.
[10] Zaret K S. Regulatory phases of early liver development: paradigms of organogenesis. Nat Rev Genet, 2002, 3(7): 499-512.
[11] Takebe T, Sekine K, Enomura M, et al. Vascularized and functional human liver from an iPSC-derived organ bud transplant. Nature, 2013, 499(7459): 481-484.
[12] Conti L, Cattaneo E. Neural stem cell systems: physiological players or in vitro entities? Nat Rev Neurosci, 2010, 11(3): 176-187.
[13] Reynolds B A, Weiss S. Generation of neurons and astrocytes from isolated cells of the adult mammalian central nervous system. Science, 1992, 255(5052): 1707-1710.
[14] Cyranoski D. Tissue engineering: the brainmaker. Nature, 2012, 488(7412): 444-446.
[15] Watanabe K, Kamiya D, Nishiyama A, et al. Directed differentiation of telencephalic precursors from embryonic stem cells. Nat Neurosci, 2005, 8(3): 288-296.
[16] Watanabe K, Ueno M, Kamiya D, et al. A ROCK inhibitor permits survival of dissociated human embryonic stem cells. Nat Biotechnol, 2007, 25(6): 681-686.
[17] Eiraku M, Watanabe K, Matsuo-Takasaki M, et al. Self-organized formation of polarized cortical tissues from ESCs and its active manipulation by extrinsic signals. Cell Stem Cell, 2008, 3(5): 519-532.
[18] Lancaster M A, Renner M, Martin C A, et al. Cerebral organoids model human brain development and microcephaly. Nature, 2013, 501(7467): 373-379.
[19] Eiraku M, Takata N, Ishibashi H, et al. Self-organizing optic-cup morphogenesis in three-dimensional culture. Nature, 2011, 472(7341): 51-56.

[20] Nakano T, Ando S, Takata N, et al. Self-formation of optic cups and storable stratified neural retina from human ESCs. Cell Stem Cell, 2012, 10(6): 771-785.

[21] Lévy E, Delvin E, Ménard D, et al. Functional development of human fetal gastrointestinal tract. Methods Mol Biol, 2009, 550: 205-224.

[22] Sato T, van Es J H, Snippert H J, et al. Paneth cells constitute the niche for Lgr5 stem cells in intestinal crypts. Nature, 2011, 469(7330): 415-418.

[23] Durand A, Donahue B, Peignon G, et al. Functional intestinal stem cells after Paneth cell ablation induced by the loss of transcription factor Math1 (Atoh1). Proc Natl Acad Sci U S A, 2012, 109(23): 8965-8970.

[24] Taguchi A, Kaku Y, Ohmori T, et al. Redefining the in vivo origin of metanephric nephron progenitors enables generation of complex kidney structures from pluripotent stem cells. Cell Stem Cell, 2014, 14(1): 53-67.

[25] González-Mariscal L, Betanzos A, Nava P, et al. Tight junction proteins. Prog Biophys Mol Biol, 2003, 81(1): 1-44.

[26] Güenzel D, Yu A S L. Claudins and the modulation of tight junction permeability. Physiol Rev, 2013, 93(2): 525-569.

[27] Garrido-Urbani S, Bradfield P F, Imhof B A. Tight junction dynamics: the role of junctional adhesion molecules (JAMs). Cell Tissue Res, 2014, 355(3): 701-715.

[28] Zemans R L, Colgan S P, Downey G P. Transepithelial migration of neutrophils: mechanisms and implications for acute lung injury. Am J Respir Cell Mol Biol, 2009, 40(5): 519-535.

[29] Wang N, Wang H, Yao H, et al. Expression and activity of the TLR4/NF-κB signaling pathway in mouse intestine following administration of a short-term high-fat diet. Exp Ther Med, 2013, 6(3): 635-640.

[30] Brandtzaeg P. The mucosal immune system and its integration with the mammary glands. J Pediatr, 2010, 156(2 Suppl): S8-S15.

[31] Corthésy B. Multi-faceted functions of secretory IgA at mucosal surfaces. Front Immunol, 2013, 4: 185.

[32] Noel G, In J G, Lemme-Dumit J M, et al. Human breast milk enhances intestinal mucosal barrier function and innate immunity in a healthy pediatric human enteroid model. Front Cell Dev Biol, 2021, 9: 685171.

[33] Rogier E W, Frantz A L, Bruno M E, et al. Secretory antibodies in breast milk promote long-term intestinal homeostasis by regulating the gut microbiota and host gene expression. Proc Natl Acad Sci USA, 2014, 111(8): 3074-3079.

[34] Bode L. Human milk oligosaccharides: every baby needs a sugar mama. Glycobiology, 2012, 22(9): 1147-1162.

[35] Albrecht S, Lane J A, Mariño K, et al. A comparative study of free oligosaccharides in the milk of domestic animals. Br J Nutr, 2014, 111(7): 1313-1328.

[36] Gonia S, Tuepker M, Heisel T, et al. Human milk oligosaccharides inhibit candida albicans

invasion of human premature intestinal epithelial cells. J Nutr, 2015, 145(9): 1992-1998.
[37] Kunz C, Rudloff S. Potential anti-inflammatory and anti-infectious effects of human milk oligosaccharides. Adv Exp Med Biol, 2008, 606: 455-465.
[38] Naarding M A, Ludwig I S, Groot F, et al. Lewis X component in human milk binds DC-SIGN and inhibits HIV-1 transfer to CD_4^+ T lymphocytes. J Clin Invest, 2005, 115(11): 3256-3264.
[39] Abrahamsson T R, Sandberg Abelius M, Forsberg A, et al. A Th1/Th2-associated chemokine imbalance during infancy in children developing eczema, wheeze and sensitization. Clin Exp Allergy, 2011, 41(12): 1729-1739.
[40] He Y, Liu S, Leone S, et al. Human colostrum oligosaccharides modulate major immunologic pathways of immature human intestine. Mucosal Immunol, 2014, 7(6): 1326-1339.
[41] Šuligoj T, Vigsnæs L K, Abbeele P V D, et al. Effects of human milk oligosaccharides on the adult gut microbiota and barrier function. Nutrients, 2020, 12(9): 2808.
[42] Phipps K R, Baldwin N, Lynch B, et al. Preclinical safety evaluation of the human-identical milk oligosaccharide lacto-N-tetraose. Regulatory Toxicology and Pharmacology, 2018, 99: 260-273.
[43] Varasteh S, Braber S, Akbari P, et al. Differences in susceptibility to heat stress along the chicken intestine and the protective effects of galacto-oligosaccharides. PLoS One, 2015, 10(9): e0138975.
[44] Vulevic J, Juric A, Walton G E, et al. Influence of galacto-oligosaccharide mixture (B-GOS) on gut microbiota, immune parameters and metabonomics in elderly persons. Br J Nutr, 2015, 114(4): 586-595.
[45] Yao Q, Li H, Gao Y, et al. The milk active ingredient, 2′-fucosyllactose, inhibits inflammation and promotes MUC2 secretion in LS174T goblet cells in vitro. Foods, 2023, 12(1): 186.
[46] Arbizu S, Chew B, Mertens-Talcott S U, et al. Commercial whey products promote intestinal barrier function with glycomacropeptide enhanced activity in downregulating bacterial endotoxin lipopolysaccharides (LPS)-induced inflammation in vitro. Food Funct, 2020, 11(7): 5842-5852.
[47] Sinclair A J. Docosahexaenoic acid and the brain- what is its role? Asia Pac J Clin Nutr, 2019, 28(4): 675-688.
[48] DeMar J C, Jr Ma K, Bell J M, et al. Half-lives of docosahexaenoic acid in rat brain phospholipids are prolonged by 15 weeks of nutritional deprivation of n-3 polyunsaturated fatty acids. J Neurochem, 2004, 91(5): 1125-1137.
[49] Abedin L, Lien E L, Vingrys A J, et al. The effects of dietary alpha-linolenic acid compared with docosahexaenoic acid on brain, retina, liver, and heart in the guinea pig. Lipids, 1999, 34(5): 475-482.
[50] Farquharson J, Jamieson E C, Abbasi K A, et al. Effect of diet on the fatty acid composition of the major phospholipids of infant cerebral cortex. Arch Dis Child, 1995, 72(3): 198-203.
[51] Farquharson J, Cockburn F, Patrick W A, et al. Effect of diet on infant subcutaneous tissue triglyceride fatty acids. Arch Dis Child, 1993, 69(5): 589-593.
[52] Makrides M, Neumann M A, Byard R W, et al. Fatty acid composition of brain, retina, and

erythrocytes in breast- and formula-fed infants. Am J Clin Nutr, 1994, 60(2): 189-194.
[53] Hoffman D R, Theuer R C, Castañeda Y S, et al. Maturation of visual acuity is accelerated in breast-fed term infants fed baby food containing DHA-enriched egg yolk. J Nutr, 2004, 134(9): 2307-2313.
[54] Wijler L A, Dijk F J, Quirindongo H, et al. In vitro chemotherapy-associated muscle toxicity is attenuated with nutritional support, while treatment efficacy is retained. Oncotarget, 2022, 13: 1094-1108.

婴幼儿配方食品喂养效果评估

Evaluation of Feeding Effects of Infants and Young Children Formulas

第3章

婴幼儿配方食品的动物实验评价

实验动物科学是生命科学的重要组成部分，也是生命科学发展的重要基础条件，在医学、生命科学（包括婴幼儿配方食品的安全性和营养健康评价）的研究中，作为婴幼儿配方食品的必需成分及可选择成分、婴幼儿配方食品上市前的评价模型，其作用是不可替代的。随着婴儿配方食品的蓬勃发展，相继开展的安全性评价、危害物筛选和控制、营养健康评价和活性功能组分（必需成分及可选择成分）鉴定等工作也要靠实验动物作为载体。因此，实验动物模型或模式实验动物在婴幼儿配方食品开发领域备受关注。

3.1 动物实验基础

以科学研究为目的而进行科学饲养、繁殖的动物称为实验动物。实验动物学作为在现代科学带动崛起的一门以生命科学为主体，以医学、生命科学为核心的综合性、独立的新兴学科，正以崭新的面貌，异乎寻常的速度，影响着生命科学领域，成为生命科学研究的奠基学科和重要支撑条件，因而受到世界各国政府和科学家的重视，甚至作为衡量一个国家生命科学水平高低的标志之一。

婴儿配方食品的安全性评价和营养健康评价需要通过动物实验来实现。使用实验动物进行科研的优点是花费人力、物力较少，时间短，易发现受试物与结局的关系，能提供大量有价值的可与人类生命活动现象相类比的资料。在食品安全性实验研究和营养充足性及营养健康评价中，适宜的实验动物是保证工作顺利进行和获得正确可靠的研究结果的重要条件。

3.1.1 动物实验设计原则

婴幼儿配方食品安全性及营养性研究中，实验动物模型通常选用小鼠、大鼠、斑马鱼等小型动物，也可选择猴、猪、狗等较大型动物。在设计动物实验时，必须要遵循如下三个基本原则。

3.1.1.1 原则一

受试物在实验动物产生的作用，可以外推于人。基本假设为：①人是最敏感的动物物种；②人和实验动物的生物学过程包括干预物的代谢，与体重（或体表面积）相关。这两个假设也是全部实验生物学和医学的前提。以单位体表面积计算在人产生作用的剂量和实验动物通常相近似。而以体重计算时，人通常比实验动物敏感，差别可能达 10 倍。因此，可以利用安全系数来计算人的相对安全剂量。已知人致癌物都对某种实验动物具有致癌性；实验动物致癌物是否都对人有致癌性，还不清楚，但这已作为动物致癌实验的基础。一般认为，如果某一化学物对几个物种实验动物的不良反应是相同的，则人的反应也可能是相似的。

3.1.1.2 原则二

实验动物必须暴露于高剂量，尤其针对新型必需成分与可选择成分研究中，是发现对人体可能产生的潜在危害或健康效用的必需和可靠方法。此原则是根据质反应的概念，随剂量或暴露持续时间的增加，群体中效应发生率增加。动物实验中，一般要设 3 个或 3 个以上剂量组，以观察剂量-反应（效应）关系，确定受试化学物引起毒效应或健康效应及其参数。动物实验的设计不仅是为了证明化学品的安全性，更重要的是为了表征干预物可能产生的不良反应或健康效应。因此仅仅检测受试化学物在人的暴露剂量是否引起毒效应或健康效应是不够的。当观察到有害作用最低剂量水平（lowest observed adverse effect level, LOAEL）与人的暴露剂量接近时，说明该受试物不安全。当该剂量与人的暴露剂量有很大的距离（几十倍，几百倍或以上），才认为具有一定安全性，此距离越大，安全性越可靠。

3.1.1.3 原则三

成年的健康（雄性和雌性未孕）实验动物和人体可能的暴露途径是基本的选择。选用成年的健康（雄性和雌性未孕）实验动物是为了使实验结果具有代表性和可重复性。以成年的健康（雄性和雌性未孕）实验动物作为一般人群的代表性实验模型，而将幼年和老年动物、妊娠的雌性动物、疾病状态的动物作为特殊情况另作研究。这样可降低实验对象的多样性，减少实验误差。动物实验结果的敏感性取决于受试物处理引起毒效应或健康效应的强度和实验误差两个因素，处理引起的毒效应或健康效应强，实验误差小，则实验结果的敏感性增加，反映受试物处理的真实效应，反之亦然。外源化学物以不同途径干预，实验动物表现的毒效应或健康效应可有很大差异，这是由于因干预部位解剖生理特点不同，外源受试物吸收进入血液的速度和量也不同，首先到达的器官和组织也不同。因此，动物实验中干预途径的选择，应尽可能模拟人接触该受试物的方式。

3.1.2　动物实验技术

3.1.2.1　实验动物的选择

动物实验是以实验动物作为研究对象的，为获得可靠的研究结果，先决条件是正确地选用实验动物。

（1）实验动物物种的选择　外源受试物的固有毒效应或健康效应往往在人和不同物种实验动物之间表现不同，物种差别可以表现在量方面，引起毒效应或健康效应的剂量差别，即毒效应或健康效应大小的差别。

对实验动物物种选择的基本原则是：选择对受试物在代谢、生物化学和毒理学特征与人最接近的物种；自然寿命不太长的物种；易于饲养和实验操作的物种；经济并易于获得的物种。在安全性评价和营养健康评价中常用的实验动物物种如下：大鼠、小鼠、豚鼠、兔、狗。其他可能用到的实验动物有地鼠、猕猴、小型猪、鸡等。其中，大鼠、小鼠、豚鼠和地鼠为啮齿目动物。

（2）个体选择　实验动物对外来受试物的不良反应或健康效应还存在个体差异，应注意实验动物的个体选择，也可以通过使用足够样本量的实验动物来减少个体差异。

（3）性别　同一物种、同一品系的实验动物雌、雄两性通常对相同外源受试物反应类似，但雌、雄两性对受试物的敏感性上可能存在差别。如果已知不同性别的动物对受试物敏感性不同，应选择敏感的性别。如对性别差异不清楚，则应选用雌、雄两种性别。如实验中发现存在性别差异，则应将不同性别动物的实验结果分别统计分析。

（4）年龄和体重　实验动物同人类一样，生命全程大体上可区分三个阶段，即幼年期（从出生到性成熟之前）、成年期和老年期。在成年期，各种激素（包括性激素）、代谢酶都处于高峰稳定期，并对外源受试物的反应差异较小，且具有代表性。在幼年期和老年期，对外源受试物的生物转运和生物转化，靶器官和受体的敏感性均与成年期不同。动物实验选用实验动物的年龄取决于实验的类型。急性试验一般选用成年动物；慢性试验因实验周期长，应选用较年幼或初断乳的动物，以使实验周期能覆盖成年期。同一实验中，组内个体间体重差异应小于 10%，各组间平均体重差异不应超过 5%。

（5）生理状态　在动物实验中，动物如出现妊娠，则影响体重及其他指标的检测结果，并且性激素对外源化学物代谢转化有影响，故应选用未产未孕的雌性动物。雌、雄动物应分笼饲养。但在某些实验如显性致死试验、致畸试验及繁殖试验等，则需有计划地合笼交配。

（6）健康状况　实验动物的健康状态会对动物实验结果有很大影响，因此应选用健康动物。健康动物应发育正常、体形健壮，无外观畸形，被毛浓密、有光泽、顺贴而不蓬乱，行动灵活、反应敏捷，眼睛明亮有神，表皮无溃疡和结痂，天然孔道干净无分泌物等。为确保选择健康动物，一般在实验前观察 5 ～ 7 天。对于大鼠和狗的亚慢性和慢性毒性试验，可在实验前采血进行血液学和血液生化学检查，异常的动物应剔除；对狗应常规驱除肠道寄生虫等。

3.1.2.2　动物数量

动物数量是重复原则的重要体现，样本量越多越能减少个体差异所引发的误差，是用个体样本的研究结果推断总体参数的统计学保证。为避免把个别情况或偶然、巧合现象当作必然的规律，在实验设计时要考虑个体样本数量大小。动物数量过少，所得指标不够稳定，结论也缺乏充分的根据；数量过多，会增加实际工作中的困难，对条件的严格控制也不易做到，并且造成不必要的浪费。食品安全性评价中各组动物数取决于很多因素，如实验目的和设计，要求的敏感度、实验动物的寿命、生殖能力，经济的考虑及动物的可利用性等，统计学上有专门的公式进行样本含量计算。各组动物数的设计应符合统计学要求。常规动物实验的动物数量习惯性规定为：

（1）小动物（小鼠、大鼠、鱼、蛙等）每组 10～30 只，计量资料每组不少于 10 只，计数资料每组动物数应适当增加；若按剂量分成 3～5 个剂量组时，每组 8 只也可，但每个处理因素的动物总数不少于 30 只。

（2）中等动物（兔、豚鼠等）每组 8～20 只，计量资料每组不少于 6 只，计数资料每组不少于 15 只。

（3）大动物（猫、犬、猴等）每组 5～15 只，计量资料每组不少于 5 只，计数资料每组不少于 10 只。

3.1.2.3 实验动物的操作

以下简要介绍动物实验前的实验动物准备、受试物准备、干预途径和方法的基本内容，详细的方法和步骤请查阅有关的动物实验方法专著。

（1）动物实验前的准备　购进实验动物之后，应仔细核实性别，雌、雄分开饲养。一般应进行 5 ～ 7 天的检疫或适应性喂养，在此期间应多次观察动物，及时剔除不健康的动物。观察期结束，将实验动物按实验设计的要求进行标记和分组。

实验动物的非损伤性标记方法常用染色法，可用苦味酸（黄色）、品红（红色）的酒精饱和溶液在动物被毛上染色，不同的颜色和染色部位表示不同的编号，可标出 1 ～ 99 号。由于被毛的颜色会逐步消失，故需重复染色。还可用剪毛法标记，对狗等大型动物一般用挂牌法。必要时采用的损伤性标记方法包括耳标法、刺染法、剪趾法、电子芯片法。

实验动物分组原则：要求所有动物分配到各剂量组和对照组的机会均等，避免主观选择倾向，减少偏性，以保证结果的准确可靠。正确的分组方法是按照一定的标准排序编号，然后随机分组。将实验动物按性别、体重顺序编号，然后利用统计学的随机数字表，按完全随机分组法或配伍组随机分组法，将实验动物分配到各剂量组和对照组。然后应计算各组实验动物体重的均值和标准差，必要时可将实验动物适当调组，以使各组实验动物体重均值的差别不超过允许范围。

（2）受试物和样品的准备　应了解受试物的纯度及杂质成分，了解受试物的化学结构和理化性质，特别是其挥发性和溶解性。查阅文献，检索与受试物化学结构和理化性质相似化合物的毒性资料，以作参考。食品安全性评价实验应选用同一种、同一批号受试物。受试物的成分和配方必须固定。如是异构体混合物，异构体比例必须固定。活性成分的百分含量和可检测杂质的浓度也应固定。必须研究并报告受试物在贮存期内稳定性和在掺入饲料中的稳定性。

实验前根据干预途径的不同，应将受试物制备成一定的剂型。常用的是制备成水溶液、油溶液或混悬液。

3.1.2.4 干预途径

动物实验中干预途径的选择，应尽可能模拟人体在接触该受试物的方式。最常用的干预途径为经口、经呼吸道、经皮及注射途径。不同途径的吸收速率，一般是：静脉注射＞吸入＞肌内注射＞腹腔注射＞皮下注射＞经口＞皮内注射＞其他途径（如经皮等）。

（1）经口（胃肠道） 常用的经口给予受试物的方式有灌胃、喂饲（掺入饲料中）和吞咽胶囊等方式。

① 灌胃：将受试物配制成溶液或混悬液，以注射器经导管注入胃内。一般灌胃深度从口至剑突下，最好是利用等容量灌胃法，即受试物配制成不同浓度，实验动物单位体重的灌胃容量相同。大鼠隔夜禁食，小鼠可禁食4h（因小鼠消化吸收和代谢速度较快），均不停饮水。灌胃后2～4h提供饲料。经口多次干预，一般不禁食，但应每日定时干预。灌胃法优点是剂量准确，缺点是工作量大，并有伤及食管或误入气管的可能。

② 喂饲：将受试物掺入动物饲料或饮水中供实验动物自行摄入。饲料中掺入受试物不应超过5%，以免造成饲料营养成分改变而影响实验动物的生长发育。喂饲法符合人类接触受试物的实际情况，但缺点多，如适口性差的受试物，实验动物会拒食；易挥发或易水解的受试物不适用。而且，实验动物未单笼喂饲时，难以用食物消耗量准确计算其实际干预剂量。

③ 吞咽胶囊：将一定剂量的受试物装入胶囊中，放至大型动物如狗的舌后部，迫使动物咽下，此法剂量准确，适用于易挥发、易水解和

有异味的受试物。

（2）经呼吸道　经呼吸道干预可分为吸入干预和气管内注入。

① 静式吸入干预：将一定数量的啮齿类动物放在密闭的干预柜中，加入易挥发的液态受试物或气态受试物使其达到一定浓度。静式吸入干预简易，但缺点较多，主要是随实验进行氧分压降低（因此，实验动物数量有限制），柜内受试物浓度也逐渐下降（由于动物吸入消耗、为被毛及干预柜壁吸附所致），而且实验动物有经皮吸收的可能。静式吸入干预多以计算方法得到干预柜内受试物浓度，以 mg/m^3 表示。

② 动式吸入干预：由干预柜、机械通风系统和配气系统三部分构成。对设备的要求较高，优点是在干预过程中干预柜内氧分压及受试物浓度较稳定，缺点是消耗受试物的量大，并易于污染环境。动式吸入干预又分为整体接触和口鼻接触两种。动式吸入干预柜中受试物的浓度应实时监测。

③ 气管内注入：麻醉实验动物后，将受试物注入气管，使之分布至两肺。此法用于建立急性中毒模型及肺尘埃沉着病研究。

（3）经皮肤　经皮肤干预的目的有两种：一种是经皮干预试验，如经皮 LD_{50} 测定常用大鼠，皮肤致癌试验常用小鼠。另一种是皮肤刺激和致敏试验，皮肤刺激试验常用兔和豚鼠，皮肤致敏试验常用豚鼠。

动物实验前用机械法（剃毛）或化学法（硫化钠或硫化钡）脱毛。要求是不应损伤脱毛区的表皮，脱毛区面积不大于动物体表面积的 10% ～ 15%。脱毛 24h 后，涂抹一定量受试物，盖上一层塑料薄膜，再用无刺激性的胶布固定，使实验动物接触受试物达到规定的时间。

（4）注射　注射给与受试物的方式，多用于药品。应以注射途径干预，对大小鼠可用静脉注射，对非啮齿类动物可模拟临床用药途径，如狗可用后肢隐静脉注射，而啮齿类动物的尾静脉和肌内注射难以多次干预，必要时可改为皮下注射。

3.1.2.5　其他实验技术

（1）安乐死及其操作方法　安乐死是指用公众认可的、以人道主义的方法处死动物的过程，即达到没有惊恐或焦虑而安静地、无痛苦地死亡。安乐死方法最重要的标准是应具有保证动物中枢神经系统立即达到失去痛觉的早期抑制作用。应尽量减少因处死方法不当而影响对病理及其他指标的测定和评价。大小鼠可用颈椎脱臼法，然后股动脉放血。兔、豚鼠、狗等一般用股动脉放血处死。应尽量采用适当的安乐死方法，减少实验动物的痛苦。

（2）血液采集　实验动物如使用大小鼠，检测项目需血量较小时，可用鼠尾采血方法；如需血量较多时，可经内眦静脉采血，或麻醉后经腹主动脉采血后处死动物，或处死动物后股动脉放血采血。如实验动物模型使用狗，可经后肢隐静脉抽血。不影响动物生理功能的最大取血量为其总血量（50ml/kg 体重）的 10%。

（3）尿液收集　对大小鼠可用代谢笼，下部有粪尿分离器。对狗可用接尿法或导尿法。

（4）病理解剖和标本留取　病理学检查是动物实验重要的组成部分，病理学研究有助于确定有害作用和靶器官。病理学检查包括大体解剖和组织病理学检查两部分。急性毒性实验中在实验期中死亡或实验结束处死的动物都应进行尸体解剖，因为急性毒性实验的目的是得到有关可能的靶器官信息以及进行重复实验剂量设计的信息。在亚慢性、慢性、致癌实验，病理学是一个重要的终点。

（5）大体解剖　在实验动物处死后半小时内进行，解剖方法采用胸腔、腹腔脏器联合取出法。

应观察有关脏器的外形和表面情况、颜色、边界和大小、质地、切面。对指定的脏器称重，并计算脏器系数。推荐的实验动物病理解剖标准操作程序见图 3-1。

（6）组织病理学检查　对指定的器官或组织用锋利的刀剪取材，应统一取材部位。通常将组织块（采取的样本）放入 10 倍体积的 10% 福尔马林中固定，此后常规制片（组织石蜡包埋、切片、HE 染色）。应详细记录显微镜下观察到的病变，并做出病理诊断。必要时，请其他的病理学家对有疑问的或有争论的发现进行复查。利用特殊染色、组织化学及电子显微镜技术可有助于毒作用机制的研究。

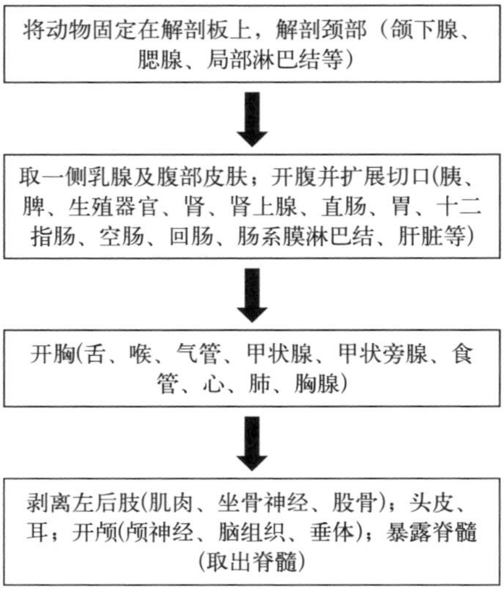

将动物固定在解剖板上，解剖颈部（颌下腺、腮腺、局部淋巴结等）

取一侧乳腺及腹部皮肤；开腹并扩展切口(胰、脾、生殖器官、肾、肾上腺、直肠、胃、十二指肠、空肠、回肠、肠系膜淋巴结、肝脏等)

开胸(舌、喉、气管、甲状腺、甲状旁腺、食管、心、肺、胸腺)

剥离左后肢(肌肉、坐骨神经、股骨)；头皮、耳；开颅(颅神经、脑组织、垂体)；暴露脊髓(取出脊髓)

图 3-1　实验动物病理解剖标准操作程序（中华预防医学会环境病理学组，1989）

3.1.3　动物实验结果处理和分析

在动物实验的设计和实施中应贯彻实验设计的对照、随机和重复的原则，实验的各剂量组所得到的结果应与阴性对照组比较。根据实验结果（指标）的变量类型是数值变量（计量资料）还是分类变量（计数资料），选用不同的统计分析方法。近年来，随着实验动物学研究方法的发展，也对生物统计学提出了更高的要求。

3.1.3.1　实验数据搜集

在搜集资料的时候，一定要确保原始数据准确可靠。在肯定一个实验结果时，最好采用 2 种以上动物进行比较观察（啮齿类动物、非啮齿类动物）。

3.1.3.2　实验数据整理

检查和核对原始数据，对于难以满足统计分析的资料必须剔除。若实验条件控制较严格，则个别缺项可用相应的统计技术求出其估计值。

对于数据中出现明显差错的，尤其是人为造成的差错应予以纠正，无法纠正的则只能剔除。

3.1.3.3 实验数据统计描述

（1）算术平均值：算术平均值（arithmetic mean）一般简称为平均数或均数（mean），它是统计学中最常用的表示一组观察值的集中趋势、中心位置或平均水平的指标。

（2）标准差：标准差（standard deviation）表示一组变量值离散程度的指标。均数与标准差结合能更全面地说明一组变量的分组情况。

（3）比率（rate）：又称频率指标或强度指标，是表示在一定条件下某种现象实际发生数与可能发生数的比。用来说明某种现象发生的频率。

3.1.4 实验数据统计学分析

3.1.4.1 *t* 检验

在生物学研究中，由于实验条件和研究对象的限制，有许多研究的样本容量很难达到30，因此常采用小样本平均数的 *t* 检验。而对于样本数大于30，且能获知总体方差时可采用Z检验法。而对于单因素样本或2个及2个以上因素的实验数据，则必须采用F检验。*t* 检验、Z检验和F检验都是以原始数据资料呈正态分布，且样本间总体方差相等为前提的显著性检验，否则应进行必要的校正或选用其他统计分析方法。

3.1.4.2 F检验

F检验亦称方差分析（analysis of variance），是检验2个或2个以上样本均数间差别有无统计学意义的方法。检验两个均数间的差别可用 *t* 检验，此时F检验的结果和 *t* 检验相似。若属单因素 k 水平设计（$k \geq 3$）或2个及2个以上因素的各种实验设计时，就必须使用F检验。

3.1.4.3 χ^2 检验

χ^2 检验是通过对理论次数与实际次数间比较，来确定两者的符合程度。根据研究目的不同可分为适合性检验和独立性检验。适合性检验是检验某性状观察次数与该性状的理论比率（或理论次数、预期理论次数）是否符合。独立性检验是研究两类实验因子之间是相互独立还是相互影响的，也就是对次数资料相关性进行研究。

其他分析检验方法请参照相关统计书籍。

3.2 毒性作用及评价

3.2.1 急性毒性概述和评价

3.2.1.1 基本概念

急性毒性（acute toxicity）是指机体（人或实验动物）一次接触或24h内多次接触化学物后在短期（最长到14d）内所发生的毒效应。其观察内容包括一般行为、外观改变、大体形态变化以及死亡效应，最主要的观察指标是 LD_{50}。

“一次接触”是指在规定期间内，化学物通过口腔、注射、呼吸道、皮肤持续接触受试动物的过程；“多次接触”是指当外源受试物毒性很低或溶解度很低时，即使一次基于受试动物最大染毒容量但仍观察不到毒性作用，且远未达到规定的剂量时，需要在24h内多次染毒，并有一定的时间间隔，从而达到规定的限制剂量。

3.2.1.2 评价

急性毒性试验（acute toxicity test）是研究和认识受试物毒副作用的第一步工作，是食品安全性评价的基础工作之一。急性毒性试验的目的有四点：

（1）确定化学物对一种或几种受试动物的半数致死剂量（以 LD_{50} 表示），以及其他相关参数，如绝对致死剂量（LD_{100}）、最小致死剂量

（LD_{01}）、最大非致死剂量（LD_0）等，从而了解急性毒作用强度并分级。

（2）通过观察中毒表现、毒作用强度和死亡情况，了解该化学物的相对毒性、作用性质、可能的靶器官和致死原因，找出剂量-反应（效应）关系，综合各方面信息初步评价其对人类毒害的危险性。

（3）为亚慢性、慢性毒性研究以及其他安全性评价实验提供接触剂量的设计和观察指标的选择依据。

（4）确定受试化学物在环境中侵入机体的途径，为毒副作用机制研究提供线索。

为评价外源化学物急性毒性的强弱及对人类和动物的危害程度，通过急性毒性试验测定 LD_{50}，并依此进行急性毒性分级，判断急性毒性的高低。毒性大小与 LD_{50} 成反比，LD_{50} 越小，毒性越大，反之，毒性越小。

尽管各国际组织和不同国家分级标准未完全统一，但共同之处是均以外源化学物 LD_{50} 值为基础进行分级。各类毒物急性毒性分级标准见表 3-1 ～表 3-3。在依照各标准进行分级时应注意动物种属及染毒途径与标准中规定内容的一致，但不论何种急性毒性的分级标准都存在不少缺点和不足，因此依据 LD_{50} 进行化学物急性毒性分级只能作为急性毒性评价的依据之一，不应作为唯一的指标。

值得注意的是，LD_{50} 表达的是使 50% 动物存活与 50% 动物死亡的点剂量，是质的现象，而在实际工作中，有些外源化学物用同一物种、同一品系的实验动物、用相同染毒条件所得到的 LD_{50} 值相同或相似，但其致死剂量范围却有明显不同，表明化学物的实际毒性存在差异，即

表 3-1 GHS（全球化学品统一分类和标签制度）急性经口毒性分级标准

类别	LD_{50}/（mg/kg）	危害说明
1 类	≤ 5	吞咽致命
2 类	≤ 50	吞咽致命
3 类	≤ 300	吞咽会中毒
4 类	≤ 2000	吞咽有害
5 类	＞ 2000	吞咽可能有害

表 3-2　食品安全国家标准急性经口毒性试验（GB 15193.3—2014）——急性毒性（LD_{50}）剂量分级表

级别	大鼠口服 LD_{50}/（mg/kg）	相当于人的致死量	
		/（mg/kg 体重）	/（g/ 人）
极毒	＜1	稍尝	0.05
剧毒	1～50	500～4000	0.5
中等毒	51～500	4000～30000	5
低毒	501～5000	30000～250000	50
实际无毒	＞5000	250000～500000	500

表 3-3　农药登记毒理学试验方法（GB/T 15670.1—2017）——农药急性毒性分级标准

急性毒性分级	大鼠经口 LD_{50}/（mg/kg）	大鼠经皮 LD_{50}/（mg/kg）	大鼠吸入 LC_{50}/（mg/m^3），2h
剧毒	＜5	＜20	＜20
高毒	5～50	20～200	20～200
中等毒	50～500	200～2000	200～2000
低毒	＞500	＞2000	＞2000

仅凭 LD_{50} 进行急性毒性评价是不完善的，还应关注中毒特征、症状表现、死亡前兆、毒性作用发展经过、病理学变化等，从而较全面地对急性毒性作出评价。

3.2.2　亚慢性和慢性毒性概述和评价

3.2.2.1　基本概念

（1）亚慢性毒性　亚慢性毒性（subchronic toxicity）是指人或实验动物在较长时间内连续接触较大剂量外源化学物所引起的毒性效应。

“较长时间”指实验期限介于急性毒性试验与慢性毒性试验之间，相当于实验动物寿命的 1/30～1/10，但没有严格且统一的时间界限。由于人类在生活中接触大气、水和食品污染物的持续时间一般较久，所以食品毒理学和环境毒理学中所要求的连续接触一般为 3～6 个月，在工业毒理学研究中多为 1～3 个月。“较大剂量”是一个相对概念，剂量上限应小于急性毒性的 LD_{50} 的剂量，并要求染毒过程中每日或每次接触的剂量相等。

（2）慢性毒性　慢性毒性（chronic toxicity）是指实验动物或人与低剂量外来化学物长期（甚至终生）反复接触所产生的毒性效应。

许多化学物在环境浓度中不具有明显的急性毒性，但在长期接触中可能产生累积效应。概念中的“长期”一般指 2 年，对大鼠相当于终生染毒，对小鼠相当于 18 个月。如果慢性毒性试验与致癌性相关，则动物染毒时间最好接近或等于动物预期寿命，甚至需要做若干代实验。

3.2.2.2 评价

（1）亚慢性毒性的评价　进行亚慢性毒性试验的目的有以下几点。

① 研究受试物亚慢性毒性剂量-反应（效应）关系，确定其观察到损害作用的最低剂量（LOAEL）和未观察到有害作用的剂量（no observed adverse effect level, NOAEL），初步提出此受试物的安全限量参考数值。

② 确定受试物效应谱、毒作用特点和靶器官。

③ 研究受试物亚慢性毒性损害的可逆性。

④ 为慢性毒性试验设计提供依据，为其他试验中的毒作用提供新信息。

核心评价指标为 NOAEL 和 LOAEL，以毫克 / 千克体重计算。NOAEL 和 LOAEL 均指最敏感指标，即在较低或最低的染毒剂量中与对照组相比有明显差异的指标，如果是分阶段观察，则敏感指标为最早出现改变的指标。

当 NOAEL ≤人体可能摄入量的 100 倍时，表示毒性较强，应对受试化学物予以放弃；当 100 ＜ NOAEL ＜ 300 时，可对受试化学物进行慢性毒性试验；当 NOAEL ≥ 300 时，则不必进行慢性试验，可直接对受试化学物作出评价。

详细资料参考 GB 15193.13—2015。

（2）慢性毒性的评价　进行慢性毒性试验的目的有以下几点。

① 研究受试物慢性毒性剂量-反应（效应）关系，确定 NOAEL 和

LOAEL 值。

② 确定受试物效应谱、毒作用特点和靶器官。

③ 如果实验期限不是终生染毒，还应观察受试物毒性损害的可逆性。

④ 为毒性机制研究和结果外推及人提供依据。

慢性毒性的评价指标除 NOAEL 和 LOAEL 外，还有急性阈剂量（acute threshold dose or concentration, Limac）和慢性阈剂量（chronic threshold dose or concentration, Limch）计算得出的慢性毒作用带（chronic toxic effect zone, Zch），即 Limac/Limch。对易挥发性的液体化学物，还应参考慢性吸入中毒可能指数（Ich）进行评价。Ich=C20℃/Limch（C20℃表示 20℃时的饱和蒸汽浓度）。

当 NOAEL ≤人的可能摄入量 50 倍时，表示毒性较强，应对受试化学物予以放弃；当 50 倍＜ NOAEL ＜ 100 倍人的可能摄入量时，应与多位相关专家共同评议该化学物；当 NOAEL 大于等于 100 倍人的可能摄入量时，可以考虑用于食品，并制定每日允许摄入量。详细资料可参阅《食品安全国家标准　慢性毒性和致癌合并试验》（GB 15193.17—2015）。

3.2.3 蓄积毒性概述和评价

3.2.3.1 受试物的蓄积作用

受试物进入机体后，经过生物转化以及代谢产物或化学物原型排出体外，但当化学物连续、反复多次进入机体，进入速度（或总量）超过代谢转化速度和排泄速度（或总量）时，化学物或其代谢产物就有可能在机体内逐渐增加并储留，这种现象称为化学物的蓄积作用（accumulation）。

化学物的蓄积包含物质蓄积（material accumulation）和功能蓄积（functional accumulation）两种。物质蓄积是指机体反复多次接触某化学物后，能用化学方法在机体内检测到该化学物的原型或代谢物。功能蓄积是指机体中的化学物原型或对应代谢物数量低，甚至不能检出，但是会引起机体出现一定程度的改变，且这种改变不可逆或处于一个逐渐积累的过程。受试物的蓄积作用是发生慢性中毒的物质基础，是卫生标准制定过程选择安全系数的主要依据。蓄积毒性作用的产生与毒物本身的性质有关，也与动物种属的代谢特点有关。

3.2.3.2 评价

进行蓄积毒性试验的目的有以下几点。

（1）了解化学物是否存在蓄积作用，得出蓄积系数 K，了解蓄积毒性的强弱，为慢性毒性试验和其他相关试验的剂量选择提供基础。

（2）为评价化学物是否能引起潜在的慢性毒性提供依据，确定该化学物能否用于食品供人类长期食用。

蓄积毒性的评价通常依托于蓄积系数法和生物半衰期法。

蓄积系数法以死亡为效应指标，计算蓄积系数（K 值），公式为 $K=LD_{50}(n)/LD_{50}$。式中：$LD_{50}(n)$ 为实验动物多次染毒，死亡一半时，受试物染毒剂量的总和；LD_{50} 为给实验动物该化学物一次染毒的 LD_{50} 剂量。$K<1$ 为高度蓄积；$K=1\sim3$ 为明显蓄积；$K=3\sim5$ 为中等蓄积；$K>5$ 为轻度蓄积。

生物半衰期法以外源化学物的生物半衰期（biological halftime, $t_{1/2}$）为评价指标，即外源化合物吸入体内后，在血液中浓度下降到原浓度一半所需的时间。当外源化学物的吸收速度超过消除速度时，可引起化学物的蓄积。一般在等间距、等剂量的染毒条件下，化学物在体内经5～6个生物半衰期即可到达蓄积的极限。影响生物半衰期的因素有生理因素、种族差异、病理因素、药物相互作用影响等。

3.3 婴幼儿配方食品安全性毒理学评价

3.3.1 婴幼儿配方食品的安全

婴幼儿属于脆弱敏感人群，婴儿配方食品对于维持生命、促进健康的生长发育至关重要。无论是普通婴儿配方食品还是特殊医学用途婴儿配方食品，即按照不同分类（见绪论），均可以全部或部分满足婴儿的营养需要，其营养的充足性 / 安全性、质量和安全管理尤为重要。

《中华人民共和国食品安全法》第八十、八十一条对婴幼儿配方食品作出了明确规定：婴幼儿配方食品的生产应当实施从原料进厂到成品出厂的全过程质量控制，并对出厂的婴幼儿配方食品实施逐批检验，所使用原料、添加剂等应当符合法律、行政法规的规定和食品安全国家标准，并向省、自治区、直辖市人民政府食品安全监督管理部门备案，保证婴幼儿生长发育所需的营养成分，保证食品安全。

3.3.1.1 婴幼儿配方食品安全性

婴幼儿配方食品是为了满足婴幼儿特殊的营养需求而设计、生产的食品，其安全性对于婴幼儿的健康成长至关重要。前述绪论表明营养安全性包括毒理学安全性评价和营养充足性评估。当前婴幼儿配方食品的营养安全性问题包括但不限于：

（1）营养合理性有待加强。部分婴幼儿配方食品的蛋白质、饱和脂肪酸含量较高，婴幼儿蛋白质等摄入较高则易导致超重、肥胖，这样的婴幼儿成年后患心脑血管疾病的风险高。母乳喂养婴儿乳糖是碳水化合物的来源，若婴幼儿配方食品中添加蔗糖、果糖可能不利于婴幼儿生长发育，增加龋齿的风险，并对一生的口味产生影响，导致口味偏嗜甜味等问题。

（2）需要关注婴幼儿配方食品的必需成分及可选择成分的质量。以蛋白质为例，乳类蛋白质、大豆分离蛋白是公认的适合婴儿的优质蛋白，近年来大米水解蛋白物在欧洲已经批准用于婴幼儿配方食品，但乳类及大豆蛋白的原料蛋白质质量不一，建议选择高质量乳类及大豆蛋白质。避免劣质蛋白原料的应用，“阜阳奶粉事件”及“三聚氰胺”婴儿配方粉皆因劣质蛋白和虚假蛋白质引发。

（3）配方的科学性有待提高。婴幼儿配方食品的配方应科学、合理，应能满足婴幼儿的营养需求，且应以国家相关标准为基础，还应持续地进行研究，不断创新适合我国婴幼儿的、更符合我国母乳成分及含量的可选择成分，如新兴的母乳低聚糖（human milk oligosaccharides, HMOs）等，进行细胞试验、类器官研究及动物实验、人群随机双盲对照试验，促使婴幼儿配方食品的营养安全性、营养科学性进一步提高。

（4）生产基础有待提高。目前婴幼儿配方食品及婴幼儿食品厂家众多，其中的部分中小生产企业良莠不齐，企业生产水平参差不齐，某些情况下还可能存在外资企业和本土企业执行标准不一致的问题，个别企业没有很好地执行原料进厂、生产、出厂等环节的基本检测，科研基础薄弱，缺乏高素质的专业人员。

3.3.1.2 婴幼儿配方食品安全性毒理学评价

食品安全性毒理学评价是通过体外实验、动物实验和人群观察或流行病学调查，发现和阐明被评价物质（食品或与食品有关的产品）的毒性和可能的危害，决定其是否可以作为食品或是用于食品，是进入食品市场的条件。婴幼儿配方食品安全性毒理学评价试验包括4个阶段。

（1）第一阶段　急性毒性试验，经口急性毒性：LD_{50}，联合急性毒性，一次最大耐受量试验。

（2）第二阶段　遗传毒性试验，传统致畸试验，30d喂养试验。

① 基因突变试验　鼠伤寒沙门氏菌/哺乳动物微粒体酶试验（Ames试验）和V97/HGPRT基因突变试验任选一项，必要时可另选或加选其他试验；

② 骨髓细胞微核试验或哺乳动物骨髓细胞染色体畸变试验；

③ TK基因突变试验/哺乳类胸苷激酶（thymidine kinase TK）基因突变试验；

④ 小鼠精子畸形分析或睾丸染色体畸变分析；

⑤ 其他备选遗传毒性试验　显色致死试验、果蝇伴性隐性致死试验、非程序性DNA合成试验；

⑥ 30天（简称30d）喂养试验。

⑦ 传统致畸试验

（3）第三阶段　亚慢性毒性试验——90天（简称90d）喂养试验、繁殖试验、代谢试验。

（4）第四阶段　慢性毒性试验（包括致癌试验）。

3.3.2 婴幼儿食品安全性毒理学评价试验的目的和结果判定

3.3.2.1 急性毒性试验

急性毒性试验测定LD_{50}，了解受试物的毒性强度、性质和可能的靶器官，为进一步进行毒性试验的剂量和毒性判断指标的选择提供依据。如，若LD_{50}小于人的可能摄入量的十倍，则受试物不能用于食品，不需要再继续其他毒理学试验；若大于10倍，则可进入下一阶段的毒理学试验。

3.3.2.2 遗传毒性试验

对受试物的遗传毒性以及是否具有潜在致癌作用进行筛选。根据受试物的化学结构、理化性质及遗传物质作用终点差异，并兼顾体外和体内试验以及体细胞和生殖细胞的原则，在四项试验（细菌致突变试验、小鼠骨髓微核率测定或骨髓细胞染色体畸变分析和小鼠精子畸形分析、睾丸染色体畸变分析）中选择三项，并根据以下原则对结果进行判断。

① 若其中三项试验均为阳性，则表示该受试物极可能具有遗传毒性和致癌作用，一般应放弃将该受试物用于食品，且无需进行其他毒理学试验项目。

② 若其中两项试验为阳性，且短期喂养试验结果显示该受试物具有明显的毒性作用，一般应放弃将该受试物用于食品；如短期喂养试验显示其具有可疑的毒性作用，则进行初步评价后，根据其重要性和可能摄入量等因素，权衡利弊后再做决定。

③ 若其中一项为阳性，则选择其他备选遗传毒性试验中的两项遗传毒性试验；若再选的两项试验为阳性，则不管短期喂养试验和传统致畸试验是否显示有毒性作用和致畸作用，应放弃将该受试物用于食品；若有一项为阳性，而在短期喂养试验和传统致畸试验中未见其具有明显毒性作用和致畸作用，则可进入下一阶段毒性试验。

④ 若四项试验均为阴性，则可进入下一阶段毒性试验。

3.3.2.3 短期喂养试验

在只要求进行两个阶段的毒性试验时，若短期喂养试验未发现其具有明显毒性作用，综合其他各项试验即可进行初步评价；若试验中发现该受试物具有明显毒性作用时，尤其具有剂量-反应关系时，则需考虑进一步的毒性试验。

3.3.2.4 90d 喂养试验、繁殖试验、传统致畸试验

依照这三项试验中采用的最敏感指标获得的最大无作用剂量进行评价，原则为：

① 最大无作用剂量小于或等于人的可能摄入量的 100 倍则可表示该受试物的毒性作用较强，应放弃将该受试物应用于食品；

② 最大无作用剂量大于 100 倍而小于 300 倍，需继续进行毒性试验；

③ 大于或等于 300 倍则该受试物无需进行慢性毒性试验，可完成安全性评价。

3.3.2.5 慢性毒性和致癌试验

依据致癌试验所得肿瘤发生率、潜伏期和多发性等结果判定，依照具体情况，并经统计学处理差异显著，可认为致癌试验结果阳性；若存在剂量-反应关系，则判定阳性更可靠。根据慢性毒性试验所得到的最大无作用剂量进行评价的原则为：

① 最大无作用剂量小于或等于人的可能摄入量的 50 倍，则可表示该受试物的毒性作用较强，应放弃将该受试物应用于食品；

② 最大无作用剂量小于 100 倍而大于 50 倍，经过安全性评价后则可决定该受试物是否可用于食品；

③ 最大无作用剂量大于等于 100 倍，则可考虑被允许使用于食品。

3.4 婴幼儿配方食品营养健康评价

为更全面地了解婴幼儿配方食品的营养充足性和营养有效性，动物

实验已成为评估营养健康的关键方法。婴幼儿阶段是一个极为敏感的生命阶段，因此需最大限度地减少对这一群体的实验需求，通过进行动物实验，可以初步得到某种食品对人体的潜在影响，这为后续的人体实验提供了一定的理论依据。然而，需要注意的是不同物种之间存在生理和代谢的差异，因此动物模型的结果未必能直接推广到人体。动物实验提供了一个系统性的研究平台，其可全面评估婴幼儿配方食品的多方面营养健康作用，如生长发育、智力发育、视力发育、骨骼健康、免疫系统、消化系统、促进肠道健康和抗过敏等。面对不同健康效应，相应的评价指标各异，为了确保评估的完整性，在选择评价指标时需要尽可能全面考虑。同时，利用动物实验可以更好地控制环境因素、饮食组成和其他变量，从而更精确地评估婴幼儿配方食品的营养充足性和健康效应，有助于获得可重复性高、可信度强的研究结果。此外，通过动物实验，还能深入了解婴幼儿配方食品对生理机制的影响，这种对机制的理解对于优化食品配方成分、改进配方设计以及提高婴幼儿配方食品的营养充足性及营养健康作用至关重要。

3.4.1 生长发育

通过测量动物在特定食品干预下的生长和发育指标，可以判断食品是否能提供足够的营养来保证动物正常的生理发育，这具有十分重要的科学意义。生长发育评估的指标涉及多个方面，包括体重、身长（或身高）、饮食行为、器官发育、行为和活动水平，以及生物化学标志物等。

首先，体重是评估动物整体生长状况的重要指标，大部分动物实验都会记录体重。体重的增长反映了摄入的能量是否足够，直接关系到动物的整体健康状态和生长发育，其评估方法一般是定期测量动物的体重，将其记录在生长曲线上，以观察体重的增长趋势。对比实验组和对照组的体重变化，可以更清晰地了解食物干预对动物生长的影响。身长（或身高）是线性生长的指标，是了解动物骨骼系统和体型发育的关键参数，其评估方法一般是定期测量动物的身长（或身高），记录在生长曲线上，以观察身长的增长趋势。

饮食行为能够反映动物对配方食品的接受程度和口味偏好，其评估方法一般是观察和记录动物的饮食行为，包括进食量大小、摄食频率高低和对不同食物的选择。通过这些行为，可以推断食物对动物的吸引力等。器官的正常发育是确保身体各系统正常功能的重要指标，其评估方法一般是使用解剖学和组织学方法，观察和测量动物的器官，包括心脏、肝脏、肾脏等。常用器官指数来表示，器官指数通常是指某一器官的质量相对于整个动物质量的比例。异常发育可能提示食物对器官发育有不良影响。行为和活动水平反映了动物的神经系统状态和整体生理活动水平，其评估方法一般是观察动物的行为，包括运动、社交行为、探索行为等。同时，记录活动水平，包括静止和活跃时段，以全面了解动物的生活方式。最后，生物化学标志物提供了对代谢和整体健康状况的深入了解，这些标志物可以揭示食物对动物生理状态的具体影响，其评估方法一般是通过采集血液和尿液样本，进行生物化学分析，包括测量血液中的代谢产物、激素水平等，可以揭示食物干预对动物生理状态的具体影响。

之前曾有研究采用枯草芽孢杆菌对花生粕进行发酵，以探讨发酵花生粕提取物对小鼠生长发育、学习记忆能力和肠道微生物群的影响[1]。其具体做法是将 90 只初断乳的雄性昆明小鼠随机分成 7 组：正常组、花生粕提取物低剂量组、花生粕提取物中剂量组、花生粕提取物高剂量组、未发酵提取组、模型组和自然恢复组。通过测量小鼠体重和器官指数等指标评价其生长情况，发现高剂量组显著提高了小鼠的生长性能。综合考虑这些指标，能够深入洞察食物干预对动物生长和发育的综合影响，为制定科学合理的饮食方案提供有力支持，为产品的优化和改进提供基础，帮助确保配方食品在满足婴幼儿生长和发育需求方面的安全性和营养充足性。

3.4.2 智力发育

婴幼儿配方食品在婴幼儿的智力发育中扮演着重要角色。婴幼儿配方食品提供了婴幼儿生长发育所需的基本营养物质，如蛋白质、脂肪、碳水化合物、维生素和矿物质等。这些营养物质对于婴幼儿大脑的生长和发育至关重要，能够提供所需的能量和营养，促进智力的正常发展。婴幼儿的脑发育关键期发生在生后的头几年。在这个时期，婴幼儿对关键营养物质的需求量较大，婴幼儿配方食品能够满足这些需求，有利于大脑的正常发育。婴幼儿的脑黄金时期发生在出生后的2～3年。在这个时期，婴幼儿的大脑神经元建立和连接形成速度非常快，婴幼儿配方食品中的营养物质能够为脑细胞提供支持和营养，有助于促进神经元的发育和脑功能的提高。

母乳中的脂质含量丰富，其中大部分都是结构复杂的长链多不饱和脂肪酸，是婴儿中枢神经系统结构如脑白质、灰质等的重要组成部分。大脑中的长链多不饱和脂肪酸主要包括二十二碳五烯酸（EPA）、二十二碳六烯酸（DHA）和花生四烯酸（AA）。DHA是大脑细胞膜的重要构成成分，是脑细胞形成、发育及运作的重要物质基础，对神经细胞轴突的延伸和新突起的形成有重要作用，可维持神经细胞的正常生理活动，参与大脑思维和记忆形成过程。早在1976年，就有研究提出脑磷脂中DHA不足，会导致大鼠分辨学习能力降低。在20世纪80年代，也有人就猴脑发育和DHA得出相应结论，并指出哺乳动物在出生前后脑发育的关键时期摄入足量DHA的重要性。DHA和AA等早期主要来源于摄入的母乳和食物中α-亚麻酸和亚油酸在肝内的转化。但这种转化效率很低，新生儿体内自我合成的DHA和AA不能满足自身代谢需要，主要依赖妊娠晚期储存和婴儿早期母乳喂养积累。妊娠后期3个月到生后2岁是大脑快速增长的时期，早产儿缺乏妊娠晚期的DHA储存沉积，生后DHA的获取更是依赖于母乳喂养。

众所周知，学习和记忆的水平与神经发生的水平以及神经元细胞上树突棘的数量和复杂性有关。将Fat-1小鼠（富含内源性DHA的转基因模型）与普通小鼠相比，Fat-1小鼠的神经元长度延长约54%，神经元分支增加约78%。同时，脑DHA显著促进海马神经发生，表现为增殖神经元数量的增加和神经生成，并且Fat-1小鼠在Morris水迷宫中表现出较好的空间学习表现的结果进一步证明，DHA促进小鼠胚胎干细胞衍生的神经细胞分化和神经突生长，并增加胚胎干细胞分化为神经元谱系细胞的增殖。这些结果共同为 DHA 对神经发生和神经新生的促进作用提供了直接证据，并表明这种作用可能是其对行为表现有益作用的机制 [2]。

乳铁蛋白（lactofferin, Lf）是一种富含唾液酸、结合铁的乳糖蛋白，已知具有多种健康益处，包括调节免疫功能和促进铁吸收的能力，以及抗菌和抗炎作用。有研究表明，外源性乳铁蛋白可以改善哺乳动物的神经保护、神经发育和学习行为。乳铁蛋白可以通过受体介导的转胞作用穿越血脑屏障，对心理困扰有抑制作用 [3]。基于仔猪出生时与人类婴儿的大脑生长非常相似，大体解剖结构以及新生儿大脑的生长模式与人类的大脑相似。此外，仔猪的消化系统也与人类婴儿具有相似的生理和解剖结构，并具有相似的营养需求。因此，作者选取 3 日龄仔猪 33 头，随机分为 2 组，其中 1 组以 155 mg/（kg • d）的剂量水平添加牛乳铁蛋白（bovine lactofferin, bLf），实验期 38 天。采用建立的八臂径向迷宫方法评估学习和记忆能力。结果表明，饲料中添加乳铁蛋白可提高 38 日龄仔猪的学习和长期记忆能力，海马区乳铁蛋白水平与学习记忆呈正相关。从而证实，补充乳铁蛋白可改善仔猪的神经发育、认知和记忆，乳铁蛋白干预可改善宫内生长受限（intrauterine growth restriction, IUGR）[4] 和缺氧缺血脑损伤大鼠幼仔的生长发育、神经发育和神经保护 [5]。因此，研究者认为乳铁蛋白也可作为婴儿大脑快速生长时期大脑发育和认知功能的条件性营养素。

3.4.3 视力发育

视力是人类获取信息的重要途径，对于婴幼儿来说，视力发育尤为重要。眼睛是婴幼儿认知行为得以开展的重要器官之一，视力的正常发育是婴幼儿认识世界、适应环境、学习模仿的重要保障。视觉发育不良或近视，会很大程度上给人们的日常活动造成困难。而随着各国相关研究的不断深入，以及数字信息化时代的快速发展，低龄幼儿近视等情况越发普遍，并且婴幼儿在视力健康方面会存在一定的共性问题，这些负面的发育情况会直接持续影响到成年后的生活，所以对婴幼儿时期的视力发育情况进行及时的观察检测是格外重要的。

眼部毒理学是指局部、眼周、眼内或全身给药等多种方式给药对眼部的毒理学作用。眼科检查能够提供详细的活体信息，并可与临床观察、临床病理学和组织病理学相互结合使用，以评估潜在的毒理学影响。评价指标包括[5]：

① 视力指标：包括视力、视野、色觉、立体视觉等。

② 眼部结构指标：眼部器官发育情况，如眼轴长度、角膜直径等。

③ 生理指标：血液中相关营养素水平，如维生素 A、维生素 C、维生素 E、锌等。

④ 眼部功能指标：如调节功能、集合功能等。

通过婴幼儿视力发育相关功能的检查，可以帮助家长及时关注婴幼儿视力发育不良的情况，从饮食方面进行干预，从而为家长和营养师提供科学的饮食依据，确保婴幼儿摄入充足的营养成分，促进视力健康发育。

研究婴幼儿配方食品中营养性组分（如必需成分与可选择成分）对于婴幼儿视力发育的作用可以通过体外实验和动物实验进行。长链多不饱和脂肪酸（long-chain polyunsaturated fatty acids, LCPUFAs）是指含有两个或两个以上双键且碳链长度为 18 ～ 22 个碳原子的直链脂肪酸。通常分为 *n*-3 和 *n*-6。在多不饱和脂肪酸分子中，距羧基最远端的双键在倒数第 3 个碳原子上的称为 *n*-3；在第六个碳原子上的则称为 *n*-6。*n*-3 不饱和脂肪酸主要包括 α-亚麻酸、二十二碳六烯酸（docosahexaneoic acid, DHA）和二十碳五烯酸（eicosapentaenoic acid, EPA）。DHA 和花生四烯酸优先被整合到细胞膜的磷脂中，是免疫细胞中最重要的功能性脂肪酸。

现有研究发现饮食中的长链多不饱和脂肪酸在视网膜发育期间会影响神经节苷脂代谢，出生后补充 LCPUFAs 能够影响足月儿和早产儿的早期认知功能和视觉发育。近 30 年的研究显示，配方奶中添加 LCPUFAs 的临床试验和观察研究大多显示其可促进视力发育，LCPUFAs 能影响发育中视网膜的神经节苷脂代谢，提高 GD3 的相对水平，促进视网膜成熟。早产儿因内皮及中枢神经组织发育所必需脂肪酸的缺乏和超氧化物防御系统的缺陷，易出现早熟性视网膜病[6]。多项研究证明 LCPUFAs 尤其是 DHA 对光感受器有显著效应，能抑制细胞凋亡，保护光感受器免受氧化应激损伤[7]。此外，也有多项动物实验证明 LCPUFAs 对动物视网膜功能有显著的效应，与信号过程、视杆细胞和视锥细胞的功能有关。对母犬妊娠 / 哺乳期不同喂养方式的实验发现，高 α-亚麻酸（α-linolenic acid, ALA）喂养的母犬乳汁中富含 ALA 但 DHA 含量不高。母犬给予高 ALA 喂养的幼犬血浆中 DHA 含量较高，但低于发育和哺乳期直接补充 DHA 的幼犬。而母犬高 LCPUFAs 饮食的幼犬在较弱光线强度下也会有视网膜反应，提示较高的视杆细胞敏感性[8]。

3.4.4 骨骼健康

骨骼由前骨母细胞（osteoprogenitor cell）、成骨细胞（osteoblast）、骨细胞（osteocyte）和破骨细胞（osteoclast）组成，其形成、发育与保持在很大程度上依赖于激素调节。骨代谢的内分泌调节受生长激素、性激素和降钙素等激素及维生素 D_3 的影响。如垂体前叶分泌的生长激素可促进骨骼的纵向生长；雌性激素在骨代谢中起主导作用，它可通过多种突进维持骨内微环境稳态，同时参与成骨和破骨的生理过程，且维持着成骨和破骨的动态平衡；经过肝脏和肾脏中活化的维生素 D_3 对肠道吸收钙磷酸盐尤为重要，缺乏时易导致骨脱矿化。

关于骨骼健康评价的指标包括直接的体格测定、借助科学仪器设备对骨骼进行静态扫描分析，以及通过对一些生化标志物的测定来评估骨骼发育健康。

3.4.4.1 动物选择

骨生长动物模型的选择与骨缺损模型动物的选择相似，常用小鼠、大鼠、兔、犬、猪、羊等。理论上，动物模型选择越大型的动物越好，因为在有效剂量以及一些作用机制上与人类更接近，但小鼠等更小型的动物模型价格低廉且来源广泛，可根据具体实验条件选择实验动物。而研究婴幼儿配方食品对婴幼儿这一群体的骨骼生长情况应在确定动物类型后，选择相应月龄或年龄的动物。

3.4.4.2 实验处理

根据已进行的体外实验、一般毒性以及毒动力学研究过程中所得到的资料，至少设置三个及以上的剂量水平和适当的对照组。高剂量应使实验动物出现明显不适症状，低剂量不应出现任何因受试物而出现的负面作用，中剂量应设置于高低剂量之间，应引起机体骨骼发育速度明显改变，如骨长度的增长快于未受处理对照组的平均水平。

3.4.4.3 指标测定

（1）动物体格指标测定　实验期间内，每隔一段固定的时间测定实验动物的体重和身长。测定身长时，应提前麻醉实验动物，使其处于舒展状态后再测定身长并做好记录。

（2）骨密度测定　实验动物麻醉后，将其置于骨密度检查床上，用双能 X 线骨密度检测和分析骨密度，选用动物全身扫描模式，对实验动物逐一扫描，对其头部、脊椎和全身进行骨密度分析，并记录实验数据。

（3）骨长度与骨重测定　对实验动物进行最后一次灌胃处理后，处死并解剖，分离实验动物双侧股骨，使用游标卡尺对股骨长度进行测量后，分别作不同处理。一侧股骨置于−20℃保存，另一侧股骨置于多聚甲醛中固定保存待检。骨样去除附着的肌肉组织后，无水乙醚浸泡一段时间后脱脂，置于 105℃烘箱中 72h，室温平衡 24h 后测定骨重。

（4）骨矿物质测定　选取适当的时间点（如实验第 7 天、第 14 天等，具体可据实验动物生长发育周期适当调整）进行股骨样品采集。采集后的股骨需用生理盐水将骨髓腔冲洗干净，随后剪碎置于研钵中，置于 105℃烘干箱烘干至恒重，记录股骨干重，并采用火焰原子吸收光谱法检测各矿物质含量。

（5）生化标志物测定　分别于特定时间点（如实验的第 0 天、第 7 天、第 14 天等，具体时间点以及时间间隔的选择需要根据实验动物的生长周期等再作调整）通过静脉采血，测定实验动物的血钙、1 型原胶原氨基端前肽（amino-terminal, type I collagen, PINP）、抗酒石酸酸性磷酸酶 5b（tartrate-resistant acid phosphate 5b, TRACP 5b）、骨特异性碱性磷酸酶（bone-specific alkaline phosphatase, BALP）、骨钙素（osteocalcin, BGP）等生化标志物，具体标志物的选择可根据实验目的进一步筛选。

3.4.5 免疫系统

免疫功能，是指免疫系统识别和清除外来抗原过程中发挥的各种生物学效应的总称，包括免疫防御、免疫自稳和免疫监视。机体的免疫功能可分为特异性免疫功能和非特异性免疫功能。非特异性免疫功能，主要包括皮肤和黏膜的机械阻挡作用，是机体在长期进化过程中形成的防御功能，不针对某一特定抗原物质。特异性免疫功能，是机体与非己抗原接触后才产生、并且仅特异性针对这一特定抗原物质的免疫功能。特异性免疫功能包括体液免疫和细胞免疫两种类型，在机体抗感染等免疫反应中发挥主导作用。

选用正常或免疫低下模型小鼠进行实验。推荐选用近交系小鼠，如 C57BL/6J、BALR/C 等，6～8 周龄，18～22g，雌雄均可，为单一性别，数量为每组 10～15 只，清洁级以上。必要时需要建立免疫力低下模型。实验设空白对照组和三个剂量受试样品组，必要时设阳性对照组。实验时间通常为受试样品给予 30～45d，如采用免疫低下模型进行实验则时间可适当延长。

3.4.5.1 增强免疫力功效评价判定

增强免疫力功能判定：在细胞免疫功能、体液免疫功能、单核 - 巨噬细胞功能、自然杀伤细胞活性 4 个方面任 2 个方面结果阳性，可判定该受试样品可增强免疫力功能。

细胞免疫功能结果判定：细胞免疫功能测定项目中的两个实验结果均为阳性，或任一个实验的两个剂量组结果阳性，可判定细胞免疫功能测定结果阳性。

体液免疫功能结果判定：体液免疫功能测定项目中的两个实验结果均为阳性，或任一个实验的两个剂量组结果阳性，可判定体液免疫功能测定结果阳性。

单核-巨噬细胞功能结果判定：单核-巨噬细胞功能测定项目中的两个实验结果均为阳性，或任一个实验的两个剂量组结果阳性，可判定单核-巨噬细胞功能结果阳性。

自然杀伤细胞活性结果判定：自然杀伤细胞活性测定实验的两个剂量组结果阳性，可判定自然杀伤细胞活性结果阳性。

3.4.5.2 免疫力低下动物模型的建立

功能食品免疫增强作用适用于免疫低下人群，用免疫低下动物模型进行评价更接近实际情况。目前常用的化学造模药有环磷酰胺、氢化可的松、地塞米松、环孢菌素 A、放线菌素、长春新碱等，其中又以环磷酰胺应用最广。也有采用辐射手段建立放射性免疫低下模型的。这里仅介绍环磷酰胺致免疫低下和放射性免疫低下模型的建模方法。

环磷酰胺致免疫低下模型：一次性腹腔注射给予环磷酰胺 40mg/（kg・bw），给药后第 2 天测定相关免疫指标，可建立体液免疫低下模型（以抗体生成细胞实验和血清溶血素实验代表的体液免疫功能低于对照组为建模成功）。一次性腹腔注射给予环磷酰胺 100mg/（kg・bw），给药后第 2 天测定相关免疫指标，可建立细胞免疫低下模型（以迟发性变态反应实验和巨噬细胞吞噬鸡红细胞实验为代表的细胞免疫功能低于对照组为建模成功）。

放射性免疫低下模型：免疫系统是对放射性损伤较敏感的组织之一，因此采用放射性射线照射可损害机体免疫器官和细胞，降低机体免疫功能，而形成免疫低下模型。一次性全身辐照剂量为 3Gy，照射后第三天测定相关免疫各项指标，以体液免疫功能、细胞免疫功能和巨噬细胞功能低于对照组为建模成功。

关于婴幼儿配方食品中添加某种营养性成分对于免疫系统影响的研究，通常是以婴幼儿为研究对象，干预措施为摄入婴幼儿配方食品，开展随机对照研究，通过分析生长发育、长期健康和实验室相关指标等研究结果进行评价；也可以调查营养配方食品的摄入情况，开展前瞻性队列研究；或者基于随机对照研究或前瞻性队列研究，进行系统综述或

Meta 分析；同时可以通过动物实验评价外源物质的添加对小鼠免疫功能的增强作用以及免疫相关疾病的预防效果。目前研究较多的婴幼儿配方食品营养成分是长链多不饱和脂肪酸。主要对于婴幼儿的神经发育、生长、过敏和免疫应答、心血管疾病风险等方面体现出积极的保护作用，能够有效调控婴幼儿机体的炎症反应和免疫功能[9]。

LCPUFA 和免疫功能的关键相互作用在于 LCPUFA 是合成生物活性脂质介质。在饮食中摄入比例合理的 *n*-3 和 *n*-6 LCPUFA，可以从整体上提高不饱和脂肪酸水平，从而改变细胞的功能活性和免疫反应。但 *n*-3 和 *n*-6 LCPUFA 的摄入会相互影响，当摄入不平衡时，会导致免疫发育失衡和功能失调，如过度的炎症反应、过敏或对感染的易感性增加。

有研究比较了补充鱼类水解物与二十二碳六烯酸（DHA）对脂多糖（lipopolysaccharide, LPS）诱导的小鼠炎症的影响。在对外周注射 LPS 的反应中，补充鱼类水解物降低了促炎性细胞因子 IL-6、IL-1β 和 TNF-α 在海马中 mRNA 表达，而补充 DHA 仅降低了 IL-6 的表达。促炎性细胞因子表达的下降与 IκB 蛋白表达的增加有关，并与海马中小胶质细胞激活标记物的调节有关。与补充 DHA 相比，鱼类水解产物的有益作用可能部分归因于海马氧基化蛋白向更抗炎的方向转变。该研究得出结论：鱼类副产品的补充对于预防和抵消神经炎症似乎非常有吸引力[10-11]。

3.4.6 消化系统

消化系统包括食管、胃、肠道、肛门等，其中肠道是营养物质消化、吸收的主要部位，食物消化的残渣最终经大肠排出体外。婴幼儿配方食品对消化系统的影响是全方面的，当前关注最多的是对排便功能的影响。排便过程是人体中一系列复杂而协调的生理反射活动，需要有完整的肛门直肠神经结构、肛门括约肌群、排便反射的反射弧和中枢的协调控制能力。正常人体的直肠通常是空的，肠道蠕动将粪便推入直肠时，刺激了直肠壁内的感受器，神经冲动经盆神经和腹下神经传至脊髓腰骶段的初级排便中枢，同时上传至大脑皮质，引起便意和排便反射。这时，通过盆神经的传出冲动，使降结肠、乙状结肠和直肠收缩，肛门内括约肌舒张。同时，阴部神经的冲动减少，肛门外括约肌舒张，使得粪便排出体外。另外，由于支配腹肌和膈肌的神经兴奋，腹肌和膈肌同时发生收缩，使腹内压升高，也促进粪便的排出。正常人体的直肠对粪便的压力刺激具有一定的阈值，当达到此阈值时即可引发便意。

便秘（constipation）是排便次数明显减少、每2～3天或更长时间一次、无规律、粪质干硬、常伴有排便困难感的病理现象。它不是一个独立的疾病或综合征，而是由多种病因所致，排便过程的任何环节发生障碍，都可以引发便秘。便秘在程度上有轻有重，在时间上可以是暂时的，也可以是长久的。有些正常人数天才排便一次，但无不适感。对于未发现明显器质性病变而以功能性改变为特征的排便障碍称功能性便秘。

排便的动作受大脑皮质的影响，意识可以加强或抑制排便。如果刻意对便意经常予以制止，就使直肠渐渐地对粪便压力刺激失去正常的敏感性，加之粪便在大肠内停留过久，水分吸收过多而变得干硬，引起排便困难，这是产生便秘的最常见原因。在排便过程中，盆底横纹肌主要是耻骨直肠肌和肛门外括约肌不能松弛，甚至出现异常的矛盾收缩，导致直肠肛管角变锐，肛管压力上升，粪便排出困难。会阴下降综合征可能是由于长期过度用力排便，使得盆底肌薄弱，肛管直肠角缩小，长期的牵拉严重影响神经传导功能。近来有研究表明此型便秘亦可由肛门内括约肌失弛缓所致，肛门内括约肌不能松弛，造成肛管舒张不良，粪便滞留直肠，引起排便困难。

婴幼儿配方食品对排便形状、硬度、频率的影响可以通过动物实验来评价。动物实验通过观察排便时间、排便粒数、排便重量、粪便性状等指标，验证受试物对肠道运动功能和排便全过程的影响。肠道运动增强、排便时间缩短、排便粒数和排便重量增加，则提示受试物有一定的增强肠道运动的作用，或能改善肠内容物和粪便的性状。

3.4.6.1 小鼠小肠肠蠕动抑制模型的制备

模型对照组、各受试样品组经灌胃给予复方地芬诺酯混悬液，制备小肠蠕动抑制模型。0.5h后即可开始实验。复方地芬诺酯混悬液：以复方地芬诺酯片制备，浓度为0.25～0.5g/L。

3.4.6.2 实验设计

实验选用近交系雄性小鼠，18～22g，每组10～15只。根据体重，随机将小鼠分为1个空白对照组、1个模型对照组和3个剂量受试样品组，必要时设阳性对照组。

空白对照组：基础饲料，每日灌胃蒸馏水，自由饮水摄食。

模型对照组：基础饲料，每日灌胃蒸馏水，自由饮水摄食。

各受试样品组：基础饲料，每日灌胃不同剂量的受试样品，自由饮水摄食。

定期称量小鼠体重，7～15d后，各组小鼠禁食不禁水16h。模型对照组和各受试样品组灌胃复方地芬诺酯混悬液，空对照组灌胃蒸馏水。测定小肠运动、5h或6h内排便时间、排便重量、粪便粒数等指标。

3.4.6.3 实验结果的判定

5h或6h内排粪便重量和粪便粒数任一项结果阳性，同时小肠运动实验和排便时间任一项结果阳性，即可判定该受试样品对排便尤其类似于便秘的影响的动物实验结果阳性。

3.4.7 其他

除以上功能外，配方食品还有许多其他营养健康作用。肠道微生物作为近年来的研究热点和重点，许多研究采用食品干预动物去探究其对肠道健康的影响，这可为饮食、肠道微生物群和宿主生理学之间复杂的相互作用提供宝贵的见解。有关肠道的评价手段和方法涉及多个方面，例如肠道微生物组成、肠道屏障的完整性、微生物代谢物检测、肠道内的免疫反应和组织学分析等。为深入了解婴幼儿食品对肠道微生物群的影响，可利用16S rRNA基因测序或宏基因组学来分析动物粪便样本或肠道内容物中的微生物多样性、丰度和分类学特征等。为评估肠道屏障的完整性，可用跨上皮细胞电阻值法（transepithelial electrical resistance, TEER）等技术来测量紧密连接蛋白和渗透性等标记物。为分析食品干预后微生物代谢物的情况，例如短链脂肪酸的产生，可通过气相色谱质谱联用等技术测定短链脂肪酸的浓度。为了解食物对黏膜免疫系统的影响，可评估肠道内的免疫反应，这包括评估细胞因子的产生、免疫球蛋白水平和免疫细胞群等。为表明肠道的整体健康状况，可检查肠道组织的组织学，这可提供有关结构变化、绒毛高度和隐窝深度的信息。有研究探索了将含有腐胺、亚精胺和精胺混合物的婴儿配方奶粉补充给新生小鼠，采用荧光原位杂交结合流式细胞术检测来分析肠道菌群的组成，观察对结肠菌群的影响[3]，结果发现在配有多胺的婴儿配方奶粉组中，双歧杆菌群和阿克曼氏菌样菌等水平较高，其细菌数甚至高于母乳喂养的小鼠[12]。

除此之外，过敏性疾病是严重威胁人类健康的一种常见病症，尤其以婴幼儿时期为高发阶段，因此抗过敏功能也是近年来婴幼儿食品的重点研究方向。评估抗过敏功能涉及各种与过敏反应相关的指标，例如，测量组胺释放含量；使用酶联免疫吸附法（enzyme-linked immuno sorbent assay, ELISA）或其他免疫分析方法测量血清中过敏原特异性IgE抗体水平；测量血液或组织样本中炎症和抗炎细胞因子的水平，如IL-4、IL-5、IL-10和干扰素-γ（IFN-γ）等；评估组织中嗜酸性粒细胞的存在和数量；用特定染料对组织进行染色以可视化肥大细胞，并通过组织学检查评估脱颗粒情况；对组织进行组织学检查，以评估免疫细胞，包括嗜酸性粒细胞和淋巴细胞的浸润；使用免疫分析测定抗炎细胞因子浓度；观察动物行为，例如搔抓或其他不适行为等。有研究利用动物实验评估复合乳酸菌菌粉改善小鼠过敏的功效，其发现复合乳酸菌菌粉可以显著增加小鼠脾脏和胸腺的免疫脏器系数，减少小鼠体内总IgE的含量，提高小鼠血清的免疫因子水平，增强小鼠的免疫力，同时也能够调节小鼠肠道菌群的结构，恢复脾脏组织的形态和功能，改善小鼠的过敏作用[13]。

（薛勇，戴子健）

参考文献

[1] Jiang X Y, Ding H Y, Liu Q, et al. Effects of peanut meal extracts fermented by *Bacillus natto* on the growth performance, learning and memory skills and gut microbiota modulation in mice. Br J

Nutr, 2020, 123(4): 383-393.

[2] He C, Qu X, Cui L, et al. Improved spatial learning performance of fat-1 mice is associated with enhanced neurogenesis and neuritogenesis by docosahexaenoic acid. Proc Natl Acad Sci USA, 2009, 106(27): 11370-11375.

[3] Wang B. Molecular determinants of milk lactoferrin as a bioactive compound in early neurodevelopment and cognition. J Pediatr, 2016, 173: S29-S36.

[4] Somm E, Larvaron P, van de Looij Y, et al. Protective effects of maternal nutritional supplementation with lactoferrin on growth and brain metabolism. Pediatr Res, 2014, 75(1-1): 51-61.

[5] van de Looij Y, Ginet V, Chatagner A, et al. Lactoferrin during lactation protects the immature hypoxic-ischemic rat brain. Ann Clin Transl Neurol, 2014, 1(12): 955-967.

[6] 张卓君，彭咏梅 . 长链多不饱和脂肪酸与婴幼儿视力 . 中国儿童保健杂志，2009, 17(5): 563-565, 568.

[7] Colins C T, Makrides M, Gibon R A, et al. Pre and post-term growth in pre-term infants supplemented with higher-dose DHA: a randomised controlled trial. Br J Nutr, 2011, 105(11): 1635-1643.

[8] Rotstein N P, Abrahan C E, Miranda G E. Docosahexaenoic acid promotes photoreceptor survival and differentiation by regulating sphingolipid metabolism. Invest Ophthal & lVis Sci, 2007, 48(13): E-Abstract 1349.

[9] 房爱萍，陈偲，韩军花，等 . 婴幼儿配方食品中添加长链多不饱和脂肪酸的健康效益：系统综述 . 营养学报，2018, 40(6): 531-543.

[10] Chataigner M, Martin M, Lucas C, et al. Fish hydrolysate supplementation containing n-3 long chain polyunsaturated fatty acids and peptides prevents LPS-induced neuroinflammation. Nutrients, 2021, 13(3): 824.

[11] Chuang C K, Yeung C Y, Jim W T, et al. Comparison of free fatty acid content of human milk from Taiwanese mothers and infant formula. Taiwan J Obstet Gynecol, 2013, 52(4): 527-533.

[12] Gómez-Gallego C, Collado M C, Ilo T, et al. Infant formula supplemented with polyamines alters the intestinal microbiota in neonatal BALB/cOlaHsd mice. J Nutr Biochem, 2012, 23(11): 1508-1513.

[13] 王晓萌 . 复合乳酸菌菌粉改善小鼠过敏的功效及机制研究 . 宁波：宁波大学，2020.

婴幼儿配方食品喂养效果评估

Evaluation of Feeding Effects of Infants and Young Children Formulas

第 4 章

婴幼儿配方食品临床喂养试验的伦理学

母乳代用品（breast milk substitutes, BMS），通常被称为婴幼儿配方食品（奶粉），是临床喂养试验评估的重要营养产品。临床喂养试验（clinical feeding trials）系指任何以婴幼儿为受试群体进行的食品喂养效果评价研究，以证实或探索该产品的特性、传统的食品卫生安全性、营养充足性和应用的有效性以及依从性等[1-3]，其中立项和试验全过程的医学伦理审查和监督是保障参与喂养试验婴幼儿安全的重要前提条件，因此应严格遵守国家卫生和计划生育委员会令第 11 号《涉及人的生物医学研究伦理审查办法》（以下简称“办法”）进行临床喂养效果评价试验，充分保护参与者的知情权和免受伤害，保护消费者免受误导信息的影响[4]。

4.1 伦理审查要求

婴幼儿配方食品的喂养试验研究影响着业界对婴幼儿配方食品质量的判定，有利于婴幼儿配方食品中营养强化剂及食品添加剂的风险监督监测。因此，我国急需对婴幼儿配方食品研究的伦理审查制度进行完善，不断提高我国食品安全管控体系。涉及婴幼儿配方食品研究伦理规范从以下几个方面进行系统阐述。

4.1.1 尊重和维护婴幼儿及其家长的权益

研究者应将参与研究活动的受试者视为主体而非客体。对受试者的尊重应包括对婴幼儿和家长等所有生命个体的尊重，保护他们的权益。研究者应公平且敏感地对待所有不同年龄、宗教、语言、残障、健康状况、性别、种族、民族、阶级、国籍、文化、社会经济地位、婚姻状况、家庭条件等的受试者；而且还应尊重受试者可能有与研究人员不同的价值观、态度和观点的权利，努力避免对个人和不同文化所存有的刻板印象[5]。

在婴幼儿配方食品喂养效果的研究领域，由于婴幼儿受保护的重要性及其潜藏着的伦理风险，世界上许多国家的大学和研究机构都设立了机构审查委员会（Institutional Review Board, IRB），以监督和审查每个研究项目在开展的前后是否做出严谨负责的伦理考虑。机构审查委员会制订明确可行的伦理审查制度，并设立规范的审查流程。在IRB的审查、监督和管理下，促进研究伦理规范得以严格落实。违反研究伦理的行为不仅会给受试者带来伤害，还会对高校或科研机构的声誉造成不利影响[6]。研究者在研究的不同阶段面临着不同的伦理要求，包括在研究设计、文献检索、研究工具研发、实地工作（数据及生物样本收集）、生物样本分析、数据统计、研究结果的撰写和发表等阶段，他们扮演着不同的角色，承担着不同的责任。研究人员必须在获得伦理审查许可之后，才能进行涉及人的研究。IRB会对研究者提交的伦理申请材料进行审查，主要是按照研究伦理规范的条目，对相应的研究项目所涉及的伦理行为进行审查，对于审查不予通过的申请会给予相应的修改建议，确保研究项目的设计严格符合伦理规范的内容，将违反科研伦理的潜在行为提前终止在研究项目执行之前。为了充分保护受试者的权益，也为了符合 IRB 的研究伦理要求，研究者必须在秉持自愿参与的原则下，采用适当的方式明确告知受试者关于研究目的、研究内容和研究过程的相关信息。在“知情”的情况下收集他们的参与意愿，即让他们自主决定是否愿意参与到研究中。绝不能有任何形式的强迫个体参与研究的情况，且参与者有随时终止和退出研究的权利。

4.1.2　对婴幼儿配方食品喂养试验研究的全流程监督

为了进一步帮助研究者在婴幼儿配方食品喂养试验研究中严格遵守研究伦理规范，IRB 会对研究的全流程进行监管。IRB 通过跟踪审查对研究过程进行管理，跟踪审查包括持续审查、修正案审查、不依从审查、严重不良事件审查、提前终止审查、暂停审查、非预期事件审查、结题审查等[7-8]。研究获得 IRB 批准后，研究者必须按照获批的方案实施。如果对方案、知情同意、招募材料或任何其他材料或档案做出修改都必须经 IRB 审批之后才能实施，除非是必须消除对受试者造成的明显的即时危害，一旦危害发生后，也要尽快与 IRB 联系。不能够严格执行 IRB 审批的方案属于方案违背，反复的方案违背可能导致 IRB 质疑研究的合理性或研究者实施研究的能力。不能够严格执行 IRB 审批的方案或是知情同意属于违背伦理标准和规定的行为，IRB 可能对这种不依从行为做出暂停研究的决定。除了修正案申请外，研究者还要向 IRB 或相关机构办公室报告涉及受试者或他人风险的非预期事件。对于非预期事件并没有一个明确的定义。根据美国卫生部的文件，“涉及受试者或他人风险的非预期事件”定义为包括满足以下标准的任何意外、经历或结果：①基于审批相关材料（例如，IRB 批准的研究方案、知情同意书、受试者特征等）中描述的研究过程，发生的非预期事件（包括性质、严重性或频率)；②“与研究相关或可能相关”是指意外、经历或结果可能由参加该研究导致；③研究将受试者或他人置于比之前认知风险更高的情况下（包括生理、心理、经济或社会等方面)。研究者应该理解什么是“涉及受试者或他人风险的非预期事件”和“不良事件”。这是两个不同的概念。不良事件是指任何发生于用药患者或临床研究受试者的不利的临床事件，但未必与药物有因果关系。而非预期事件是根据经审批的材料中描述的研究步骤以及受试人群的相关特征，从性质、严重程度或发生频率上来进行判断，以材料中描述的情况作为预期，非描述的称为非预期。举两个“涉及受试者或他人风险的非预期事件”而非“不良事件”的例子，研究者丢失了未加密的笔记本电脑，其中有受试者的个人敏感信息；研究者在发药时，给药剂量错误，即使没有给受试者带来生理上的伤害，研究者也应意识到要向相关部门报告。大部分 IRB 对于非预期事件和不良事件的报告都有自己的要求，在实施过程中，研究者应按照要求报告。制定一份详细的操作流程或流程图有益于确保研究者及时、合理地按照要求进行报告。对于“涉及受试者或他人风险的非预期事件”和“不良事件”报告的要求也是一个不断发展的过程，如果研究者不清楚什么应该报告或是如何报告研究者应该与 IRB 以及项目资助方咨询、讨论相关要求。

IRB 要求所有研究至少一年进行一次持续审查，IRB 会根据研究的风险确定持续审查的频率。除了满足快速审查形式的方案外，一般持续审查都采取会议审查形式。持续审查需要研究者提交的材料依据各个 IRB 的具体要求提交，一般至少应包括：持续审查申请表和研究进展报告。因为无论是快速审查还是会议审查都需要一定时间，所以研究者需要了解所在机构对持续审查的要求，在批件到期前 1 个月提交持续审查申请。大部分 IRB 会在批件到期前 1 ～ 2 个月提醒研究者提交持续审查申请，研究者收到提醒后要及时准备材料，以免耽误审查。如果批件过期，而持续审查尚未批复，所有研究必须停止，除非继续研究可以给受试者带来最大获益。如果 IRB 在持续审查过程中对研究提出意见或质疑，研究者应当尽快回复，以免延迟批复。

4.1.3 婴幼儿配方食品喂养试验研究伦理审查的标准

婴幼儿配方食品喂养试验研究的伦理审查应由主体责任单位的伦理审查委员会对其进行伦理审查。根据国家卫生和计划生育委员会令第11号《涉及人的生物医学研究伦理审查办法》中第九条　伦理委员会的委员应当从生物医学领域和伦理学、法学、社会学等领域的专家和非本机构的社会人士中遴选产生，人数不得少于7人，并且应当有不同性别的委员，少数民族地区应当考虑少数民族委员。涉及婴幼儿配方食品临床喂养试验的对象与婴幼儿营养与健康状况密切相关，伦理审查的学术性和专业性很强，伦理审查委员会组成人员应包括婴幼儿营养、儿科临床和儿童保健、护理方面的专家，还应有法学（如律师）、社会学、管理和非本机构的社会人士等方面的人员。确保伦理委员有资格和经验共同对试验的科学性及伦理合理性进行审阅和评估。

研究者需要清楚的是伦理审查委员会不同于学术委员会，即使委员对所审项目的研究领域非常了解，具备专业知识，也不会像研究者那样熟悉该研究。因此，研究者向IRB递交的材料一定要完整、清晰，便于委员理解阅读。具体需要提交的材料要根据IRB的要求提交，通常需要递交的材料包括审查申请表、研究方案、知情同意书、招募材料、项目负责人简历，有的伦理审查委员会还要求提供主要研究者伦理培训证明或基金获批材料等。这些材料能够提供给委员充分的信息来判断研究的风险和获益。如果提交的材料缺乏细节，信息不连贯，会引起很多问题，研究者可能必须进行补充和完善后，IRB委员才能做出最终的审查决定，而补充和完善的过程也会增加研究者的烦恼，并拖延审查时间。相反，如果一个研究设计科学严谨、方法恰当、提供的材料详细清晰，那么IRB委员就会清楚地理解该研究并根据审查标准做出决定。伦理审查委员会批准研究项目的基本标准是：坚持生命伦理的社会价值；研究方案科学；公平选择受试者；合理的风险与受益比例；知情同意书规范；尊重受试者权利；遵守科研诚信规范。研究者应该知道IRB要审查的包括研究的科学性和伦理性。研究要有明确、有效的科学问题，通过该研究可以成功地回答提出的科学问题。如果一个研究缺乏明确的科学意义，则绝不符合伦理的要求。

4.2 婴幼儿配方食品喂养试验研究的知情同意

我国涉及伦理审查的规范或指导原则主要包括《药物临床试验质量管理规范》(2020)、《涉及人的生物医学研究伦理审查办法》(2016)、《药物临床试验伦理审查工作指导原则》(2010)，均提及对知情同意的要求。知情同意通常包括三个要素：充分的信息告知、自愿以及知情同意能力。充分的信息告知要求研究者向每位受试者提供可以理解的、恰当的信息。自愿是指研究者在知情同意过程中要确保受试者没有受到胁迫、操纵、过度诱惑。胁迫是指除非受试者参加研究，否则就会受到惩罚。例如，医生对受试者说："如果你不参加这项研究，你以后就别找我看病了。"实际生活中，很少会有医生这么做。更多的情况是，只要患者拒绝了医生，即使医生说没关系，患者也会担心医生不会认真为其诊治了。社会环境也可能使受试者产生被胁迫的感受。招募囚犯参加试验，可能是效率最高的招募。因为他们完全没有自由，同时他们又有极强烈的动机，例如为了获得极少的报酬（一支香烟）、做试验时短暂的"放松"，或是争取减短刑期等，促使他们非常积极地参加试验。同样，学生、职员和军人都有可能被胁迫参加研究。操纵是指选择性地提供部分信息给受试者，或是利用受试者的恐惧心理，使其做出被充分告知或是根据自己价值观自由选择时完全不同的决定。最后，要求受试者必须具备知情同意能力，具体包括：第一，理解能力，即受试者要能够理解研究者提供的信息；第二，分析能力，即受试者在理解信息的基础上分析参加或不参加研究，或者选择其他治疗方案可能带来怎样的结果；第三，做决定的能力，即受试者根据自己的目的和价值观做出选择的能力。除外特殊情况，一般认为正常的成年人都具备知情同意能力。儿童则需要其法定监护人代替他们做决定。另外，对于具有一定理解能力的儿童，除了需要获取其法定监护人的同意外。还要获得其口头知情同意。因此，在知情同意过程中，研究者要考虑如何充分告知受试者信息、尽量避免影响受试者自主选择的因素、最大化受试者的知情同意能力。

4.2.1 基本要求

知情同意是受试者保护的重要手段。知情同意既是一个过程也是一个流程，知情同意过程包括研究开始前、研究进行中、研究结束后，受试者和研究者之间的信息交流。知情同意流程则包括准备知情同意书，获得知情同意书签字。知情同意书过程和流程对于受试者保护来说都是非常必要和重要的。

获得知情同意书的人必须公开、诚实地向受试者介绍研究信息，保证受试者能够真正了解情况、自愿做出参加研究的决定。给受试者足够的时间考虑，有充分的时间和自己的家人、朋友讨论。在研究过程中，如果受试者有疑问，研究者应该向受试者解释，以确保受试者是否愿意继续参加研究。所有的讨论都应该在保护受试者隐私和保密原则的基础上进行[9]。

知情同意书的语言对受试者而言应该是通俗易懂的，应避免使用专业术语和不熟悉的术语，尽量使用简单、直接的句子，并使用简明的段落可以帮助受试者阅读。知情同意书的内容要准确反映研究方案的内容，如果知情同意书的内容与方案的内容不一致，或是缺少了方案中的重要内容，IRB 就会质疑，要求研究者进行修改，这一过程也会延长伦理审查的时间。因此，建议研究者提前邀请满足纳入标准的受试者阅读知情同意书，提出问题，这对于形成一份通俗易懂的知情同意书是非常有帮助的。

签署知情同意书是指受试者表明并记录愿意参加该研究的过程。国家卫生和计划生育委员会令第 11 号《涉及人的生物医学研究伦理审查办法》第四章　有关知情同意中第三十三条：项目研究者开展研究，应当获得受试者自愿签署的知情同意书。受试者不能以书面方式表示同意时，研究者应当获得其口头知情同意，并提交过程记录和证明材料。

无论受试者是否需要签字，所有法规都要求受试者应该持有一份知情同意书。

当研究者将材料提交给IRB时，需要说明由谁进行知情同意，研究者要确保获得知情同意的人必须了解该研究，理解该研究相关的法律法规和伦理要求，在什么时间、什么地点获得知情同意，以及制订计划将干扰受试者做出自主决定的影响因素最小化[10]。研究者应当认真准备知情同意书，并反复进行校对，如果知情同意书中出现语法或是拼写错误使信息难以理解，则会延长IRB的审查时间。建议研究者让不熟悉该研究的人帮助检查知情同意书，分析是否易于理解。因为在研究过程中知情同意书可能会被修改，所以研究者必须有相关流程确保受试者签署IRB批准的最新版本的知情同意书。为了评估受试者对研究和知情同意书内容的理解，建议研究者设计一些开放性的问题，例如：请您用自己的语言描述该研究的目的是什么；参加该研究需要您做些什么；关于该研究，您还想了解些什么等。

虽然大部分情况下要求获得受试者签署的知情同意书，但是有时IRB也可能免除知情同意或是改变对知情同意过程的要求。关于免除知情同意过程、免签知情同意书或知情同意书要素的调整各个IRB会有相关的政策，建议研究者在准备相关材料时提前与IRB或是与有相关经验的同事沟通，确保提交材料符合要求。

4.2.2 知情同意过程

对知情同意最常见的一个误解就是将知情同意书和获得知情同意的过程混淆。实际上，一份签字的知情同意书对于有效知情同意而言，既不是必须的，也不是充分的。例如，口头知情同意，只要完成了获得知情同意的过程，签字是不必要的，同样，虽然获得了签字的知情同意书，但是受试者根本没有理解其研究的内容，这样的知情同意也是无效的。另外，如果在研究过程中，有新的研究发现，并且可能影响受试者是否继续参加研究的决定时，应再次进行知情同意。因此，知情同意应该被理解为一个持续不断的过程，而不仅仅是一份签字的文档。

一般情况下，知情同意必须在研究开始之前获得。但是在实际操作中，有些观察性研究或是“欺骗性”研究无法在研究开始前进行充分的知情同意，否则研究就无法进行，在这种情况下，可以不必在研究开始前获得知情同意，但是，在研究结束后须尽早将情况详细告知受试者。另外，对于急诊患者，在当时情况下没有能力作出知情同意，那么需要在其恢复知情同意能力后立即获取其本人的知情同意。

4.2.2.1 谁可以获取知情同意

法规中一般要求研究者向受试者进行知情同意，国际协调会议-临床试验管理规范（ICH-GCP）中提出对研究者资质的要求。研究者指派的人员如果具备对研究信息的全面掌握，经研究者培训合格后，应该可以获取知情同意。但是，一旦出现问题，要由研究者承担相关责任。

4.2.2.2 谁可以同意或授权参加研究

通常认为正常的成年人有能力决定是否参加一项研究。在法律层面上，未成年人不具备同意参加研究的能力。另外，一些成年人，例如痴呆患者或精神疾病患者也不具备同意参加研究的能力。同意的能力不仅指在认知水平上是否有能力理解信息，还包括是否有自由做出决定的能力。例如，囚犯在监禁的环境下，很难判断是否能够提供自愿的同意。因此，纳入缺乏知情同意能力的群体，一般仅限于：①该研究无法在正常成年人进行；②对于受试者本人有直接获益或其所代表的群体有益。如果受试者没有能力提供有效知情同意，需要由其法定代理人或法定监护人代替受试者本人做出决定。

4.2.2.3 信息告知过程

提供给受试者或其法定代理人 / 监护人的信息应该使用通俗易懂的语言，不能包含任何免责的话语（例如，研究过程中，受试者出现恶心、呕吐等症状，属于正常药物反应，研究方不对其负任何责任），使得或看起来使受试者的合法权利被剥夺，推卸研究者、资助方或是研究机构应该承担的责任。

对于需要告知受试者哪些信息的规定除了依据国际、国内相关法规外，每个伦理审查委员会也可以对需提供的信息提出要求。虽然对需要提供哪些方面的信息有较全面的规定，但在实际操作时，信息应该详细到什么程度却很难具体规定。例如，首次在人体进行的肿瘤药物Ⅰ期临床试验获益的描述，首次在人体进行的肿瘤药物Ⅰ期临床试验，需要告知受试者“参加该研究对他的病情可能没有任何帮助”。这样的受益描述告知了受试者真实情况，而且可以有效地消除部分受试者产生的“治疗误解”。但是，仅仅告知受试者没有直接获益，受试者难以判断是否要参加研究。因此，对于没有直接获益的研究，要告知受试者可能的间接获益，例如，该研究结果可能会增加对该疾病的了解，促进有效治疗方法的研发，将来患同样疾病的患者可能会获得救治。

因为对知情同意信息详细程度没有明确规定，所以，在实际操作中，有些“负责任的”研究者会将整个研究方案，包括详细的研究背景、专业的研究设计、复杂的研究方法都告知受试者。受试者可能没有经过科学和医疗实践培训，不可能像设计和实施研究的专业人员一样完全理解研究项目，就像外科大夫无法让患者完全明白手术是怎么做的一样。因此，没有必要给受试者提供像研究报告这样专业的内容，知情同意需要提供的信息是要帮助受试者了解参加研究会对目前的健康状况有怎样有利的或是不利的影响。这样的信息对于受试者做出决定才是有帮助的，即合理的信息。

一般知情同意书的内容可能很多、很长，受试者很难读下去，所以研究者的告知过程是信息传达的关键。为了避免受试者被大量的信息弄得困惑不堪、影响对信息的理解，在告知过程中首先要使用通俗易懂的语言与受试者交流。如果受试者不使用汉语（如少数民族语言），要将其翻译成当地的语言，并请独立的第三方作为翻译将信息告知受试者，并将自己告知的内容书面总结后签字。第二，提供的信息要简单、清楚，对其决定有重要影响的信息要突出强调。由于研究类型不同，最重要的信息可能也不尽相同。研究者在进行知情同意时，由于时间或是招募的压力，会忽视受试者是否能够理解告知的信息，忘记知情同意过程中与受试者交流和讨论的主要目的。研究者态度在知情同意过程中也很重要，对受试者友好、善于沟通可以显著增加受试者参加研究的可能性。在实际操作中，需要培训研究者如何与受试者沟通、讨论，以确保受试者对信息的充分理解。

4.2.2.4 受试者理解信息

“理解”是有效知情同意过程又一必需因素。受试者是否充分理解很大程度上取决于研究者是如何告知的以及告知的内容。研究者要避免专业术语，使用受试者能够理解的语言告知。受试者要有足够的时间和机会考虑是否参加。研究者要鼓励受试者提出自己的疑问，还可以采取测试的方式检验受试者是否充分理解了信息。受试者也认为能够明白这些信息是一个满意知情同意过程的关键[11]。

4.2.2.5 受试者自愿选择过程

因为“自愿”是一种精神状态，所以是有效知情同意要素中最难判断的。从法律角度，会从外部的征象或环境来识别是否“自愿”。但是，这种判断也存在问题，因为有些人在压力环境下做出的决定和在没有压力存在时做出的决定是一样的。例如，一个人因为研究风险大而拒绝参加研究，却可能是另一个具有利他主义精神的人参加研究的原因。因为选择过程本身是个人价值观和追求的体现，因而不能简单地判断参加一个风险较大的研究就不是自愿的行为。尽管难以判断，但是国际国内法规都提出了“自愿参加”的要求，禁止胁迫或是过度诱导。研究者应给予弱势群体特殊的保护，例如，儿童、囚犯、孕妇、精神疾病患者、贫穷或缺乏教育的人，因为弱势人群更易被胁迫或过度诱导。

4.2.2.6 知情同意书签字

知情同意书签字，不仅是 IRB 或监查人员最容易的检查方式，也会提醒受试者“这是一个严肃的决定”。知情同意是一个过程，知情同意书签字只是这个过程的结果。知情同意书签字在有些情况下是可以免除的：①研究的主要风险是受试者的隐私泄露可能导致的伤害，而知情同意书的签字是唯一的可识别信息。IRB 可以批准免签知情同意书，但是，在这种情况下，由受试者选择是否签字，研究者须尊重受试者的意愿；或②研究不大于最小风险，且不涉及常规治疗必须获得知情同意的流程。即使 IRB 批准免签知情同意书，IRB 也可以要求研究者向受试者提供一份知情同意书。③有时考虑到文化因素，也可以免签知情同意书，例如，有些地方认为签字就代表丧失自己的权利，或是一种不信任的表现。

法规要求研究者必须给受试者一份知情同意书的复印件，这样受试者能够和自己的家人、朋友或是主治医生共同商量做出决定。毕竟知情同意是一个持续的过程，受试者有机会再次考虑或与他人商量自己的决定。

4.2.2.7 未成年人的知情同意

涉及未成年人的知情同意，需要根据受试者的理解能力，结合风险和获益的评估，做出不同的知情同意要求。未成年人是指尚未达到同意研究中涉及的治疗或程序的法定年龄的人。一般来说，法律认为 18 岁以下的人都是未成年人。当伦理审查委员会判断儿童有能力提供同意时，伦理审查委员会应该对如何获得儿童的同意做出充分的规定。在审查以儿童为研究对象的研究时，除了确保遵守一般监管要求外，IRB 还必须考虑研究对未成年人的潜在益处、风险和不适，并评估将未成年人纳入研究的理由。在评估风险和潜在收益时，IRB 应考虑参与研究的未成年人的情况——例如他们的健康状况、年龄和理解研究内容的能力——以及对受试者、患有相同疾病或状况的其他未成年人或整个社会的潜在收益。在确定儿童是否有能力同意时，伦理审查委员会应考虑所涉儿童的年龄、成熟度和心理状态。通常分为以下三种情况：

（1）对儿童的风险不超过最小　研究表明对儿童的风险不大于最小风险，而且为获得未成年人的同意及其父母或监护人的许可做出了充分的规定。

（2）涉及大于最小风险但对参与研究的儿童受试者个体有直接受益前景的研究　通过对受试者的预期受益来证明风险是合理的；该研究所提供的预期受益与风险之间的关系至少与可用的替代方法所提供的关系一样有利于受试者，而且为获得未成年人的同意及其父母或监护人的许可做出了充分的规定。

（3）涉及大于最小风险的研究　对参与研究的未成年受试者个体没有直接受益的前景，但可能产生关于受试者障碍或状况的一般性知识。该研究的风险相对于最小风险略有增加；干预或程序可能造成的影响，与他们实际或预期的医疗心理、社会或教育状况中固有的影响相比是合理的；干预或程序可能产生关于受试者障碍或状况的概括性知识，这对于理解或改善障碍或状况至关重要；而且为获得未成年人的同意及其父母或监护人的许可做出了充分的规定。

4.2.3　知情同意豁免

4.2.3.1　不具备获取知情同意可行性

一些研究获取知情同意不具备可行性，如果符合以下条件时可以免除知情同意[12]：①研究不大于最小风险；②免除知情同意不会给受试者的权利或福利造成不良影响；③如果不免除知情同意，则研究无法进行；④研究结束时将相关信息告知受试者。例如，一些心理或行为学研究，如果将所有信息都告知受试者可能就无法获得可信的数据，可以考虑免除知情同意。受试者在了解相关信息后，有权退出研究，研究者需将采集到的数据和信息全部删除。如果研究涉及对大规模的病例或是生物标本进行研究，虽然病例或是生物标本带有受试者可识别信息，但是很难联系到受试者。如果经 IRB 审查认为，研究不大于最小风险，研究者使用受试者信息绝不会对其造成不利影响，那么可以考虑免除知情同意[6, 8-9, 12]。

4.2.3.2　急救研究

临床上，如果在患者重新具备知情同意能力或是获得其法定代理人的知情同意之前患者不接受治疗会导致死亡或是严重损伤，则不需要获得知情同意。同样，一个没有获得 CFDA 批准的治疗如果可能给患者提供更好的治疗结果可以使用。例如，21CRF50.23（a）规定，在危及生命的情况下，没有其他可以选择的已获批或得到普遍认可的治疗方法，使用研究性药物或是器械相当于提供了同等或是更好的挽救患者生命的治疗。在研究者以及另外的、独立于研究外的医师共同判断符合上述情况后，可以不经过知情同意使用研究性药物或是器械抢救患者。

考虑到处于危急患者本身情况的严重性、试验干预可能的伤害，研究者和 IRB 对于免除知情同意应非常谨慎。一般至少要满足两个条件：第一，该研究无法在非急救情况下完成；第二，必须纳入处于急救中的患者。一旦患者或其法定代理人能够进行知情同意时，要立即进行。应告知受试者可以随时退出研究，不会影响其正常的诊疗，也不会有任何惩罚。

如果伦理审查委员会判断受试儿童的知情同意能力非常有限，不能合理地理解研究内容，或者研究中涉及的干预措施或程序具有对儿童的健康或福祉很重要的直接利益的前景，并且只能在研究范围内使用，此种情况下儿童的同意就不是进行研究的必要条件。即使伦理审查委员会确定受试者有能力同意，如果符合免除知情同意的要求，也可以申请免除知情同意。伦理审查委员会在以下情况可以免除知情同意，伦理审查委员会必须对此情况进行记录：

通常可以免除知情同意的要求为：研究对受试者的风险不超过最小风险；如果不免除知情同意，研究实际上无法进行；如果研究涉及使用可识别的私人信息或可识别的生物标本，如果不以可识别的方式使用这些信息或生物标本，研究实际上是无法进行的；免除知情同意不影响当事人的权利和福利。

我国《个人信息保护法》第四条对个人信息的定义即个人信息是以电子或者其他方式记录的与已识别或者可识别的自然人有关的各种信息，不包括匿名化处理后的信息。匿名化是指个人信息经过处理无法识别特定自然人且不能复原的过程。该法律第十三条中规定了可以处理个人信息的情况：（一）取得个人的同意；（二）为订立、履行个人作为一方当事人的合同所必需，或者按照依法制定的劳动规章制度和依法签订的集体合同实施人力资源管理所必需；（三）为履行法定职责或者法定义务所必需；（四）为应对突发公共卫生事件，或者紧急情况下为保护自然人的生命健康和财产安全所必需；（五）为公共利益实施新闻报道、舆论监督等行为，在合理的范围内处理个人信息；（六）依照本法规定在合理的范围内处理个人自行公开或者其他已经合法公开的个人信息；（七）法律、行政法规规定的其他情形。依照本法其他有关规定，处理个人信息应当取得个人同意，但是有前款第二项至第七项规定情形的，不需取得个人同意。通常，涉及科学研究使用个人信息需要获得受试者的知情同意之后才能处理个人信息。

《个人信息保护法》第二十八条，定义了敏感个人信息，即如果该信息一旦泄露或者非法使用，容易导致自然人的人格尊严受到侵害或者人身、财产安全受到危害的个人信息，包括生物识别、宗教信仰、特定身份、医疗健康、金融账户、行踪轨迹等信息，以及不满十四周岁未成年人的个人信息。只有在具有特定的目的和充分的必要性，并采取严格保护措施的情形下，个人信息处理者方可处理敏感个人信息。处理敏感个人信息通常应当取得个人的单独同意。

综上，是否可以免除知情同意，需要结合相关法律、法规和国际伦理指南做出判断，并将评估的过程进行记录。

4.3 弱势人群

4.3.1 弱势人群的概念

2020版《药物临床试验质量管理规范》将研究中的脆弱人群称为弱势受试者，科研伦理语境中的弱势受试者包括绝对的弱势和相对的弱势。绝对的弱势群体是指在法律或制度上不认可其完全民事行为能力的人。国家卫健委等四部门印发的《涉及人的生命科学和医学研究伦理审查办法》第三章第十七条（六）特殊保护：对涉及儿童、孕产妇、老年人、智力障碍者、精神障碍者等特定群体的研究参与者，应当予以特别保护；对涉及受精卵、胚胎、胎儿或者可能受辅助生殖技术影响的，应当予以特别关注。《赫尔辛基宣言》指出，脆弱群体和个体“可能更容易遭受到不公正对待或额外的伤害”。

相对弱势群体是指虽然在法律和制度上认可其完全民事行为能力，

但是在科研活动中由于各种原因导致其自愿性受到影响，无法实现自主性的个体。具体可能导致相对弱势的情形包括：不当诱导、强迫、操纵等。不当诱导是指是否提供给受试者一定形式的补偿直接决定了受试者是否参加研究的意愿，例如，受试者在社会资源和服务分配方面处于不利地位，可能导致其容易在某些不当诱导下参加研究，从而影响到选择的自主性，以及受到不当利用的危险；此外，受人轻视、歧视的被社会边缘化的社会群体，其成员的利益、福利以及对社会的贡献往往遭到轻视或漠视，也更加容易受到不当诱导。强迫是指在关系中被处于上一级的人要求参加研究，而非出于自愿，例如，受试者因屈从于某种权威而参加研究，如罪犯、士兵、学生等容易受到权威的不当影响，还有受试者屈从于社会建构的某种权威，如基于性别、种族或阶层的不平等，医患之间权利和知识拥有上的不平等，或者性质更为主观性的因素，如父母通常会遵从他们成年儿女的愿望。操纵是指受试者由于认知的脆弱性，不能充分理解信息，未能深思熟虑后做出是否参与研究的慎重决定，还有患严重疾病而没有标准治疗的受试者（如癌症转移患者、罕见病患者），可能因其自身或其医生认为研究中的干预是最佳疗法而参加研究。2020 版 GCP 中，脆弱受试者指“维护自身意愿和权利的能力不足或者丧失的受试者，其自愿参加临床试验的意愿，有可能被试验的预期获益或者拒绝参加可能被报复而受到不正当影响”。可见，“脆弱性”是指个体在同意或拒绝同意参加研究的能力上存在不足。存在“脆弱”特点的群体和个体，往往更容易受到不公正待遇或遭受额外伤害。精神障碍患者、儿童和青少年、孕产妇、老年人等都可能成为研究中的脆弱受试者。脆弱的概念涉及对生理、心理或社会伤害的发生可能性，以及受到伤害程度的判断，也包括更易受到欺骗或违反保密规定。

4.3.2 未成年人的伦理审查

4.3.2.1 婴幼儿

婴幼儿配方食品临床喂养试验的受试者是婴幼儿，作为弱势群体参与临床喂养效果评价试验仍是社会颇具争议的话题，因为婴幼儿自身尚无自我判断能力，也不能应对研究中可能发生的不利事件和保护自身利益[13-14]；而且婴幼儿的体重与体表面积、解剖生理、功能代谢、肝肾清除率等方面都有别于较大儿童和成年人。已知营养成分的功效作用和体内生物利用率与代谢动力伴随年龄增长而变化、身体发育也随之发生改变，结果会影响研究成分的功效作用和体内的分布[14-15]。婴幼儿作为临床喂养试验的受试者更敏感，且更易受到伤害，这使得需要选择婴幼儿作为临床喂养试验对象时，必需要充分考虑相对于成年人，婴幼儿有其独特的生理特性和对某些指标的特殊敏感性以及对母乳喂养的影响，因此应用于婴幼儿临床喂养试验的医学伦理审查要特别慎重。

4.3.2.2 其他未成年人

除了婴幼儿，其他未成年人作为弱势群体之一正处于生长发育阶段，因此儿童临床科研项目的伦理审查需要给予更多的关注。涉及儿童临床科研项目的伦理审查，除了遵循医学伦理基本原则外，还要充分考虑儿童的特殊性，保障儿童在临床科研项目中的合法权益，提升我国儿科临床科学研究的水平。因为儿童器官功能发育不完全、心理发育不成熟等特征，儿童参加临床科研项目的风险远高于成人，伦理审查往往更加严格，要从生理、心理、经济和社会多个角度考虑受试者可能面临的风险。此外，针对弱势群体的伦理审查更加关注受试者的特殊保护，研究中要涉及及时必要的纠正或保护措施，减少给家庭及社会带来的负担。因此，开展儿童临床科研项目伦理审查有助于保护受试儿童的合法权益，避免研究过程中可能给受试儿童带来的伤害。

4.3.2.3 涉及儿童试验的伦理考虑

开展儿童临床科研项目伦理审查过程中，要充分结合儿童临床科研项目的特殊性，儿童不是成人的“缩小版”。因此，成人临床科研结果常常不能直接应用于儿童群体，开展以儿童为受试对象的研究对于维护儿童健康具有重要意义。儿童临床科研项目具有一定特殊性，一方面儿童正处于生长发育阶段，各系统器官发育尚不成熟，儿童的体重、解剖生理特点及功能代谢等方面与成人存在较大差别。另一方面，他们的知情同意能力仍处于发展阶段，他们的完全行为能力受到一定程度的限制，可能无法充分保护自己的利益。当研究考虑招募儿童作为受试者时，研究人员和研究伦理审查委员会必须确保采取了额外的保护措施，以保护这些群体和个体在研究过程中的权利和福祉。以儿童为研究对象的研究，其正当性前提包括：研究出于该群体的健康需求或优先需要，并且无法由非脆弱受试者取代。同时，应当保证脆弱群体从研究结果（包括知识、实践和干预措施）中获益。原则上，应当默认脆弱受试者有参加普通健康相关研究的权利，除非有充分的证据表明其不适合参加。这种情况下，在研究方案中必须明确地描述脆弱受试者不被招募参加研究的规定，如针对性的排除标准，并且提供伦理理由。要对儿童受试者予以特殊保护，采取适当措施来减轻这些脆弱因素。由于该人群的知情同意能力不足，应当采取代理决策的方式保证其利益。

4.3.3 脆弱受试者的针对性的保护措施

儿童处于快速生长发育阶段，应充分考虑并评估这一人群的特殊性，因此要考虑参与研究影响儿童生长发育的可能性，采用的干预措施的累积效应，对儿童影响的时间长度和程度，参与研究对其疾病或健康的影响，参与研究对其正常生活的影响[16]。这一人群可能会有和成人不同的风险，例如心理风险：恐惧、疼痛、与父母家庭分离、对生长发育的影响等。因此，尽可能使儿童受试者的疼痛、不适、可能遭受的风险降至最小；尽量减少在研究过程中的检查次数、侵入性操作程度、重复的有创性检测步骤、采集样本（如血液、组织）量等，采用更加灵敏的检测方法；由经验丰富、技术熟练的人员实施检查或采样；研究者使用与儿童受试者年龄相适应的语言，尽量避免或减少儿童的焦虑；关注儿童的体验，体现对儿童受试者的尊重，注重保护儿童受试者的隐私，任何可能引起儿童羞耻感的操作应事先与儿童沟通、充分保护；避免儿童与父母或监护人的分离，无法避免时应提供机会使其适度观察研究实施，并保持与儿童的密切联系。研究团队应具备与研究方案相适应的儿科专业人员、儿科医疗设施及急救设施、其他安全保障措施等。提供给儿童受试者的医疗措施应充分适当。

未成年人虽然在法律上不具备完全民事行为能力，但是不代表他们完全不具备知情同意能力，因此，要为受试者提供与他们理解能力相适应的材料促进该群体的理解，促进其自主性。知情同意能力评估需要判断受试者理解信息的程度、对自身状况的了解、可以预期参加研究可能发生的后果、具备和研究者沟通和正确表达意愿，以及作出与之一致决定的能力。如果未成年受试者知情同意能力受限，应在其理解能力的水平上提供他们可以理解的信息，并且应给予同意或不同意参加研究的机会。受试者拒绝参加或明确反对参加研究的意愿必须得到尊重。除非在特殊情况下，研究范围之外无法获得所需治疗，此前研究证实存在显著获益，医生和法定监护人均认为参加研究是有直接获益的，方可推翻其反对意见。如果受试者在知情同意能力完整时，事先作出是否参加研究的决定则应遵守该意愿。

（赵励彦）

参考文献

[1] Urashima M, Mezawa H, Okuyama M, et al. Primary prevention of cow's milk sensitization and food allergy by avoiding supplementation with cow's milk formula at birth: a randomized clinical trial. JAMA Pediatr, 2019, 173(12): 1137-1145.

[2] Plaza-Diaz J, Ruiz-Ojeda F J, Morales J, et al. Effects of a novel infant formula on weight gain, body composition, safety and tolerability to infants: the INNOVA 2020 study. Nutrients, 2022, 15(1): 147.

[3] Alliet P, Vandenplas Y, Roggero P, et al. Safety and efficacy of a probiotic-containing infant formula supplemented with 2'-fucosyllactose: a double-blind randomized controlled trial. Nutr J, 2022, 21(1): 11.

[4] Jarrold K, Helfer B, Eskander M, et al. Guidance for the conduct and reporting of clinical trials of breast milk substitutes. JAMA Pediatr, 2020, 174(9): 874-881.

[5] 翟晓梅 . 生命伦理学导论 . 北京：清华大学出版社，2005.

[6] Blackwood R A, Maio R F, Mrdjenovich A J, et al. Analysis of the nature of IRB contingencies required for informed consent document approval. Account Res, 2015, 22(4): 237-245.

[7] Byerly W G. Working with the institutional review board. Am J Health Syst Pharm, 2009, 66(2): 176-184.

[8] Khan M A, Barratt M S, Krugman S D, et al. Variability of the institutional review board process within a national research network. Clin Pediatr (Phila), 2014, 53(6): 556-560.

[9] Check D K, Wolf L E, Dame L A, et al. Certificates of confidentiality and informed consent: perspectives of IRB chairs and institutional legal counsel. IRB, 2014, 36(1): 1-8.

[10] Klitzman R L. How IRBs view and make decisions about social risks. J Empir Res Hum Res Ethics, 2013, 8(3): 58-65.

[11] Hallinan Z P, Forrest A, Uhlenbrauck G, et al. Barriers to change in the informed consent process: a systematic literature review. IRB, 2016, 38(3): 1-10.

[12] Perrault E K, Nazione S A. Informed consent-uninformed participants: shortcomings of online social science consent forms and recommendations for improvement. J Empir Res Hum Res Ethics, 2016, 11(3): 274-280.

[13] 卜擎燕，熊宁宁．临床试验中特殊受试人群选择的国际伦理要求．中国临床药理学与治疗学，2003, 8(3): 356-360.

[14] 王天有，申昆玲，沈颖．诸福棠实用儿科学．9 版．北京：人民卫生出版社，2022.

[15] 李艺影，潘岳松，任佩娟．儿童药物临床试验研究知情同意的伦理审查．临床和实验医学杂志，2013, 12(8): 612-614.

[16] 沈一峰，王谦，白楠．保护脆弱受试者的伦理审查要点．医学与哲学，2020, 41(14): 12-18.

第5章

婴幼儿配方食品临床试验相关法律规定概述

依据我国现行相关法律，开展婴幼儿配方食品临床试验于法有据，且为法律所鼓励和支持。例如，《中华人民共和国食品安全法》第十一条规定，国家鼓励和支持开展与食品安全有关的基础研究、应用研究，鼓励和支持食品生产经营者为提高食品安全水平采用先进技术和先进管理规范。婴幼儿配方食品临床试验是一种特殊的科学研究，其涉及的是婴幼儿的生命健康、人身安全、人格尊严等，既受到科技伦理法律尤其是涉及人的生命科学和医学研究相关的法律、法规、规章、标准、规范的调整，又受到消费者权益保护法、未成年人保护法等法律体系的规范，更受到食品安全相关法律的约束。因此，在对我国与婴幼儿配方食品临床试验相关的法律进行初步梳理后，本章试图对与之有较密切关系的相关法律规定予以概述，以供读者参考。需要说明的是，与婴幼儿配方食品关系密切与否视具体情境而会发生改变，故囿于篇幅和聚焦程度，本章没有提到的法律规定也不能排除在婴幼儿配方食品临床试验所适用的法律之外。值得指出的是，与临床试验相关的国际公认的伦理准则（例如《赫尔辛基宣言》），也应属于中国广义的临床研究的法律原则、伦理原则，甚至其提供给申办者、研究者等具体的规则指引，故这些伦理准则也部分整合于本章内容中。

5.1 关于婴幼儿配方食品临床试验的一般性规定

本章认为，婴幼儿配方食品临床试验是一个单独的概念，组成这一概念或者说其包含的关键词有婴幼儿、配方食品、婴幼儿配方食品、临床试验、食品临床试验等，这些概念有机组合影响着乃至形成了婴幼儿配方食品临床试验的整体概念。本部分将分析探讨这些概念，并在概念分析之中去对应这些概念相关的法律规定，最后汇总而成婴幼儿配方食品临床试验的概念，并找出与其相关的一般性法律规定。

5.1.1 婴幼儿配方食品临床试验的定义

概念是逻辑的起点，因此有必要对婴幼儿配方食品临床试验予以界定。

首先，《中华人民共和国食品安全法》的配套之国家标准对婴幼儿配方食品做出了法律意义上的界定。2021 年 2 月，国家卫生健康委员会和国家市场监督管理总局发布婴幼儿配方食品新国标，包括《食品安全国家标准 婴儿配方食品》（GB 10765—2021）、《食品安全国家标准 较大婴儿配方食品》（GB 10766—2021）、《食品安全国家标准 幼儿配方食品》（GB 10767—2021），新国标于 2023 年 2 月 22 日正式实施。新国标的框架将《食品安全国家标准 较大婴儿和幼儿配方食品》（GB 10767—2010）拆分为 2 个标准，即 GB 10766 和 GB 10767，主要是为了满足不同年龄段婴幼儿的精准化营养需求，更适合婴幼儿生长发育的特点，更有利于婴幼儿的营养健康。例如：在蛋白质部分，新国标调整了较大婴儿和幼儿配方食品中蛋白质含量要求，并增加了乳基较大婴儿配方食品中乳清蛋白含量要求，明确规定含量应≥ 40%；调整了较大婴儿配方食品中碳水化合物含量要求，与新修订的婴儿配方食品要求一致；增加了较大婴儿和幼儿配方食品中乳糖含量要求，并明确限制蔗糖在较大婴儿配方食品中的添加等。

依据《婴儿配方食品》（GB 10765—2021），婴儿配方食品的定义是：适用于正常婴儿食用，其能量和营养成分能满足 0 ～ 6 月龄婴儿正常营养需要的配方食品。这是婴儿配方食品的内涵。婴儿配方食品又分为乳基婴儿配方食品、豆基婴儿配方食品，这些婴儿配方食品，就是婴儿配方食品的外延。之后是《较大婴儿配方食品》（GB 10766—2021）对较大婴儿配方食品的定义是：适用于正常较大婴儿食用，其能量和营养成分能满足 6 ～ 12 月龄较大婴儿部分营养需要的配方食品。《幼儿配方食品》（GB 10767—2021）对幼儿配方食品的定义是：以乳类及乳蛋白质制品和（或）大豆及大豆蛋白制品为主要蛋白来源，加入适量的维生素、矿物质和（或）其他原料，仅用物理方法生产加工制成的产品。适用 12 ～ 36 月龄幼儿食用，其能量和营养成分能满足正常幼儿的部分营养需要。

然后，尽管目前我国尚无明文规定何为婴幼儿配方食品临床试验，但是，我国法律及其配套文件对不同场域的临床试验可以认为有法律上的界定，比较法上也有类似界定（例如 ICH-GCP），均可以作为婴幼儿配方食品临床试验界定的参照。

第一，《中华人民共和国食品安全法》配套文件。依据 2017 年 10 月国家食品药品监督管理总局发布的《特殊食品验证评价技术机构工作规范》，特殊食品指保健食品、婴幼儿配方食品、特殊医学用途配方食品等；临床试验，指特殊医学用途配方食品临床试验。可见，该规范性文件中特殊食品包含了婴幼儿配方食品，但是其规范性文件中的临床试验的规范适用于特殊医学用途配方食品临床试验。2024 年 4 月 25 日，国家食品药品监督管理总局发布的《特殊医学用途配方食品临床试验质量管理规范》规定，临床试验（clinical trial），指以小体为对象的试验，以证实或揭示试验用特殊医学用途配方食品的安全性、营养充足性和特殊医学用途临床效果，目的是确定试验用特殊医学用途配方食品的营养作用与安全性。在特殊医学用途配方食品临床试验中，要求试验机构有试验机构资质。试验机构资质是指承担临床试验的机构应当具有医疗机构执业资格，具备药物临床试验条件，内设营养科室或与营养相关的专业科室。问题是，婴幼儿配方食品与特殊医学用途配方食品似乎属于并列概念，依据此规范不宜直接得出婴幼儿配方食品临床试验的定义，但鉴于同属特殊食品，二者的共性显著，故特殊医学用途配方食品临床试验的定义与其他相关要求可供婴幼儿配方食品临床试验参照使用。笔者认为，婴幼儿配方食品临床试验，可以指任何在正常婴幼儿进行配方食品的系统性研究，以证实或揭示婴幼儿配方食品的安全性、营养充足性，目的是确定婴幼儿配方食品的营养作用与安全性。在婴幼儿配方食品临床试验中，应当要求试验机构有试验机构资质。虽然目前从婴幼儿配方食品临床试验的整体考虑资质要求尚不明确，但可参照《特殊医学用途配方食品临床试验质量管理规范》规定的资质要求，在医疗机构开展对安全性、有效性等更加有所保障，笔者倾向于鼓励在医疗机构开展。但如具有与医疗机构相当条件的场所开展，也未尝不可。如果明显低于医疗机构的条件，因为婴幼儿的食品直接涉及其生命健康的安全和福祉，则需慎之又慎。

第二，依照《涉及人的生物医学研究伦理审查办法》第三条，本办法所称涉及人的生物医学研究包括以下活动：（一）采用现代物理学、化学、生物学、中医药学和心理学等方法对人的生理、心理行为、病理现象、疾病病因和发病机制，以及疾病的预防、诊断、治疗和康复进行研究的活动；（二）医学新技术或者医疗新产品在人体上进行试验研究的活动；（三）采用流行病学、社会学、心理学等方法收集、记录、使用、报告或者储存有关人的样本、医疗记录、行为等科学研究资料的活动。该条规定仅从外延角度列举了涉及人的生物医学研究的活动，因其含有“等”的开放式列举，故婴幼儿配方食品临床试验或研究应属于其范围之内，此类试验活动受此部门规章调整，此规定对婴幼儿配方食品临床试验的界定有法律参考意义。

第三，《涉及人的生命科学和医学研究伦理审查办法》对婴幼儿配方食品概念界定的助益。2023 年 2 月 18 日，国家卫健委、教育部、科技部、国家中医药局四个部门为保护人的生命和健康，维护人格尊严，尊重和保护研究参与者的合法权益，促进生命科学和医学研究健康发展，规范涉及人的生命科学和医学研究伦理审查工作，依据《中华人民共和国民法典》《中华人民共和国基本医疗卫生与健康促进法》《中华人民共和国科学技术进步法》《中华人民共和国生物安全法》《中华人民共和国人类遗传资源管理条例》等，联合发布了《涉及人的生命科学和医学研究伦理审查办法》，扩大了伦理审查的范围，适用于在中华人民共和国境内的医疗卫生机构、高等学校、科研院所等开展涉及人的生命科学和医学研究伦理审查工作。《涉及人的生命科学和医学研究伦理审查办法》做出了一些新的伦理审查规定，其第三条规定，本办法所称涉及人的生命科学和医学研究是指以人为受试者或者使用人（统称研究参与者）的生物样本、信息数据（包括健康记录、行为等）开展的以下研究活动：（一）采用物理学、化学、生物学、中医药学等方法对人的生殖、生长、发育、衰老等进行研究的活动；（二）采用物理学、化学、生物学、中医药学、心理学等方法对人的生理、心理行为、病理现象、疾病病因和发病机制，以及疾病的预防、诊断、治疗和康复等进行研究的活动；（三）采用新技术或者新产品在人体上进行试验研究的活动；（四）采用流行病学、社会学、心理学等方法收集、记录、使用、报告或者储存有关人的涉及生命科学和医学问题的生物样本、信息数据（包括健康记录、行为等）等科学研究资料的活动。从前述定义看，四部门的这个规范性文件仍采用了开放式列举的定义方式，当然可以涵摄婴幼儿配方食品的研究（包括临床试验），其当然属于涉及人的生命科学和医学研究，故婴幼儿配方食品临床试验活动应受《涉及人的生命科学和医学研究伦理审查办法》的调整。

第四，婴幼儿配方食品临床试验属于《科技伦理审查办法（试行）》中的科学研究，受其调整。为规范科学研究、技术开发等科技活动的科技伦理审查工作，强化科技伦理风险防控，促进负责任创新，依据《中华人民共和国科学技术进步法》《关于加强科技伦理治理的意见》等法律法规和相关规定，科技部、教育部、工业和信息化部、农业农村部、国家卫生健康委、中国科学院、中国社科院、中国工程院、中国科协、中央军委科技委十部门在2023年9月7日颁布了《科技伦理审查办法（试行）》。其第二条规定，开展以下科技活动应依照本办法进行科技伦理审查：（一）涉及以人为研究参与者的科技活动，包括以人为测试、调查、观察等研究活动的对象，以及利用人类生物样本、个人信息数据等的科技活动；（二）涉及实验动物的科技活动；（三）不直接涉及人或实验动物，但可能在生命健康、生态环境、公共秩序、可持续发展等方面带来伦理风险挑战的科技活动；（四）依据法律、行政法规和国家有关规定需进行科技伦理审查的其他科技活动。从该条款涉及的定义和适用范围可以看出，婴幼儿作为人，以其为研究参与者、以婴幼儿配方食品为研究产品的研究，属于科技活动，适用《科技伦理审查办法（试行）》。

第五，药物临床试验以及医疗器械临床试验法律界定对婴幼儿配方食品临床试验的参考意义。我国《药物临床试验质量管理规范》（GCP）规定，药物临床试验，指以人体（患者或健康受试者）为对象的试验，意在发现或验证某种试验药物的临床医学、药理学以及其他药效学作用、不良反应，或者试验药物的吸收、分布、代谢和排泄，以确定药物的疗效与安全性的系统性试验。ICH-GCP1.12 规定，（药物）临床试验/研究在人类对象进行的任何意在发现或证实一种试验用药品的临床、药理学和/或其他药效学作用；和/或确定一种试验用药品的任何不良反应；和/或研究一种试验用药品的吸收、分布、代谢和排泄，以确定药物的安全性和/或有效性的研究。术语临床试验和临床研究同义。《医疗器械临床试验质量管理规范》规定，医疗器械临床试验，是指在符合条件的医疗器械临床试验机构中，对拟申请注册的医疗器械（含体外诊断试剂）在正常使用条件下的安全性和有效性进行确认的过程。前述定义虽然是对药物、器械的临床试验作出的界定，但鉴于婴幼儿配方食品的营养成分等对婴幼儿健康、安全的重要性不亚于药物、医疗器械，食品、药品的立法精神均为“四个最严”，故其对婴幼儿配方食品临床试验的界定有参考意义，相关规定在特定情形的婴幼儿配方食品临床试验可参照适用。

第六，比较法上，以《美国联邦受试者保护通则》（《*Common Rule*》）为例，依据其 102（b）对婴幼儿配方食品临床试验的界定有着重要的参考意义：临床试验是指一项研究，其中将一个或多个人类受试者前瞻性地分配给一项或多项干预措施（可能包括安慰剂或其他对照），以评估干预措施对与生物医学或行为健康相关的结果的影响。显然，《美国联邦受试者保护通则》中的临床试验涵摄美国的婴幼儿配方食品临床试验。

第七，《中华人民共和国民法典》第一千零八条规定，为研制新药、医疗器械或者发展新的预防和治疗方法，需要进行临床试验的，应当依法经相关主管部门批准并经伦理委员会审查同意，向受试者或者受试者的监护人告知试验目的、用途和可能产生的风险等详细情况，并经其书面同意。该法律条款表明，临床试验应当体现“新”，如果是已经确证的非新药品、医疗器械、诊疗预防方法等，则因其并非属于临床试验而没有开展临床试验的必要，故此类活动不论以什么名义，也不符合临床试验“新”的内涵，而不得以临床试验的名义开展活动。简言之，不“新”的，不是临床试验。

综上，在列举前述主要相关的法律规范性文件后，本章尝试提出我们对于法律意义上的婴幼儿配方食品临床试验的定义，以供读者参考。本章所论及的婴幼儿配方食品临床试验，是以婴儿（0 ～ 6 月龄）、较大婴儿（6 ～ 12 月龄）或幼儿（12 ～ 36 月龄）为受试者的系统性试验或研究，研究者在具有适当资质的临床试验机构通过分析评估婴幼儿配方食品对婴幼儿健康生长发育的影响、婴幼儿配方食品的安全性以及营养均衡性等，以确定配方食品的能量和 / 或营养成分能否满足或者更好地满足婴幼儿的营养需要或者寻求配方食品的能量和 / 或营养成分与满足婴幼儿的营养需要之间的一般规律。本章中，婴幼儿配方食品临床试验与婴幼儿配方食品临床研究同义，有时简称为临床试验。

5.1.2 婴幼儿配方食品临床试验的基本原则

依据婴幼儿配方食品临床试验所应遵守的《食品安全法》及其配套文件、临床试验或涉及人的生物医学研究相关的法律、法规、规章、标准、规范、国际伦理准则（例如《赫尔辛基宣言》）等，本书认为，开展婴幼儿配方食品临床试验应当遵循的基本原则如下。

5.1.2.1 法律底线原则

法律是正义的最后一道防线，为了保护我国宪法明确规定的人权，维护人格尊严，我国不同级别的立法机关出台了相关的法律，当然涵摄婴幼儿配方食品临床试验法律、法规、规章，并依此制定了细化的标准、规范等，这些规范性文件均具有法律效力，是临床试验时必须坚守的道德底线。故本书认为，婴幼儿配方食品临床试验的首要性或者说前提性的基本原则就是法律底线原则，即婴幼儿配方食品临床试验不得违反国家法律、行政法规的强制性规定，不得违背公序良俗。违反这一原则，一般将突破道德底线，使得临床试验失去合法性与合道德性，最终严重侵害婴幼儿及其相关者的基本权利、人身安全、人格尊严等。因此，实践中不论试验的设计、施行，还是伦理审查，都首先要求临床试验不得违反法律、行政法规，不得违背公序良俗。

5.1.2.2 遵循伦理原则

在法律底线原则的基础上，作为涉及人的生命科学和医学研究，婴幼儿配方食品临床试验应当具有社会价值，遵循公认的伦理准则，例如尊重自主原则、有利原则、不伤害原则及公正原则。我国在规范性文件中的遵循伦理原则包括但不限于以下原则：（一）控制风险原则。临床试验的申办者、研究者等应当将受试者的人身安全、健康权益放在优先地位，其次才是考量科学利益和 / 或社会利益。研究风险与受益比应当合理，尽最大努力使受试者接受风险最小化的研究，力求避免受试者受到伤害，增进受试者的福祉。（二）知情同意原则。尊重和保障受试者的知情权和参加研究的自主决定权，严格履行知情同意程序，不得使用欺骗、利诱、胁迫、操纵等手段使受试者同意参加研究，保障受试者在任何阶段无条件退出研究的权利。（三）公平合理原则。应当公平、合理地选择受试者，入选与排除标准具有明确的生命科学和医学依据。应当公平合理分配研究受益、风险和负担。（四）不得收取费用和补偿、赔偿原则。对受试者参加研究不得收取任何与研究相关的费用，对于受试者在研究过程中支出的合理费用应当给予适当补偿。受试者受到研究相关损害时，应当得到及时的治疗且不得收取费用，并依据法律法规及双方约定得到补偿或者赔偿。（五）尊重隐私权及保护个人信息原则。切实保护受试者的隐私权，如实将受试者个人信息的储存、使用及保密措施等情况告知受试者并得到许可，未经授权不得将受试者个人信息向第三方透露。（六）伦理审查先行原则。依据相关规定，未经伦理审查批准，不得开展婴幼儿配方食品的临床试验。（七）儿童特殊保护原则。在婴幼儿配方食品临床试验中，涉及婴幼儿这一弱势群体的研究参与者，除其他法律规范的保护外，应当注意依照对这一群体给予特别保护的相关法律（例如未成年人保护法等）予以特别保护。伦理准则例如《赫尔辛基宣言》也体现了特殊保护原则，其指出，一些群体和个人特别脆弱，而且更有可能被虐待或遭受额外的伤害。所有的弱势群体都应得到特殊的保护。唯有这项研究是针对该人群的健康需要或是此人群优先关注的问题，并且这个研究在非弱势人群中无法开展的情况下，方能认为这项涉及弱势人群的医学研究是正当的。此外，该人群应当能从研究获得的知识、实践或干预措施中获益。这当然涵摄婴幼儿群体。

5.1.2.3　申办者（生产经营者）食品安全主体责任原则

一方面，申办者对试验涉及的食品安全全面负责。依据《食品安全法》第四条，食品生产经营者对其生产经营食品的安全负责。食品生产经营者应当依照法律、法规和食品安全标准从事生产经营活动，保证食品安全，诚信自律，对社会和公众负责，接受社会监督，承担社会责任。故申办者应对其投入临床试验的婴幼儿配方食品及对照食品的质量等全面负责。另一方面，申办者对试验全面负责，细化申办者（食品生产经营者）主体责任，在婴幼儿配方食品临床试验全过程，包括临床试验计划制订、方案设计、组织实施、监察、记录、受试者权益和安全保障、质量控制、数据管理与统计分析、临床试验总结和报告，切实承担申办者责任。

5.1.2.4　加强立法、加强监管原则

在婴幼儿配方食品临床试验中，涉及婴幼儿等弱势群体的研究参与者属于弱势群体，立法机关应加强立法，制定严谨的婴幼儿配方食品安全国家标准，不允许对婴幼儿配方产品制定食品安全地方标准；监管部门应依照相关法律对此类临床试验严格监督管理。

5.1.2.5 完善法律责任原则

依照我国法律规定，食品安全责任落实到人。违反相关规定的，依法追究申办者、研究者等相应的行政责任、刑事责任；受害人因此受到损害的，有权追究申办者、研究者的民事责任。对负有监管职责而违反法律的，除追究法律责任外，还应依政纪、党纪严肃问责。

5.1.3 婴幼儿配方食品临床试验法律框架

婴幼儿是家族的血脉传承、“祖国的花朵”，人类的未来，应受社会特别保护与关爱。且因其尚无行为能力、身体属于完全不能自理且处在生长发育的关键期等原因，在临床试验中属于当然的弱势群体，故应立法予以特别保护。婴幼儿配方食品属于特殊食品无需论证，在其临床试验中，既有食品的属性，也有直接关系到婴幼儿生命健康而类似于药品要求的属性，应遵循“四个最严”的立法精神，故既应适用《食品安全法》《消费者权益保护法》《未成年人保护法》《民法典》《个人信息保护法》等法律，又应按照或参照不同场域临床试验相关法律规定管理，主要包括法律、行政法规、地方法规、行政规章，也涉及依照广义法律制定的标准、规范等规范性文件，在婴幼儿食品临床研究中应予严格遵守，此乃法律底线原则以及前述其他基本原则的要求。

5.1.3.1 宪法

在《中华人民共和国宪法》第二章公民的基本权利和义务中，第三十三条规定，国家尊重和保障人权。第三十八条规定，中华人民共和国公民的人格尊严不受侵犯。这两个法条所保护的公民人权和人格尊严是临床试验中受试者权益保护包括婴幼儿权益保护的主要宪法根据。

5.1.3.2 法律

根据宪法，我国全国人大及其常委会制定具体的法律，保障受试者合法权益。主要包括：

第一，行政法律。例如《食品安全法》《基本医疗卫生与健康促进法》《医师法》《精神卫生法》《药品管理法》《传染病防治法》《数据安全法》《生物安全法》等，均适用于婴幼儿配方食品临床试验。其中，《食品安全法》及其配套文件，包括但不限于《中华人民共和国食品安全法实施条例》《食品生产许可管理办法》《食品经营许可和备案管理办法》《食品召回管理办法》《婴幼儿配方乳粉产品配方注册管理办法》等，构成婴幼儿配方食品临床试验中最为重要的食品安全法律体系之一；开展此类试验，首先应遵守《食品安全法》及其配套文件，例如三阶段婴幼儿配方食品的国家标准，未达到该国家标准的，不得开展婴幼儿配方食品临床试验。

第二，民事法律。例如《中华人民共和国民法典》《未成年人保护法》等。《中华人民共和国民法典》堪称私权利保护法，自然人包括婴幼儿的人身权、财产权等民事权利在参加临床试验后仍然得到同等保护，不因参加试验而必然克减，故临床试验应遵守民事法律。如有违约或侵权等，则须承担相应的民事法律责任。

第三，刑事法律。开展临床试验时构成犯罪的，应承担相应的刑事责任。例如《中华人民共和国刑法》的第三百三十四条的非法采集人类遗传资源、走私人类遗传资源材料罪。再如涉及食品类的犯罪等。

第四，综合法律。综合法律的法律条款中往往同时涉及民事活动、行政管理乃至引致刑法，故称为综合法律，例如《中华人民共和国个人信息保护法》。婴幼儿配方食品临床试验中，往往涉及婴幼儿的个人信息的处理。依据《个人信息保护法》第二十八条，敏感个人信息是一旦泄露或者非法使用，容易导致自然人的人格尊严受到侵害或者人身、财产安全受到危害的个人信息，包括生物识别、宗教信仰、特定身份、医疗健康、金融账户、行踪轨迹等信息，以及不满十四周岁未成年人的个人信息。因此，不论是婴幼儿的生物识别信息、医疗健康信息，还是就十四周岁以上自然人而言属于非敏感信息的个人信息，都属于婴幼儿的敏感个人信息，有些还属于私密信息，受隐私权保护，一言以蔽之，婴幼儿的任何个人信息均属于敏感个人信息，受《个人信息保护法》等法律特别保护。因此，《个人信息保护法》是婴幼儿配方食品临床试验中要特别注意遵守的一部法律。只有在具有特定的目的和充分的必要性，并采取严格保护措施的情形下，申办者、研究者（即个人信息处理者）方可开展研究、处理婴幼儿的敏感个人信息。违者则有民事责任、行政责任乃至刑事责任的法律风险。

5.1.3.3 行政法规

为了贯彻法律，国务院依据上位法制定了若干行政法规，在医学研究中应予遵守。例如，国务院依据上位法制定了《中华人民共和国食品安全法实施条例》《医疗机构管理条例》《中华人民共和国人类遗传资源管理条例》等行政法规。

5.1.3.4 部门规章

为了使法律、行政法规具有进一步的可操作性，主管部门往往会制定与法律和/或行政法规相应的部门规章，以进一步细化、建立、完善医学研究中受试者权益的保护体系，例如知情同意与伦理审查制度。部门规章的形式要件之一是必须由国务院主管部门首长签发；没有国务院主管部门首长签名的国务院主管部门发布的规范性文件则不属于部门规章，一般属于国家标准或规范。

与临床试验或研究关系较为密切的部门规章包括但不限于《涉及人的生物医学研究伦理审查办法》《药物临床试验质量管理规范》等。这些规章往往是开展临床试验、开展伦理审查最直接的依据。值得指出的是，依据《中华人民共和国立法法》，部门规章没有规定的或者部门规章之条款与上位法、行政法规相抵触的，应以上位法的规定为准。例如，《涉及人的生物医学研究伦理审查办法》第三十九条第二项关于免除知情同意/一揽子同意的规定与《个人信息保护法》《中华人民共和国人类遗传资源管理条例》等要求取得个人明确具体同意的规定相抵触，故该项规定无效。

5.1.3.5 其他法规、规章

自治区条例、地方法规、地方规章等法律规范性文件有与医学研究中以及诊疗活动中与受试者权益保护相关规定的，应予遵守。例如

《上海市数据条例》。

5.1.3.6 国家标准和规范

与任何其他伦理学或科学领域相比，科学研究尤其是涉及人的生命健康的食品、药品等临床试验或医学研究几乎都受到更为复杂和详细的法律、法规、规章、标准和指南等规范性文件的约束。法律、法规侧重于保护参与研究的个人，重点关注的是确保社会利益或研究人员对科学的热衷不会凌驾于研究参与者个人利益之上。多数情况下，研究是由国家标准或规范所指引，即国家主管部门等所制定的标准、规范、指南等明确细致地直接指引，而不常由全国人大及其常委会所颁布的较为原则笼统的法律或者国务院颁布的行政法规所直接指引。另外，有一些著名和极具影响力的国际准则（例如《赫尔辛基宣言》），也是我国所认可的涉及人的医学科学研究所须遵循的规则或原则，如前所述这些伦理准则在我国因其是对法律法规的细化，故也具有法律强制力，对其违反意味着可能招致法律法规所规定的法律制裁。简言之，国务院有关主管部门或者其授权委托的专业机构依照法律、行政法规、部门规章制定的强制性国家标准、规范、指南等规范性文件及公认的伦理准则，是开展临床试验必须要遵循的。例如，《信息安全技术　个人信息安全规范》；再如，国务院有关主管部门例如国家卫健委和/或国家药监局等为了加强临床试验或科学研究中的受试者权益保护，出台了若干规范性文件，包括但不限于十部门的《科技伦理审查办法（试行）》、四部门的《涉及人的生命科学和医学研究伦理审查办法》《特殊食品验证评价技术机构工作规范》、卫生部等5部门《关于三聚氰胺在食品中的限量值的公告》以及在婴幼儿配方食品生产方面、食品标签方面的国家标准等。前述国家标准或规范，虽不属于“广义的法律”，但因其是依照法律、法规或规章制定的细则性规范文件，故亦具有行政管理的法律效力，在医学研究中应予以遵守，违者则有相应的法律风险。特别需要强调的是，依照《中华人民共和国食品安全法》制定的食品安全国家标准中的《食品安全国家标准　婴儿配方食品》（GB 10765—2021）、《食品安全国家标准　较大婴儿配方食品》（GB 10766—2021）、《食品安全国家

标准　幼儿配方食品》（GB 10767—2021），是婴幼儿配方食品临床试验中所生产的试验食品、对照食品等食品的直接国家标准指引，应予遵照执行。

5.2　婴幼儿配方食品临床试验受试者的合法权益保护

5.2.1　受试者权益

36月龄以内的婴幼儿为婴幼儿配方食品临床试验受试者（即研究参与者）。受试者权益在婴幼儿配方食品临床试验中如何得到充分保护，是研究中最为重要的伦理问题和法律问题之一。依据《中华人民共和国宪法》《中华人民共和国民法典》《中华人民共和国个人信息保护法》《中华人民共和国基本医疗卫生与健康促进法》《中华人民共和国药品管理法》《中华人民共和国食品安全法》《中华人民共和国未成年人保护法》等法律，受试者权益包括但不限于：①宪法权利，宪法上的中华人民共和国公民的基本权利，特别是人权和人格尊严；②行政法等公法上的权利，例如《中华人民共和国基本医疗卫生与健康促进法》规定的公民健康权、知情同意权；③程序性的权利，例如《个人信息保护法》规定的个人在个人信息处理活动中的权利，随时撤回同意、退出研究的权利；④民事权利，一般的受试者权益保护主要涉及民事权利。民事权利包括人身权、财产权、其他合法权益。其中，人身权包括人格权与身份权。人格权在研究中尤其要注意保护，包括具体人格权与一般人格权；具体人格权包括生命权、身体权、健康权等物质性人格权和姓名权、肖像权、隐私权等精神性人格权。一般性人格权指的是尚不能称为具体性人格权的体现人格尊严的人格权利，例如自主决定权（即知情同意权）、受平等对待的权利。值得强调的是，在信息时代个人信息权益越来越受到广泛关注，个人信息权益是受试者越来越重要的人格权益，科研活动本质上就是个人信息处理活动，在包括科研活动的所有个人信息处理中受试者享有《个人信息保护法》等法律赋予的个人信息保护权。在临床试验中，本书认为受试者权益保护主要应强调以下几项权利。

5.2.1.1 受试者人身安全

受试者的人身安全主要涉及其物质性人格权（生命权、身体权、健康权）保护问题。婴幼儿食品的安全、营养等对于其健康发育乃至生命安全至关重要，故我国制定有《民法典》《食品安全法》《中华人民共和国消费者权益保护法》等法律对此予以严格保护，进而为了落实法律制定各级各类的配套性文件，形成了较为完备的食品安全体系及临床试验管理体系。例如，用于临床试验的婴幼儿配方食品应不低于相关的国家强制性标准，用于对照试验的食品亦应符合国家标准，不宜做安慰剂对照研究，以确保婴幼儿能量和营养成分的充分需求。

我国法律明确保护生命权。《中华人民共和国民法典》第一千零二条规定，自然人享有生命权。自然人的生命安全和生命尊严受法律保护。任何组织或者个人不得侵害他人的生命权。生命权是法律位阶最高的民事权利，故应在临床试验中必须采取有力措施予以保障。这就要求必须遵守婴幼儿食品安全以及临床试验的所有法律法规及其配套的标准和规范。第一千零三条规定，自然人享有身体权。自然人的身体完整和行动自由受法律保护。任何组织或者个人不得侵害他人的身体权。身体权保护的要求之一是开展试验涉及身体的，必须取得个人的明确同意，未经有效同意开展研究，有侵害自然人的身体完整和行动自由的法律风险，在英国，甚至认为这是侵害身体权的犯罪。第一千零四条规定，自然人享有健康权。自然人的身心健康受法律保护。任何组织或者个人不得侵害他人的健康权。健康权保护要求临床试验不得给婴幼儿带来身心健康方面的损害，应在具有社会价值、婴幼儿直接获益的预期下开展婴幼儿配方食品试验。

伦理准则也强调受试者的人身安全，例如《赫尔辛基宣言》明确规定，所有涉及人体受试者的研究在实施前，必须对参加研究的受试个体和群体，就预期的研究风险和负担，与带给他们及其他受到该研究疾病影响的个体或群体的可预见益处对比，进行谨慎评估。须采用使风险最小化的措施。风险必须得到研究者的持续监测、评估和记录。这些都是旨在保护受试者的生命权、身体权、健康权。

随着信息社会中的大数据技术、人工智能、基因科技等迅猛发展，隐私保护、个人信息保护越来越涉及受试者及其监护人等利益相关者的基本权利安全保障问题，故我国制定了《民法典》《个人信息保护法》《中华人民共和国数据安全法》《人类遗传资源管理条例》等隐私保护、个人信息保护的相关法律、行政法规。在所有涉及人的生物医学研究中（包括婴幼儿配方食品临床试验），研究参与者或者说受试者的安全不仅包括传统意义上的人身安全，也包括研究导致的隐私、个人信息泄露、公开等不当处理活动导致的人身安全风险与损害防范与处理。

5.2.1.2 受试者知情同意权

受试者知情同意权是指参与临床试验的个体在参与研究之前必须充分了解相关信息，并且基于自愿、理解和没有任何压力的情况下，做出知情同意的决定。这包括理解试验的目的、风险、可能的受益以及他们的权利和需要他们配合的事项等。我国法律明确规定了涉及人的生命科学和医学研究中的知情同意制度，以保障受试者知情同意权等合法权益，相关知情同意制度适用于婴幼儿配方食品的临床试验。

例如，为了发展医疗卫生与健康事业，保障公民享有基本医疗卫生服务，提高公民健康水平，推进健康中国建设，根据宪法，我国于2020年6月1日实施《中华人民共和国基本医疗卫生与健康促进法》，这是我国医疗卫生与健康促进的基本法律，其第三十二条规定，公民接受医疗卫生服务，对病情、诊疗方案、医疗风险、医疗费用等事项依法享有知情同意的权利。需要实施手术、特殊检查、特殊治疗的，医疗卫生人员应当及时向患者说明医疗风险、替代医疗方案等情况，并取得其同意；不能或者不宜向患者说明的，应当向患者的近亲属说明，并取得其同意。法律另有规定的，依照其规定。开展药物、医疗器械临床试验和其他医学研究应当遵守医学伦理规范，依法通过伦理审查，取得知情同意。可以认为，该法首次明确赋予了公民在医疗卫生与健康促进活动中享有知情同意权，婴幼儿配方食品临床试验属于医疗卫生与健康促进活动中的“药物、医疗器械临床试验和其他医学研究”，故当然享有知情同意权。

再如，为了保护民事主体的合法权益，调整民事关系，维护社会和经济秩序，适应中国特色社会主义发展要求，弘扬社会主义核心价值观，根据宪法，我国于 2021 年 1 月 1 日实施《中华人民共和国民法典》，其第五条规定了民事活动的自愿原则，“民事主体从事民事活动，应当遵循自愿原则，按照自己的意思设立、变更、终止民事法律关系。”临床试验属于民事活动，当然应遵循自愿原则，而自愿原则是知情同意权保护的原则之一，不自愿，则谈不上知情同意，甚至如果不自愿达到了被强制的程度或者被欺骗的程度，则会触发行政法律责任乃至刑事责任。《中华人民共和国民法典》第一百三十条规定，民事主体按照自己的意愿依法行使民事权利，不受干涉。该条基于保护自然人的自由意志而赋予自然人自主决定权，自主决定权与知情同意权可以视为同义词，即按照自己的意愿依法行使民事权利的权利，这是人格尊严权的重要体现，否则如康德所言，人将不再是目的，而沦为工具。自主决定权涵盖一切民事活动，当然也包括临床试验。《中华人民共和国民法典》第一千零八条规定，为研制新药、医疗器械或者发展新的预防和治疗方法，需要进行临床试验的，应当依法经相关主管部门批准并经伦理委员会审查同意，向受试者或者受试者的监护人告知试验目的、用途和可能产生的风险等详细情况，并经其书面同意。可见，该条特别规定了人体临床试验中的知情同意权，虽然其范围为新药、医疗器械或者发展新的预防和治疗方法，但是婴幼儿配方食品的重要性不亚于药品，故相关临床试验也可以此参照。

值得强调的是，知情同意权实质上包含同意权和不同意权两个向度，即在知情理解的基础上，婴幼儿监护人代理婴幼儿决定参加或不参加研究的权利，且无论是否参加，其福利待遇均不受任何不利影响。

5.2.1.3 隐私权和个人信息权益保护

除前述隐私、个人信息涉及婴幼儿及其监护人人身、财产安全考量外，法律明确规定保护受试者及其监护人隐私权（保密义务）、个人信息权益，以维护人格尊严。伦理准则例如《赫尔辛基宣言》也明确指出，必须采取一切防范措施保护研究受试者的隐私和并保守其个人信息的机密性。这是因应NBIC时代（纳米、基因、信息与认知科学技术融合的时代）研究中新挑战而需要强调的。目前有至少136个国家制定了个人信息保护法相关的法律，可作为立法参照的是GDPR（欧盟的《通用数据保护条例》），事实上，我国的《个人信息保护法》借鉴、吸收了大量的GDPR内容，堪称与国际接轨的法律（但科研中的广泛同意未被纳入，使得大数据研究中个人信息的二次使用的知情同意问题成为科研领域最令科研人员头疼的问题）。特别需要强调的是，在受试者个人信息保护及知情同意制度建设方面，可资借鉴的是《美国联邦受试者保护通则》（《Common Rule》）。依照《个人信息保护法》，往往在研究中需要制定特殊的个人信息保护政策，落实个人信息保护的法定义务。

5.2.1.4 随时退出试验权

在参加临床试验后的任何阶段，基于自然人是自己身体的绝对主人之自主决定权，受试者（婴幼儿由法定监护人代为行使权利）有权随时退出试验而其合法权益及福祉不受任何不利影响，此为我国法律所明确规定，也是伦理准则的基本要求，实践中已经成为基本的共识。

随时退出试验的权利是指参与试验或研究的自然人在任何时候都有权利自愿选择退出，而不必提供任何理由且不得受到任何负面影响。这个权利是基于尊重个体的自主权和尊严的原则，确保他们的权益受到保护。这意味着研究人员必须尊重参与者的意愿，停止对他们的实验或研究，同时也应该提供便利的退出方式和过程，以确保参与者可以轻松地退出而不受到任何压力或歧视。具体法律例如前述《中华人民共和国民法典》《中华人民共和国基本医疗卫生与健康促进法》等，伦理准则例如《赫尔辛基宣言》也有明确规定。

5.2.1.5 临床试验不得收取费用权

临床试验不得向受试者收取费用。研究参与者有权接受试验所需的服务、物品或诊断治疗而无须支付费用。这是确保研究参与者在做出知情同意的情况下能够充分受益并保护他们的权益的重要措施之一。我国法律明确规定，不得向参加临床试验的受试者收取试验费用，例如《中华人民共和国民法典》第一千零八条规定，为研制新药、医疗器械或者发展新的预防和治疗方法，需要进行临床试验的，应当依法经相关主管部门批准并经伦理委员会审查同意，向受试者或者受试者的监护人告知试验目的、用途和可能产生的风险等详细情况，并经其书面同意。进行临床试验的，不得向受试者收取试验费用。部门规章例如《涉及人的生物医学研究伦理审查办法》第十八条规定，“涉及人的生物医学研究应当符合以下伦理原则……（三）免费和补偿原则。应当公平、合理地选择受试者，对受试者参加研究不得收取任何费用，对于受试者在受试过程中支出的合理费用还应当给予适当补偿……”。笔者认为，法律规定的“不得向受试者收取试验费用”不同于部门规章“免费”，前者是从逻辑上看根本没有收费的依据和付费的义务，后者则隐含着本可收费或本应付费，但申办者或研究者“免费”提供试验所需的服务或试验食品的词句，具有隐含的诱导性，故笔者认为对此应予澄清。简言之，试验的知情同意书、招募资料不宜以“免费”字样来用作吸引受试者的手段。

除以上重点介绍的受试者合法权益外，受试者或潜在受试者还有以下权利：公平参加研究的权利保障、获得公平补偿的权利、个人在其信息被处理过程中的权利以及其他在具体研究中需要强调保护的受试者权益。

为了保护受试者权益，需要相应的制度保障和措施，婴幼儿配方食品临床试验中的受试者权益保护主要措施为知情同意制度与伦理审查，下文详述。

5.2.2 婴幼儿配方食品临床试验中的受试者知情同意制度

5.2.2.1 受试者知情同意制度的法律渊源

依据现行法律，婴幼儿对临床试验享有自主决定权或称知情同意权，但因其为无民事行为能力人，也不具备知情同意能力，故依法由法定监护人（一般为父母，与法定代理人同义）替代决策，监护人代为行使知情同意权；同时，对被监护人所欲参加或已参加的研究，监护人自身也享有知情同意权；为了保护受试者及其监护人的知情同意权，我国可以说已经建立了基本完善的知情同意法律制度，该制度的主要法律渊源为以下法律规范性文件。

第一，《中华人民共和国民法典》。例如，其第一千二百一十九条规定，医务人员在诊疗活动中应当向患者说明病情和医疗措施。需要实施手术、特殊检查、特殊治疗的，医务人员应当及时向患者具体说明医疗风险、替代医疗方案等情况，并取得其明确同意；不能或者不宜向患者说明的，应当向患者的近亲属说明，并取得其明确同意。医务人员未尽到前款义务，造成患者损害的，医疗机构应当承担赔偿责任。本书认为，该法条以及前述的第一千零八条可算作婴幼儿配方食品临床试验参照适用的法条。

第二，《中华人民共和国消费者权益保护法》。例如，其第八条规定，消费者享有知悉其购买、使用的商品或者接受的服务的真实情况的权利。消费者有权根据商品或者服务的不同情况，要求经营者提供商品的价格、产地、生产者、用途、性能、规格、等级、主要成分、生产日期、有效期限、检验合格证明、使用方法说明书、售后服务，或者服务的内容、规格、费用等有关情况。该条确立了消费者的知情权。再如，其第九条规定，消费者享有自主选择商品或者服务的权利。消费者有权自主选择提供商品或者服务的经营者，自主选择商品品种或者服务方式，自主决定购买或者不购买任何一种商品、接受或者不接受任何一项服务。消费者在自主选择商品或者服务时，有权进行比较、鉴别和挑选。该法条确立了消费者的自主决定权。笔者认为，婴幼儿配方食品临床试验不仅属于研究活动，同时也属于生活消费活动，故其适用这两个法条，婴幼儿配方食品临床试验应保障其知情权、自主选择权。临床试验性质决定不能保障其自主选择食品品种的，例如 RCT 研究，研究者应向受试者监护人予以充分说明，且试验组、对照组产品均不得低于国家标准，以保障婴幼儿的生命健康安全。

第三，《中华人民共和国基本医疗卫生与健康促进法》。例如，其第三十二条规定，公民接受医疗卫生服务，对病情、诊疗方案、医疗风险、医疗费用等事项依法享有知情同意的权利。需要实施手术、特殊检查、特殊治疗的，医疗卫生人员应当及时向患者说明医疗风险、替代医疗方案等情况，并取得其同意；不能或者不宜向患者说明的，应当向患者的近亲属说明，并取得其同意。法律另有规定的，依照其规定。开展药物、医疗器械临床试验和其他医学研究应当遵守医学伦理规范，依法通过伦理审查，取得知情同意。该法条确立了公民在接受医疗卫生服务过程中的知情同意权，且特别规定了“其他医学研究”的知情同意要求，适用婴幼儿配方食品临床试验。

第四，《中华人民共和国医师法》。例如，其第二十六条规定，医师开展药物、医疗器械临床试验和其他医学临床研究应当符合国家有关规定，遵守医学伦理规范，依法通过伦理审查，取得书面知情同意。婴幼儿配方食品临床试验应属于本条规定的其他医学临床研究。

第五，婴幼儿配方食品临床试验的知情同意可参照中华人民共和国《药物临床试验质量管理规范》（GCP）开展。GCP 规定，知情同意是指受试者被告知可影响其做出参加临床试验决定的各方面情况后，确认同意自愿参加临床试验的过程。该过程应当以书面的、签署姓名和日期的知情同意书作为文件证明。在婴幼儿配方食品临床试验中，受试者为婴幼儿，为无民事行为能力人，无知情同意能力，故应当在其监护人知情、理解后，由监护人在知情同意书上签名确认。关于知情同意过程，还应注意格式条款的提示说明义务。依据《民法典》第四百九十六条，格式条款是当事人为了重复使用而预先拟定，并在订立合同时未与对方协商的条款。采用格式条款订立合同的，提供格式条款的一方应当遵循公平原则确定当事人之间的权利和义务，并采取合理的方式提示对方注意免除或者减轻其责任等与对方有重大利害关系的条款，按照对方的要求，对该条款予以说明。提供格式条款的一方未履行提示或者说明义务，致使对方没有注意或者理解与其有重大利害关系的条款的，对方可以主张该条款不成为合同的内容。另，依据《民法典》第四百九十七条，有下列情形之一的，该格式条款无效：（一）具有本法第一编第六章第三节和本法第五百零六条规定的无效情形；（二）提供格式条款一方不合理地免除或者减轻其责任、加重对方责任、限制对方主要权利；（三）提供格式条款一方排除对方主要权利。故在制定知情同意书时，除了需要以显著、通俗易懂的方式、平实简洁的语言以帮助受试者监护人知情理解外，还应注意法律规定的避免格式条款无效的前述情形。

第六，《涉及人的生物医学研究伦理审查办法》《涉及人的生命科学和医学研究伦理审查办法》及《科技伦理审查办法（试行）》也细致规定了知情同意制度。

5.2.2.2 婴幼儿配方食品临床试验知情同意的事项要求

婴幼儿配方食品临床试验知情同意的事项即告知内容。在告知内容方面，可以说国内外法律一致要求，凡是符合理性人标准的事项或信息均为需要告知受试者的事项或信息。何谓理性人？我们可以参照罗尔斯（John Rawls）的看法。他认为，理性人首先应习惯于在发表观点前先去了解相关事实，不了解事实甚至歪曲事实仅凭直觉或偏好乃至立场发表意见难免是偏颇的；接下来，理性意味着这个人：①愿意运用归纳逻辑；②倾向于寻找支持和反对解决方案的理由；③具有开放的思想；④认真努力克服智力、情感和道德上的偏见。最后，理性人应“体谅地了解不同的人类利益，这些利益在特定情况下相互冲突，引发做出各种决策的需求”。在假设每个完全民事行为能力人为理性人的前提下，即可设立理性人标准。即在理性人的视角，他 / 她关心哪个信息，以利于他 / 她在知情理解后做出某一决策，例如参加还是不参加某一项临床试验，那么，能够如此影响理性人决策的信息就是符合理性人标准的信息，例如研究目的、风险、获益、需要配合的事项等，均为符合理性人标准的信息，需要在研究者充分告知后，在受试者充分知情理解后，由受试者做出真正的自主选择。而内容全面后，仍需注意知情同意的过程。在知情同意过程方面，研究者应对符合理性人标准的各个信息或事项均尽到合理的提示、说明义务。本书认为，依据我国现行法律，参考《美国联邦受试者保护通则》（《Common Rule》），结合我国临床试验实践，婴幼儿配方食品临床试验中知情同意应注意的内容和程序的事项具体如下。

（1）一般要求

① 在婴幼儿参与研究之前，研究人员必须获得其法定监护人的合法有效的知情同意。研究者开展研究前，应当获得监护人自愿签署的知情同意书；监护人不能以书面形式表示同意时，项目研究者应当获得其口头或其他形式的知情同意，并提交过程记录和证明材料。

② 只有在能够为监护人提供足够的机会来讨论和考虑是否参加研究，并且将强迫或不当影响的可能性降至最低的前提下，研究人员才能寻求知情同意。

③ 提供给监护人的信息应使用监护人可以理解的语言。知情同意书应当包含充分、完整、准确、具体的信息，并以受试者能够理解的语言、词句、符号、视频、图像、表格等表达，对专业术语应做出通俗易懂的解释。知情同意书不是简单的研究事实陈列，其体系构造及内容应有利于潜在受试者、受试者或者其合法代表的知情理解。

④ 必须向监护人提供一个理性人为了做出是否参加的知情决定而希望获取的信息，并有机会讨论该信息。此即为符合理性人标准（reasonable person standard）的信息。

⑤ 任何知情同意均不得包含任何免责用语，以使监护人放弃或似乎放弃受试者的任何合法权利，或减免或似乎减免研究者、保荐人、机构或其代理人的过失责任。

（2）知情同意的基本要素　在寻求知情同意时，应向每个监护人提供以下信息（包括但不限于）：

① 该项目涉及研究的说明、对研究目的和受试者参与研究的预期持续时间的解释、对所要遵循程序的描述以及对任何尚为试验性程序的界定；

② 对可合理预见的受试者风险或不适的描述；

③ 描述研究可能合理预期的对受试者或他人的任何获益；

④ 披露可能对受试者有利的适当替代程序或治疗方案（如有）；

⑤ 描述可以在多大程度上保持可识别受试者记录的机密性（如有）；

⑥ 对于涉及大于最小风险的研究，应解释在发生伤害时是否可以

得到任何补偿和解释，以及是否可以得到任何医疗服务，如果有的话，其组成是什么，或者从何处可以获得进一步的信息；

⑦ 对与研究及受试者权利相关问题的解答应与谁联系的释明，以及在发生与研究相关的受试者损伤时应与谁联系的释明；

⑧ 关于参加研究是自愿的、拒绝参加不会导致受试者受到任何惩罚或遭受任何本应享有的利益损失，并且受试者可以随时退出研究而不会遭受任何惩罚或本应享有的任何利益损失；

⑨ 关于涉及可识别私人信息或可识别生物标本收集的任何研究的以下陈述之一：（i）声明可能会从可识别私人信息或可识别生物标本中删除标识符，并且在删除这些信息后，该信息或生物标本可用于未来研究，或在未征得受试者或其合法授权代表另外知情同意的情况下分享给其他研究者以进行未来研究（如果这可能会令人生厌）；（ii）声明即使已删除作为研究的一部分而收集的受试者信息或生物标本标识符，也不会将其用于未来研究。

（3）知情同意的其他内容　还应在适当情况下向每个受试者或其合法授权代表提供以下一个或多个信息元素：

① 说明特定治疗或程序可能涉及受试者目前无法预料的风险；

② 预期的情况，调查人员可能在不考虑监护人是否同意的情况下终止受试者的参与；

③ 参与研究可能给监护人带来的任何额外费用；

④ 监护人决定退出研究的后果以及有序终止受试者参与的程序；

⑤ 声明将向受试者提供在研究过程中发现的与受试者是否继续参与的意愿有关的重要新发现；

⑥ 参与研究的大概人数；

⑦ 声明受试者的生物标本（即使标识符被删除）可能用于商业利益，以及受试者是否会分享此商业利益；

⑧ 关于是否将临床相关研究结果（包括单个研究结果）披露给受试者的陈述，如果是，则在什么条件下披露；

⑨ 对于涉及生物标本的研究，该研究是否将包括（如果已知）或可能包括全基因组测序（即对人类种系或人体标本进行测序，以生成该

标本的基因组或外显子组序列）。

（4）关于广泛同意　值得注意的是，我国现行法律并未明确支持对于可识别私人信息或可识别生物标本的存储、维护和二次研究使用而采用广泛同意模式，但比较法上看一些国家的法律是可以的，例如《美国联邦受试者保护通则》，其规定如下：研究者还可以对可识别私人信息或可识别生物标本（为所建议研究以外的研究或非研究目的而收集）的存储、维护和二次研究使用采取广泛同意，用以替代前述（二）款和（三）款中的知情同意要求。如果要求监护人提供广泛同意，应向每个受试者或其合法授权代表提供以下内容。

① 对可合理预见的受试者风险或不适的描述；描述研究可能合理预期的对受试者或他人的任何获益；描述可以在多大程度上保持可识别受试者记录的机密性（如有）；关于参加研究是自愿的、拒绝参加不会导致受试者受到任何惩罚或遭受任何本应享有的利益损失，并且受试者可以随时退出研究而不会遭受任何惩罚或本应享有的任何利益损失；（如适用）声明受试者的生物标本（即使标识符被删除）可能用于商业利益，以及受试者是否会分享此商业利益；（如适用）对于涉及生物标本的研究，该研究是否将包括（如果已知）或可能包括全基因组测序（即对人类种系或人体标本进行测序，以生成该标本的基因组或外显子组序列）。

② 可以使用可识别私人信息或可识别生物样本进行的研究类型的一般描述。该描述必须包括足够的信息，以便理性人可以预见到广泛同意将允许进行的研究类型。

③ 对可能用于研究的可识别私人信息或可识别生物样本的描述，是否可能会发生可识别私人信息或可识别生物样本的共享，以及可能使用可识别私人信息或可识别生物进行研究的机构或研究人员的类型。

④ 对可识别私人信息或可识别生物标本可以存储和维护期间的描述（该期间可以是不确定的），以及可识别私人信息或可识别生物样本可用于研究目的的期间的说明（该期间可以是不确定的）。

⑤ 除非会向受试者或其合法授权代表提供有关特定研究的详细信息，否则声明不会告知他们可能会使用受试者的可识别私人信息或可识

别生物样本进行的任何特定研究的详细信息，包括研究的目的，以及他们可能选择不同意其中一些特定的研究。

⑥ 除非已知在任何情况下都会向受试者披露临床相关的研究结果，包括个人研究结果，否则不得声明将此类结果告知受试者。

⑦ 解释由谁对有关受试者权利以及受试者可识别私人信息或可识别生物标本的存储和使用问题予以释明；以及发生与研究相关的伤害时应与谁联系。

由此可见，即便是允许广泛同意的美国，对于广泛同意也是有着严格限制的，可以说只有在具体同意不可行的情况下，才可在满足法定条件下采用广泛同意，不得滥用。在我国目前尚未采纳广泛同意，故在我国开展的婴幼儿配方食品临床试验尚不能采用广泛同意，只能就特定目的在取得受试者具体同意后方可开展研究。下文的个人信息保护部分对此再予以详述。

（5）免除同意　符合法定条件的研究，可以免除同意，包括但不限于：

① 为履行法定职责或者法定义务所必需；

② 为应对突发公共卫生事件，或者紧急情况下为保护自然人的生命健康和财产安全所必需；

③ 为公共利益实施新闻报道、舆论监督等行为，在合理的范围内处理个人信息；

④ 法律、行政法规规定的其他情形。但仍应尽可能保障受试者的知情权以及《个人信息保护法》所规定的受试者在处理其个人信息活动中享有的个人信息受保护的权利，故除非法律规定可以免除，研究者仍应履行告知义务。

5.2.2.3　我国几个重要规范性文件所规定的知情同意制度简述

我国目前主要的关于科学研究的规范性文件为《涉及人的生物医学研究伦理审查办法》《涉及人的生命科学和医学研究伦理审查办法》及《科技伦理审查办法（试行）》，均不同程度地适用于婴幼儿配方食品临床试验，与前文的知情同意制度大同小异，但因为这三个文件属于直接的规范性文件，尽管还有诸多不足，但本书认为确有必要提及，故做简要介绍，读者可依据拟开展的临床试验的具体情形对这些规定的条款选择适用、交叉使用。

（1）知情同意书的获取方式及形式　研究者开展研究前，应当获得研究参与者自愿签署的知情同意书。研究参与者不具备书面方式表示同意的能力时，研究者应当获得其口头知情同意，并有录音录像等过程记录和证明材料。研究参与者为无民事行为能力人或者限制民事行为能力人的，应当获得其监护人的书面知情同意。获得监护人同意的同时，研究者还应该在研究参与者可理解的范围内告知相关信息，并征得其同意。

（2）知情同意书　知情同意书应当包括但不限于以下内容：研究目的、基本研究内容、流程、方法及研究时限；研究者基本信息及研究机构资质；研究可能给受试者、相关人员和社会带来的益处，以及可能给受试者带来的不适和风险；对受试者的保护措施；研究数据和受试者个人资料的使用范围和方式，是否进行共享和二次利用，以及保密范围和数据安全措施；受试者的权利，包括但不限于自愿参加和随时退出、知情、同意或不同意、保密、必要费用的适当补偿、受损害时获得免费治疗、补偿或赔偿、新信息的获取、新版本知情同意书的再次签署、获得知情同意书副本等；受试者在参与研究前、研究过程中和研究后的注意事项；研究者联系人和联系方式、伦理审查委员会联系人和联系方式、发生问题时的联系人和联系方式；研究持续的时间和参加研究的受试者大致人数；研究结果是否会反馈受试者；告知受试者可能的替代方案及其主要的受益和风险等情况；涉及人的生物样本采集的，还应当包括样本的种类、数量、用途、保藏、利用（包括是否直接用于产品开发、共享和二次利用）、隐私保护、对外提供、销毁等处理个人信息的相关内容。

（3）知情同意过程　在知情同意获取过程中，研究者应当按照知情同意书内容向受试者逐项具体说明。研究者应当给予受试者充足的时间理解知情同意书的内容，由受试者作出是否同意参加研究的决定并签署知情同意书。

当发生下列情形时，研究者应当再次取得受试者的知情同意：与受试者相关的研究内容发生变化的；利用过去用于诊断、治疗的有身份标识的样本或数据进行研究的；生物样本数据库中有身份标识的人体生物样本或者相关临床病史资料进行研究，超出知情同意范围的；前期已有研究知情同意，但用于授权范围以外的研究的；受试者民事行为能力提高的。简言之，我国并不认可广泛同意，原则上只能就具体特定的目的取得受试者具体特定的同意。

（4）免除征询知情同意　除另有规定外，以下情形经伦理审查委员会审查同意后，可以免除征询知情同意的要求：利用可识别身份信息的人的生物样本或者数据进行研究，已无法找到该受试者取得其知情同意，研究采取充分措施保护个人信息，且不涉及个人隐私和商业利益的。

至于“生物样本捐献者已经签署了知情同意书，同意所捐献样本及相关信息可用于所有医学研究的”，目前因不符合《个人信息保护法》的要求，故而有人认为属于“合理但不合法”的情形，有待立法明确。

5.2.2.4 《赫尔辛基宣言》的知情同意规定

有知情同意能力的个体作为受试者参加医学研究必须是自愿的。尽管同其家人或社区首领进行商议可能是合适的，除非他或她自由表达同意，否则不得将有知情同意能力的个体纳入研究之中。

涉及有知情同意能力受试者的医学研究，每位潜在受试者必须被充分告知：研究目的、方法、资金来源、任何可能的利益冲突、研究人员的机构隶属关系、研究预期的获益和潜在的风险、研究可能造成的不适、试验结束后的条款，以及任何与研究有关的其他信息。潜在受试者必须被告知有拒绝参加研究或随时撤回同意参加研究的意见而不会因此受到不当影响的权利。应特别关注个体潜在受试者对于特定信息的需求，以及传递信息所用的方式。在确保潜在研究受试者理解了告知信息后，医生或其他适当的有资格的人员必须寻求其自主的知情同意，最好是书面形式。如果不能以书面形式表达同意，非书面同意必须被正式记录并有见证。所有医学研究的受试者有权选择是否被告知研究的一般性结局和结果。

在寻求参与研究项目的知情同意时，如果潜在受试者与医生有依赖关系，或存在可能会受有压力而被迫表示同意的情况，医生应特别谨慎。在这些情况下，必须由一个适当的有资格且完全独立于这种关系之外的人来寻求知情同意。

对无知情同意能力的潜在受试者，医生必须寻求其法定代理人的知情同意。上述潜在受试者绝不能被纳入到一个不可能带给他们益处的研究中，除非研究旨在促进该潜在受试者所代表的人群的健康，且研究不能用有知情同意能力的受试者来替代进行，同时研究仅造成最小风险和负担。

当一个被认为无知情同意能力的潜在受试者能够做出赞同参加研究的决定时，医生除了寻求法定代理人的同意之外，还必须寻求该受试者的赞同意见。该潜在受试者做出的不赞同意见应予以尊重。

研究涉及因身体或精神状况而不能做出同意意见的受试者时，如无意识的患者，唯有在阻碍给出知情同意的身体或精神状况正是该研究目标人群的一个必要特征时，研究方可开展。这种情况下，医生应寻求法定代理人的知情同意。如果无法联系到法定代理人，而且研究不能延误时，研究可以在没有获得知情同意的情况下进行。前提是，研究方案中陈述了需要纳入处于不能做出同意意见情况下的受试者的特殊理由，且该研究已得到了伦理委员会的批准。研究者必须尽早地从受试者或法定代理人处获得继续参与研究的同意意见。

医生必须完全告知患者医疗中的哪些方面与研究有关。绝不能因患者拒绝参加研究或决定退出研究而对医患关系造成不利影响。

对于使用可识别身份的人体材料或数据的医学研究，例如采用生物标本库或类似来源的材料或数据，医生必须寻求受试者对其采集、储存和/或二次利用的知情同意。可能有一些例外的情况，如对这类研究而言，获得受试者同意已不可能或不现实。在这样的情况下，唯有经研究伦理委员会审查并批准后，研究方可进行。

试验开始前，申办方、研究者和试验所在国政府应针对那些研究结束后对试验中业已证实的有益干预仍有干预需求的受试者，就如何获取这些干预拟定条款。这些信息应在知情同意过程中向受试者披露。

5.2.3 婴幼儿配方食品临床试验的伦理审查制度

5.2.3.1 伦理委员会

婴幼儿配方食品临床试验属于涉及人的生物医学研究，在开展试验前，应取得依法设立的伦理审查委员会的同意（与批准同义）。伦理委员会的职责包括：①保护受试者合法权益，保障受试者人身安全，维护受试者人格尊严，是伦理委员会的首要职责；②促进涉及人的生命科学和医学研究规范开展；③对本机构或委托机构开展的涉及人的生命科学和医学研究项目进行伦理审查，包括初始审查、跟踪审查和复审等；④公共利益可能受损的，充分论证，进行权益平衡；⑤法律规定的其他职责。

伦理审查委员会应依照法定的程序开展审查工作。伦理审查委员会应当建立伦理审查工作制度、标准操作规程，健全利益冲突管理机制，保证伦理审查过程独立、客观、公正。

伦理审查委员会开展伦理审查，应当要求申请人提供审查所需材料，并根据职责对研究方案、知情同意书等文件提出伦理审查意见。

5.2.3.2 伦理审查

涉及人的生命科学和医学研究应当具有社会价值，不得违反相关法律、行政法规，遵循国际公认的伦理准则。

婴幼儿配方食品临床试验项目的负责人（研究者）在申请伦理审查时应当向伦理审查委员会提交下列材料：①项目材料诚信承诺书；②伦理审查申请表；③研究人员信息、研究项目所涉及的相关机构的合法资质证明以及研究项目经费来源说明；④研究项目方案、相关资料，包括文献综述、临床前研究和动物实验数据等资料；⑤受试者知情同意书；⑥样本、信息的来源证明等；⑦科学性论证意见；⑧利益冲突声明；⑨受试者招募广告及其发布形式；⑩科研成果的发布形式说明；⑪ 伦理审查委员会认为需要提交的其他相关材料。

伦理审查委员会收到申请材料后，应当及时组织受理研究的伦理审查，并重点审查以下内容：①研究是否符合法律、法规、规章、标准、规范的要求；②研究者的资格、经验、技术能力等是否符合研究要求；③研究方案是否科学，并符合公认的伦理原则的要求，例如《赫尔辛基宣言》；④受试者可能遭受的风险程度与研究预期的受益相比是否在合理范围之内，包括社会受益与风险的权衡与审核；⑤知情同意书提供的有关信息是否充分、完整、通俗易懂，获得知情同意的过程是否合规、恰当；⑥受试者个人信息及相关资料的保密措施、数据安全措施等是否充分；⑦受试者招募方式、途径、纳入和排除标准是否恰当、公正；⑧是否向受试者具体、明确告知其应当享有的权益，包括在研究过程中可以随时无理由退出且不受歧视的权利，告知退出研究后的影响、其他治疗方法等；⑨受试者参加研究的合理支出是否得到了适当补偿，受试者参加研究受到损害时，给予的治疗、补偿或赔偿是否合理、合法；⑩是否有具备资格或者经培训后的研究者负责获取知情同意，并随时接受有关安全等问题的咨询，并给予充分解答；⑪ 对受试者在研究中可能承受的风险是否有预防和应对措施；⑫ 研究是否涉及利益冲突；⑬ 研究是否涉及社会敏感的伦理问题；⑭ 研究结果是否发布，方式、时间是否恰当；⑮ 需要审查的其他重点内容。

伦理审查委员会委员与研究存在利益冲突的，应当回避。伦理审查委员会应当要求与研究存在利益冲突的委员回避审查。

伦理审查委员会同意研究项目的基本标准是：①研究具有科学价值和社会价值；②尊重受试者合法权益，保护受试者隐私和个人信息；③研究方案科学合理；④受试者招募、选择合理、公正；⑤风险与受益比合理，风险最小化，保护最大化；⑥知情同意的内容和过程符合法律规定及伦理规范、有效；⑦与研究机构和研究人员能力相适应；⑧对研究结果发布方式和时间的安排合理；⑨遵守科研规范与诚信。

伦理审查委员会应当对审查或跟踪审查的研究项目作出同意、不同意、修改后同意、修改后再审、继续研究、暂停或者终止研究的决定，并说明理由。

伦理审查一般以会议形式举行。情况紧急的，可采用网络会议及其审查程序。

伦理审查委员会作出决定应当得到超过伦理审查委员会全体委员二

分之一的同意。委员应当对研究所涉及的伦理问题进行充分讨论后投票，意见必须记录在案。

经伦理审查委员会同意的研究项目需要修改研究方案、知情同意书、招募材料、提供给受试者的其他材料等时，研究负责人应当将修改后的文件再报伦理审查委员会审查；所修改文件未获得伦理审查委员会审查同意的，不得开展研究工作。

研究风险不大于最小风险的研究，已批准的研究方案作较小修改且不影响研究风险受益比的，可以申请简易程序审查。

简易程序审查可以由伦理审查委员会主任委员或者由其指定的两个或以上委员进行审查。审查结果和理由应当在下次伦理审查会议上报告伦理审查委员会。伦理审查委员会委员对审查结果有不同意见的，应当转入会议审查。

经伦理审查委员会同意的研究项目在实施前，研究项目负责人、机构伦理审查委员会和机构应当将该研究、伦理审查意见、机构审核意见等信息按国家医学研究登记备案信息系统要求如实、完整、准确上传，并根据研究进展及时更新信息。鼓励研究项目负责人、机构伦理审查委员会和机构在研究项目管理过程中实时上传信息。

在研究过程中，研究者应当将发生的严重不良事件在获知后 24h 内向机构伦理审查委员会报告；伦理审查委员会应当及时审查，以确定研究者采取的保护受试者人身安全与健康权益的措施是否充分，并对研究风险与受益比进行重新评估，出具审查意见。

对已同意实施的研究项目，研究者应当按照要求及时提交研究进展、方案偏离、暂停、终止、研究完成等各类报告。

机构伦理审查委员会应当按照研究者提交的相关报告进行跟踪审查。跟踪审查包括以下内容：是否按照已同意的研究方案进行研究并及时报告；研究过程中是否擅自变更项目研究内容；是否增加受试者风险或显著影响研究实施的变化或新信息；是否需要暂停或者提前终止研究项目；其他需要审查的内容。

跟踪审查的委员不得少于 2 人，跟踪审查情况应当在下次伦理审查会议上报告伦理审查委员会，跟踪审查过程中发现严重问题的，应当立刻向伦理审查委员会报告。

在多个机构开展的研究可以建立伦理审查协作机制，确保各机构遵循一致性和及时性原则。牵头机构和参与机构均应当组织伦理审查。参与机构的伦理审查委员会在充分了解研究的整体情况后可以简易审查程序认可牵头机构伦理审查结论。参与机构的伦理审查委员会应当及时对本机构参与的研究伦理情况进行跟踪审查。

机构与企业等其他机构合作开展婴幼儿配方食品临床试验或为企业等其他机构开展研究提供人的生物样本、数据的，机构应当充分了解研究的整体情况，通过伦理审查、开展跟踪审查，以协议方式明确生物样本、数据的使用范围、处理方式，并在研究结束后监督其妥善处置。

学术期刊在刊发涉及人的生命科学和医学研究成果的，应当确认该研究项目经过伦理审查委员会同意。研究者应当提供相关证明，否则不得发表。

伦理审查委员会独立开展项目伦理审查工作，任何机构和个人不得干预伦理审查委员会的伦理审查过程及审查决定。

5.2.3.3 临床试验中的个人信息保护

《中华人民共和国个人信息保护法》(下称《个保法》)，于 2021 年 11 月 1 日生效。依据《个保法》第三条，我国采取“长臂管辖”，中国境内的科研活动、在境外对我国境内的自然人个人信息处理的科研活动，适用《个保法》。时间效力上，2021 年 10 月 31 日前处理个人信息的，不适用《个保法》；但尚未完成研究、仍需继续处理个人信息的，适用《个保法》；2021 年 11 月 1 日以后开始的科研处理个人信息的，适用《个保法》。简而言之，《个保法》的生效对我国的科研活动包括婴幼儿配方食品临床试验影响重大，这也是伦理审查的重要内容。

（1）临床试验中个人信息权益保护的强化与个人信息处理中的权益平衡

① 个人信息的定义采用关联说。《民法典》第一千零三十四条规定，个人信息是以电子或者其他方式记录的能够单独或者与其他信息结合识别特定自然人的各种信息。此被认为是个人信息定义的识别说，《网络

安全法》亦同。不同于《民法典》的识别说，《个保法》第四条做出了新的规定：个人信息是以电子或者其他方式记录的与已识别或者可识别的自然人有关的各种信息，不包括匿名化处理后的信息。可见，《个保法》采用关联说，此与欧盟《通用数据保护条例》（GDPR）相同（见GDPR 第四条关于个人数据的定义）。识别说的路径为“从信息到特定人”，即通过分析某信息是否可以“以电子或者其他方式记录的能够单独或者与其他信息结合识别到特定自然人”，以此判断是否为个人信息。关联说则为“从个人到信息”的路径，即以“已识别或者可识别的自然人”为起点，与其“有关的各种信息，不包括匿名化处理后的信息”即为个人信息。关联说较识别说对个人信息的认定范围似乎更加广泛。在法律适用上，鉴于《个保法》与《民法典》是新法与旧法、特别法与一般法的关系[1]，《个保法》应优先适用。概而言之，在研究中界定个人信息，尽管有学者认为关联说与识别说实质差别不大[2]，所界定的信息范围基本相同，但笔者认为毕竟二者存在路径的差异，直接影响实际操作，故宜优先适用《个保法》之关联说。其对研究的影响是不再按照识别说的信息能否用于识别受试者的路径考虑，而是强调信息是否与受试者有关，如有关，除非已经不能复原，该信息即为个人信息。例如，去识别的编码信息在《个保法》看来仍为个人信息而继续受《个保法》保护。

② 科研中的受试者个人信息权益保护的强化。张新宝教授首次提出《个保法》应体现“两头强化，三方平衡”[3]，殊值赞同。但是鉴于个人信息处理活动不仅仅限于个人、个人信息处理者、国家三方利益，尚可能涉及其他合法权益，例如社会公共利益、人格权益准共有利益[4]、科学利益乃至全人类利益，故笔者认为用“两头强化，多方平衡”似更为精当。“两头强化”指的是强化个人信息权益与国家利益。“多方平衡”指的是多方利益的平衡，包括但不限于：个人信息权益，通说认为是人格权益；人格权益准共有利益；个人信息处理者的合法权益，主要为财产利益，例如申办者、研究者的财产权益；社会公共利益；国家利益，《个保法》第三章专门规定了个人信息跨境提供的规则（第三十八条至第四十三条），结合《生物安全法》《人类遗传资源管理条例》等法律、

行政法规之相关规定，可以看出包括《个保法》在内的现行法律体系强化在个人信息处理中的国家利益。有的研究，例如人类基因组研究、新冠肺炎疫苗研究，甚至可能涉及全球人类共同利益，亦应在平衡之列。

③ 原则驱动下的个人信息保护法。《个保法》是个人信息保护原则所驱动的法律，包括：第五条的合法、正当、必要和诚信原则；第六条的目的限制原则、最小必要原则、比例原则；第七条的公开、透明原则；第八条的质量原则；第九条的责任与安全原则。此与五大国际原则一致，即个人信息权利保护原则、限制性原则、公开性原则、数据质量原则、责任与安全原则[5]。这些原则对科研活动的影响是直接的。例如，依目的限制原则，仅基于诊疗目的“既往病历资料”不得在无合法依据时用于研究目的；未经患者知情同意，亦无法律许可情形，虽经伦理审查委员会批准将原初基于诊疗目的“既往病历资料”用于科学研究的，属于秘密处理患者个人信息，违反了公开、透明原则。之所以说这些原则“驱动”了个人信息保护法，不仅是因其自身含义就具有应遵守性，更是因立法者将每个原则细化成为《个保法》的个人信息处理规则、个人信息处理者法定义务、个人在个人信息处理中的权利及保障、监管措施、法律责任等具体的规则，让包括科研活动在内的个人信息处理活动有明确规则可循。

（2）知情同意规则是保护受试者个人信息权益的首要规则

① 取得受试者同意是个人信息处理的原则性合法依据。

处理者对自然人的个人信息进行收集、存储、使用、加工、传输、提供、公开、删除等行为，客观上就构成对自然人个人信息权益的侵入或干扰，破坏了法秩序，具有（暂时认定的）非法性。要排除这种非法性，就必须具备法律上的正当性。依据《个保法》第十三条，要么取得自然人的同意，要么符合法律、行政法规的不需要取得同意的情形，即符合法定许可情形，否则即为非法处理，科研也不例外。

实践中，有研究申请豁免知情同意，如符合《个保法》相关规定，可依法免除同意，包括三种情形：需要告知但无需同意的情形 [《个保法》第十三条第（二）～（七）项的某些情形]；无须向个人告知的情形，包括《个保法》第十八条第一款、第五十七条第二款第一句；事后告知的情形，即《个保法》第十八条第二款规定的情形。

综上，取得受试者同意是科研中个人信息处理的原则性合法依据，除法律、行政法规规定可以免除同意的情形外，不得豁免知情同意。

②《个保法》的“同意”为明确同意。

《个保法》第十四条规定，基于个人同意处理个人信息的，该同意应当由个人在充分知情的前提下自愿、明确作出。可见，《个保法》中的同意之构成要件为：充分知情为前提；自愿；明确。因此，《个保法》上的同意就是明确同意。所谓同意是明确的，要求个人是以清晰、明白而非含糊的、模棱两可的方式表示同意。例如 GDPR 导言第 32 条就指出“处理个人数据之前，应征得数据主体的同意，通过清楚明确的行为自愿表明同意对其个人数据进行处理，例如通过书面形式（包括电子形式）或口头声明……默示、预选框或者不作为不构成同意”。科研活动中的个人信息处理之同意，只能是明确同意，即只能是以书面或语言等积极行为明确表示参加研究，默示同意、沉默、假定同意（OPT-OUT）、一揽子同意等均不适用于科研活动的个人信息处理知情同意。

③ 科研活动中的单独同意。

依据《个保法》第十四条，法律、行政法规规定处理个人信息应当取得个人单独同意或者书面同意的，从其规定。《个保法》此处提出的单独同意，为中国《个保法》的特色，比较法上未见相同表述。《个保法》所要求取得单独同意的个人信息处理，应与其他信息处理事项区分开来，而不是混为一体，须单独设立信息主体是否同意的选项，由信息主体充分知情、理解后作出明确的自主决定。依据《个保法》，单独同意的情形有五类：第二十三条规定的处理者向其他处理者提供个人信息；第二十五条规定的处理者公开个人信息；第二十六条规定的将在公共场所安装图像、个人信息识别设备所收集的个人图像、身份识别信息用于维护公共安全之外的其他目的；第二十九条的处理敏感个人信息；第三十九条规定的向我国境外提供个人信息。这些情形均是对个人权益有重大影响的个人信息处理活动。科研活动中符合这五种情形的，例如敏感个人信息的处理，应在知情同意书中设计单独选项，以与其他需要知情同意的事项区分开来，供受试者选择。

④ 科研活动中的书面同意。

依据《个保法》第十四条，法律、行政法规规定处理个人信息应当取得个人单独同意或者书面同意的，从其规定。例如，《民法典》第一千零六条规定了人体组成成分捐献书面同意；《民法典》第一千零八条规定人体临床试验经受试者书面同意；《药品管理法》第二十一条规定了实施药物临床试验的书面同意；《人类遗传资源管理条例》第十二条规定了采集我国人类遗传资源须征得人类遗传资源提供者书面同意。法律、行政法规之所以采取书面同意，主要有两方面的作用，一是警戒作用，因事关重大，例如捐献人体组成成分，促使受试者 / 捐献者慎重考虑；二是证据作用[6]，有书面同意可以证明研究者等尽到了告知义务。值得注意的是，结合前述单独同意的五种情形（《个保法》第二十三、二十五、二十六、二十九、三十九条），对“个人权益有重大影响的个人信息处理活动”且有法律行政法规明确要求的，应采用书面的单独同意，此应是最严格的同意形式。

⑤ 科研活动中的重新同意。

《个保法》第十四条第二款规定，个人信息的处理目的、处理方式和处理的个人信息种类发生变更的，应当重新取得个人同意。例如，基于诊疗目的的病历资料，如欲改变目的为医学科研，则应取得重新同意；再如，设定某一具体目的的医学研究，如欲改变目的，亦应取得重新同意；又如，建立生物样本库的处理方式为收集、存储生物样本，如欲使用、加工、传输、提供、公开等一项或几项之改变，则为处理方式的变更，应当重新取得受试者同意；还如，原研究方案处理的个人信息为一般病历资料的，如欲处理生物样本中的基因信息，则应当重新取得受试者单独同意。

（3）个人信息处理过程的不可割裂性　个人信息处理活动包含收集、存储、使用、加工、传输、公开、删除等方式，各个环节都存在侵害自然人民事权益的风险，不能任意切割。实践中，有研究者申请免除对“既往病历资料”中个人信息基于特定科研目的进行处理的知情同意，理由是将病历资料交由医院“信息科”进行匿名化处理，研究团队不接触可识别数据，只接触经匿名化后不可复原的数据，故其认为其处理的不是个人信息而申请免除知情同意。笔者认为，医院“信息科”与研究团队同属法人内部部门或职务代理人，此时的个人信息处理者为医院，而非各个部门。即便研究者团队从“信息科”得到的是完全不能复原的信息，但亦需审查医院“信息科”有无合法依据对患者个人信息进行处理：要么有同意，要么有法律许可；没有合法依据的，则为非法。

（4）科研活动个人信息处理中应当告知的事项 《个保法》第十七条第一款规定了个人信息处理者在处理个人信息前应告知的一般事项。依据《个保法》第十七条第三款，医学科研中宜在研究方案中依法制定个人信息处理规则，例如大型的跨国制药公司的研究方案中常设计有隐私政策或个人信息处理规则，就包含了 GDPR 所要求的个人信息保护规则，可资借鉴。符合《个保法》第二十二条、第二十三条、第三十条、第五十七条、第五十一条的，医学科研中处理个人信息的还需要告知其所规定的特别事项。

（5）科研活动中既涉及敏感个人信息，又涉及隐私权之私密信息 依据《个保法》，敏感个人信息是一旦泄露或者非法使用，容易导致自然人的人格尊严受到侵害或者人身、财产安全受到危害的个人信息，包括生物识别、宗教信仰、特定身份、医疗健康、金融账户、行踪轨迹等信息，以及不满十四周岁未成年人的个人信息。医学科学研究中往往涉及敏感个人信息，亦常常涉及“不愿为他人知晓的私密信息”，受隐私权及个人信息权益保护法律双重保护。只有在具有特定的目的和充分的必要性，并采取严格保护措施的情形下，个人信息处理者方可处理敏感个人信息。医学科学研究中，需要有特定的目的，需要有科学性、社会获益前景、个人获益可能等充分的必要性，并采取本法及其他法律要求的严格保护措施，满足前述条件，在符合公认的伦理规范的同时，申办者、研究者方可处理受试者的敏感个人信息。婴幼儿个人信息属于敏感个人信息，前文已经对此有所说明。

（6）个人在个人信息处理活动中权利及权利行使方式审查

① 个人在个人信息处理活动中权利及权利行使限制。

依据《个保法》第四章之规定，个人在个人信息处理活动中的权利包括但不限于：知情权、决定权、限制处理权、拒绝权、查阅权、复制权、可携带权、补充权、更正权、删除权以及解释说明权等。需要注意的是，个人仅在个人信息处理活动中才享有这些权利，其本质为手段性权利或救济性权利，旨在保护包括个人信息权益在内的个人权益。这些权利不是绝对的，类似于GDPR所规定的权利豁免，《个保法》规定这些权利在法律、行政法规另有规定的情形受到相应的限制。例如，法律、行政法规另有规定情形的知情权、决定权限制；再如，《个保法》第十八条第一款、第三十五条规定的查阅权、复制权限制；又如，《个保法》规定的删除个人信息从技术上难以实现的删除权限制等。

② 受试者退出研究后的个人信息删除权利、个人信息处理者的删除义务与限制。

受试者有随时退出研究的权利，可以随时撤回同意，依据《个保法》第四十七条，个人撤回同意的，个人信息处理者应当主动删除个人信息；个人信息处理者未删除的，个人有权请求删除。依此规定，申办者、研究者理应履行主动删除个人信息的法定义务，在个人请求删除时，更应履行删除义务。这就要求申办者、研究者在受试者撤回同意、退出研究后应主动删除其个人信息。实践中有知情同意书向受试者告知“撤回同意、退出研究后仍然可以处理个人信息的”，应审查其法律效力。

值得注意的是，《个保法》规定，法律、行政法规规定的保存期限未届满时除外。例如，关于药物临床试验中病历资料中个人信息保存期限，依据《民法典》第一千二百二十五条、《医疗纠纷预防和处理条例》第十五条、《药物临床试验质量管理规范》（GCP）第四十八条、《医疗机构病历管理规定》第二十九条，药物临床试验的源资料属于病历资料，门（急）诊病历由医疗机构保管的，保存时间自患者最后一次就诊之日起不少于15年；住院病历保存时间自患者最后一次住院出院之日起不少于30年。故即便受试者主张要删除其个人信息，也需遵守该期限的规定。基于监管需求对个人信息保存期限法律、行政法规有规定的，遵守其规定。

（7）个人信息处理者的义务的履行　基于合法原则与质量原则，《个保法》规定了个人信息处理者的法定义务（第五章），包括：个人信息处理者应当采取的确保个人信息处理活动符合法律、行政法规的规定，并防止未经授权的访问以及个人信息泄露、篡改、丢失的措施；个人信息负责任制度；定期内部合规审计制度；对个人权益有重大影响的个人信息处理活动的事前进行个人信息保护影响评估制度；发生或者可能发生个人信息泄露、篡改、丢失的个人信息处理者补救措施、报告、通知制度；平台的守门员处理者制度；受托处理人的义务制度等。作为个人信息处理者，申办者、研究者应履行这些法定义务，建立健全相关制度刻不容缓，并视具体情况将义务嵌入研究方案；属于受试者知情同意范围内的，应写入知情同意书，以保障受试者知情同意的权利。

（8）科研活动中的泛化同意未被《个保法》认可　比较法上，欧盟的 GDPR 和《美国联邦受试者保护通则》均明确规定科学研究中可以在特定情况下采用泛化同意（broad consent，同泛知情同意、广泛同意），符合大数据时代科研活动特点，殊值赞同。但是，我国《个保法》未认可泛化同意，这就导致了科研活动中泛化同意的无法可依。能否在《个保法》的语境下找寻泛化同意的合法依据，能否对《个保法》关于科研活动中的同意作出可以泛化同意的扩张解释，抑或推动科研活动中适应大数据、AI 等特点的泛化同意在不低于行政法规层面的立法，尚需进一步讨论、推动。

（9）跨境婴幼儿配方食品临床试验的个人信息处理规则　有理由相信跨境多中心婴幼儿配方食品临床试验也会发生，这就产生了跨境进行敏感个人信息的处理问题，原则上应遵守我国相关法律规定，例如《个保法》《中华人民共和国数据安全法》《中华人民共和国网络安全法》《中华人民共和国生物安全法》《中华人民共和国人类遗传资源管理条例》等法律法规的相关规定，以《个保法》为例简要介绍如下。

个人信息处理者因业务等需要，确需向中华人民共和国境外提供个人信息的，应当具备下列条件之一：①依照本法第四十条的规定通过国家网信部门组织的安全评估；②按照国家网信部门的规定经专业机构进行个人信息保护认证；③按照国家网信部门制定的标准合同与境外接收方订立合同，约定双方的权利和义务；④法律、行政法规或者国家网信部门规定的其他条件。中华人民共和国缔结或者参加的国际条约、协定对向中华人民共和国境外提供个人信息的条件等有规定的，可以按照其规定执行。

个人信息处理者应当采取必要措施，保障境外接收方处理个人信息的活动达到本法规定的个人信息保护标准。

个人信息处理者向中华人民共和国境外提供个人信息的，应当向个人告知境外接收方的名称或者姓名、联系方式、处理目的、处理方式、个人信息的种类以及个人向境外接收方行使本法规定权利的方式和程序等事项，并取得个人的单独同意。

任何国家或者地区在个人信息保护方面对中华人民共和国采取歧视性的禁止、限制或者其他类似措施的，中华人民共和国可以根据实际情况对该国家或者地区对等采取措施。

（10）违反《个人信息保护法》的法律责任　类似于GDPR，《个保法》规定了法律责任殊为严厉。如违反个人信息处理规则（主要是第二章）、不履行法定的义务（主要是第五章），个人信息处理者面临严厉的行政处罚风险（见第六十六条）、失信惩戒风险（第六十七条）；民事侵权责任则采取过错推定责任，第六十九条规定，处理个人信息侵害个人信息权益造成损害，个人信息处理者不能证明自己没有过错的，应当承担损害赔偿等侵权责任。即过错要件“举证责任倒置”。违反本法规定，构成违反治安管理行为的，依法给予治安管理处罚；构成犯罪的，依法追究刑事责任。

综上所述，大数据时代的科学研究，包括婴幼儿配方食品临床试验，通过处理个人信息，运用数学分析方法，总结规律，促进创新，造福人类。但是，医学研究中所处理的个人信息往往既是敏感个人信息，同时也是私密信息，对受试者人格尊严、人身财产安全、隐私权保护、公平对待等个人权益有重大影响，故需要对科研活动中的个人信息处理严格规范。《个保法》《民法典》《数据安全法》《网络安全法》《未成年人保护法》《人类遗传资源管理条例》、GCP等个人保护相关部门规章、司法解释等，共同形成了较为完善的个人信息保护法律体系[7]。如何结合医学科学研究的特点，将该法律体系涵盖、渗透科研活动包括婴幼儿配方食品临床试验每个环节，科学协调受试者个人信息权益保护与研究中个人信息合理利用，需要社会各界尤其是医学界的继续努力。

5.3 人类遗传资源管理与生物安全制度

为了维护国家安全，防范和应对生物安全风险，保障人民生命健康，保护生物资源和生态环境，促进生物技术健康发展，推动构建人类命运共同体，实现人与自然和谐共生，2020 年 10 月 17 日第十三届全国人民代表大会常务委员会第二十二次会议通过了《中华人民共和国生物安全法》，此法与《中华人民共和国人类遗传资源管理条例》及其配套文件一起，成为我国生物安全、人类遗传资源管理的基本法律体系。有的婴幼儿配方食品临床试验难以避免涉及对人类遗传资源（与人类生物样本同义）的研究，故应遵守我国生物安全、人类遗传资源管理的法律规定。以下为《中华人民共和国人类遗传资源管理条例》相关内容。

5.3.1 一般规定

人类遗传资源包括人类遗传资源材料和人类遗传资源信息。人类遗传资源材料是指含有人体基因组、基因等遗传物质的器官、组织、细胞等遗传材料。人类遗传资源信息是指利用人类遗传资源材料产生的数据等信息资料。国务院科学技术行政部门负责全国人类遗传资源管理工作；国务院其他有关部门在各自的职责范围内，负责有关人类遗传资源管理工作。省、自治区、直辖市人民政府科学技术行政部门负责本行政区域人类遗传资源管理工作；省、自治区、直辖市人民政府其他有关部门在各自的职责范围内，负责本行政区域有关人类遗传资源管理工作。国家加强对我国人类遗传资源的保护，开展人类遗传资源调查，对重要遗传家系和特定地区人类遗传资源实行申报登记制度。国务院科学技术行政部门负责组织我国人类遗传资源调查，制定重要遗传家系和特定地区人类遗传资源申报登记具体办法。国家支持合理利用人类遗传资源开展科学研究、发展生物医药产业、提高诊疗技术，提高我国生物安全保障能力，提升人民健康保障水平。外国组织、个人及其设立或者实际控制的机构不得在我国境内采集、保藏我国人类遗传资源，不得向境外提供我国人类遗传资源。采集、保藏、利用、对外提供我国人类遗传资源，不得危害我国公众健康、国家安全和社会公共利益。采集、保藏、利用、对外提供我国人类遗传资源，应当符合伦理原则，并按照国家有关规定进行伦理审查。采集、保藏、利用、对外提供我国人类遗传资源，应当尊重人类遗传资源提供者的隐私权，取得其事先知情同意，并保护其合法权益。采集、保藏、利用、对外提供我国人类遗传资源，应当遵守国务院科学技术行政部门制定的技术规范。禁止买卖人类遗传资源。为科学研究依法提供或者使用人类遗传资源并支付或者收取合理成本费用，不视为买卖。

5.3.2 采集和保藏

第十一条　采集我国重要遗传家系、特定地区人类遗传资源或者采集国务院科学技术行政部门规定种类、数量的人类遗传资源的，应当符合下列条件，并经国务院科学技术行政部门批准：（一）具有法人资格；（二）采集目的明确、合法；（三）采集方案合理；（四）通过伦理审查；（五）具有负责人类遗传资源管理的部门和管理制度；（六）具有与采集活动相适应的场所、设施、设备和人员。

第十二条　采集我国人类遗传资源，应当事先告知人类遗传资源提供者采集目的、采集用途、对健康可能产生的影响、个人隐私保护措施及其享有的自愿参与和随时无条件退出的权利，征得人类遗传资源提供者书面同意。在告知人类遗传资源提供者前款规定的信息时，必须全面、完整、真实、准确，不得隐瞒、误导、欺骗。

第十三条　国家加强人类遗传资源保藏工作，加快标准化、规范化的人类遗传资源保藏基础平台和人类遗传资源大数据建设，为开展相关研究开发活动提供支撑。国家鼓励科研机构、高等学校、医疗机构、企业根据自身条件和相关研究开发活动需要开展人类遗传资源保藏工作，并为其他单位开展相关研究开发活动提供便利。

第十四条　保藏我国人类遗传资源、为科学研究提供基础平台的，应当符合下列条件，并经国务院科学技术行政部门批准：（一）具有法人资格；（二）保藏目的明确、合法；（三）保藏方案合理；（四）拟保藏的人类遗传资源来源合法；（五）通过伦理审查；（六）具有负责人类遗传资源管理的部门和保藏管理制度；（七）具有符合国家人类遗传资源保藏技术规范和要求的场所、设施、设备和人员。

第十五条　保藏单位应当对所保藏的人类遗传资源加强管理和监测，采取安全措施，制定应急预案，确保保藏、使用安全。保藏单位应当完整记录人类遗传资源保藏情况，妥善保存人类遗传资源的来源信息和使用信息，确保人类遗传资源的合法使用。保藏单位应当就本单位保藏人类遗传资源情况向国务院科学技术行政部门提交年度报告。

第十六条　国家人类遗传资源保藏基础平台和数据库应当依照国家有关规定向有关科研机构、高等学校、医疗机构、企业开放。为公众健康、国家安全和社会公共利益需要，国家可以依法使用保藏单位保藏的人类遗传资源。

5.3.3　利用和对外提供

第十七条　国务院科学技术行政部门和省、自治区、直辖市人民政府科学技术行政部门应当会同本级人民政府有关部门对利用人类遗传资源开展科学研究、发展生物医药产业统筹规划，合理布局，加强创新体系建设，促进生物科技和产业创新、协调发展。

第十八条　科研机构、高等学校、医疗机构、企业利用人类遗传资源开展研究开发活动，对其研究开发活动以及成果的产业化依照法律、行政法规和国家有关规定予以支持。

第十九条　国家鼓励科研机构、高等学校、医疗机构、企业根据自身条件和相关研究开发活动需要，利用我国人类遗传资源开展国际合作科学研究，提升相关研究开发能力和水平。

第二十条　利用我国人类遗传资源开展生物技术研究开发活动或者开展临床试验的，应当遵守有关生物技术研究、临床应用管理法律、行政法规和国家有关规定。

第二十一条　外国组织及外国组织、个人设立或者实际控制的机构

（以下称外方单位）需要利用我国人类遗传资源开展科学研究活动的，应当遵守我国法律、行政法规和国家有关规定，并采取与我国科研机构、高等学校、医疗机构、企业（以下称中方单位）合作的方式进行。

第二十二条　利用我国人类遗传资源开展国际合作科学研究的，应当符合下列条件，并由合作双方共同提出申请，经国务院科学技术行政部门批准：（一）对我国公众健康、国家安全和社会公共利益没有危害；（二）合作双方为具有法人资格的中方单位、外方单位，并具有开展相关工作的基础和能力；（三）合作研究目的和内容明确、合法，期限合理；（四）合作研究方案合理；（五）拟使用的人类遗传资源来源合法，种类、数量与研究内容相符；（六）通过合作双方各自所在国（地区）的伦理审查；（七）研究成果归属明确，有合理明确的利益分配方案。为获得相关药品和医疗器械在我国上市许可，在临床机构利用我国人类遗传资源开展国际合作临床试验、不涉及人类遗传资源材料出境的，不需要审批。但是，合作双方在开展临床试验前应当将拟使用的人类遗传资源种类、数量及其用途向国务院科学技术行政部门备案。国务院科学技术行政部门和省、自治区、直辖市人民政府科学技术行政部门加强对备案事项的监管。

第二十三条　在利用我国人类遗传资源开展国际合作科学研究过程中，合作方、研究目的、研究内容、合作期限等重大事项发生变更的，应当办理变更审批手续。

第二十四条　利用我国人类遗传资源开展国际合作科学研究，应当保证中方单位及其研究人员在合作期间全过程、实质性地参与研究，研究过程中的所有记录以及数据信息等完全向中方单位开放并向中方单位提供备份。利用我国人类遗传资源开展国际合作科学研究，产生的成果申请专利的，应当由合作双方共同提出申请，专利权归合作双方共有。研究产生的其他科技成果，其使用权、转让权和利益分享办法由合作双方通过合作协议约定；协议没有约定的，合作双方都有使用的权利，但向第三方转让须经合作双方同意，所获利益按合作双方贡献大小分享。

第二十五条　利用我国人类遗传资源开展国际合作科学研究，合作双方应当按照平等互利、诚实信用、共同参与、共享成果的原则，依法签订合作协议，并依照本条例第二十四条的规定对相关事项作出明确、具体的约定。

第二十六条　利用我国人类遗传资源开展国际合作科学研究，合作双方应当在国际合作活动结束后6个月内共同向国务院科学技术行政部门提交合作研究情况报告。

第二十七条　利用我国人类遗传资源开展国际合作科学研究，或者因其他特殊情况确需将我国人类遗传资源材料运送、邮寄、携带出境的，应当符合下列条件，并取得国务院科学技术行政部门出具的人类遗传资源材料出境证明：（一）对我国公众健康、国家安全和社会公共利益没有危害；（二）具有法人资格；（三）有明确的境外合作方和合理的出境用途；（四）人类遗传资源材料采集合法或者来自合法的保藏单位；（五）通过伦理审查。利用我国人类遗传资源开展国际合作科学研究，需要将我国人类遗传资源材料运送、邮寄、携带出境的，可以单独提出申请，也可以在开展国际合作科学研究申请中列明出境计划一并提出申请，由国务院科学技术行政部门合并审批。将我国人类遗传资源材料运送、邮寄、携带出境的，凭人类遗传资源材料出境证明办理海关手续。

第二十八条　将人类遗传资源信息向外国组织、个人及其设立或者实际控制的机构提供或者开放使用，不得危害我国公众健康、国家安全和社会公共利益；可能影响我国公众健康、国家安全和社会公共利益的，应当通过国务院科学技术行政部门组织的安全审查。将人类遗传资源信息向外国组织、个人及其设立或者实际控制的机构提供或者开放使用的，应当向国务院科学技术行政部门备案并提交信息备份。利用我国人类遗传资源开展国际合作科学研究产生的人类遗传资源信息，合作双方可以使用。

5.3.4　服务和监督

第二十九条　国务院科学技术行政部门应当加强电子政务建设，方便申请人利用互联网办理审批、备案等事项。

第三十条　国务院科学技术行政部门应当制定并及时发布有关采

集、保藏、利用、对外提供我国人类遗传资源的审批指南和示范文本，加强对申请人办理有关审批、备案等事项的指导。

第三十一条　国务院科学技术行政部门应当聘请生物技术、医药、卫生、伦理、法律等方面的专家组成专家评审委员会，对依照本条例规定提出的采集、保藏我国人类遗传资源，开展国际合作科学研究以及将我国人类遗传资源材料运送、邮寄、携带出境的申请进行技术评审。评审意见作为作出审批决定的参考依据。

第三十二条　国务院科学技术行政部门应当自受理依照本条例规定提出的采集、保藏我国人类遗传资源，开展国际合作科学研究以及将我国人类遗传资源材料运送、邮寄、携带出境申请之日起20个工作日内，作出批准或者不予批准的决定；不予批准的，应当说明理由。因特殊原因无法在规定期限内作出审批决定的，经国务院科学技术行政部门负责人批准，可以延长10个工作日。

第三十三条　国务院科学技术行政部门和省、自治区、直辖市人民政府科学技术行政部门应当加强对采集、保藏、利用、对外提供人类遗传资源活动各环节的监督检查，发现违反本条例规定的，及时依法予以处理并向社会公布检查、处理结果。

第三十四条　国务院科学技术行政部门和省、自治区、直辖市人民政府科学技术行政部门进行监督检查，可以采取下列措施：（一）进入现场检查；（二）询问相关人员；（三）查阅、复制有关资料；（四）查封、扣押有关人类遗传资源。

第三十五条　任何单位和个人对违反本条例规定的行为，有权向国务院科学技术行政部门和省、自治区、直辖市人民政府科学技术行政部门投诉、举报。国务院科学技术行政部门和省、自治区、直辖市人民政府科学技术行政部门应当公布投诉、举报电话和电子邮件地址，接受相关投诉、举报。对查证属实的，给予举报人奖励。

5.3.5　违反《人类遗传资源管理条例》的法律责任

第三十六条　违反本条例规定，有下列情形之一的，由国务院科学技术行政部门责令停止违法行为，没收违法采集、保藏的人类遗传资源和违法所得，处50万元以上500万元以下罚款，违法所得在100万元以上的，处违法所得5倍以上10倍以下罚款：（一）未经批准，采集我国重要遗传家系、特定地区人类遗传资源，或者采集国务院科学技术行政部门规定种类、数量的人类遗传资源；（二）未经批准，保藏我国人类遗传资源；（三）未经批准，利用我国人类遗传资源开展国际合作科学研究；（四）未通过安全审查，将可能影响我国公众健康、国家安全和社会公共利益的人类遗传资源信息向外国组织、个人及其设立或者实际控制的机构提供或者开放使用；（五）开展国际合作临床试验前未将拟使用的人类遗传资源种类、数量及其用途向国务院科学技术行政部门备案。

第三十七条　提供虚假材料或者采取其他欺骗手段取得行政许可的，由国务院科学技术行政部门撤销已经取得的行政许可，处50万元以上500万元以下罚款，5年内不受理相关责任人及单位提出的许可申请。

第三十八条　违反本条例规定，未经批准将我国人类遗传资源材料运送、邮寄、携带出境的，由海关依照法律、行政法规的规定处罚。科学技术行政部门应当配合海关开展鉴定等执法协助工作。海关应当将依法没收的人类遗传资源材料移送省、自治区、直辖市人民政府科学技术行政部门进行处理。

第三十九条　违反本条例规定，有下列情形之一的，由省、自治区、直辖市人民政府科学技术行政部门责令停止开展相关活动，没收违法采集、保藏的人类遗传资源和违法所得，处50万元以上100万元以下罚款，违法所得在100万元以上的，处违法所得5倍以上10倍以下罚款：（一）采集、保藏、利用、对外提供我国人类遗传资源未通过伦理审查；（二）采集我国人类遗传资源未经人类遗传资源提供者事先知情同意，或者采取隐瞒、误导、欺骗等手段取得人类遗传资源提供者同意；（三）采集、保藏、利用、对外提供我国人类遗传资源违反相关技术规范；（四）将人类遗传资源信息向外国组织、个人及其设立或者实际控制的机构提供或者开放使用，未向国务院科学技术行政部门备案或者提交信息备份。

第四十条　违反本条例规定，有下列情形之一的，由国务院科学技术行政部门责令改正，给予警告，可以处 50 万元以下罚款：（一）保藏我国人类遗传资源过程中未完整记录并妥善保存人类遗传资源的来源信息和使用信息；（二）保藏我国人类遗传资源未提交年度报告；（三）开展国际合作科学研究未及时提交合作研究情况报告。

第四十一条 外国组织、个人及其设立或者实际控制的机构违反本条例规定，在我国境内采集、保藏我国人类遗传资源，利用我国人类遗传资源开展科学研究，或者向境外提供我国人类遗传资源的，由国务院科学技术行政部门责令停止违法行为，没收违法采集、保藏的人类遗传资源和违法所得，处 100 万元以上 1000 万元以下罚款，违法所得在 100 万元以上的，处违法所得 5 倍以上 10 倍以下罚款。

第四十二条 违反本条例规定，买卖人类遗传资源的，由国务院科学技术行政部门责令停止违法行为，没收违法采集、保藏的人类遗传资源和违法所得，处 100 万元以上 1000 万元以下罚款，违法所得在 100 万元以上的，处违法所得 5 倍以上 10 倍以下罚款。

第四十三条 对有本条例第三十六条、第三十九条、第四十一条、第四十二条规定违法行为的单位，情节严重的，由国务院科学技术行政部门或者省、自治区、直辖市人民政府科学技术行政部门依据职责禁止其 1 至 5 年内从事采集、保藏、利用、对外提供我国人类遗传资源的活动；情节特别严重的，永久禁止其从事采集、保藏、利用、对外提供我国人类遗传资源的活动。对有本条例第三十六条至第三十九条、第四十一条、第四十二条规定违法行为的单位的法定代表人、主要负责人、直接负责的主管人员以及其他责任人员，依法给予处分，并由国务院科学技术行政部门或者省、自治区、直辖市人民政府科学技术行政部门依据职责没收其违法所得，处 50 万元以下罚款；情节严重的，禁止其 1 至 5 年内从事采集、保藏、利用、对外提供我国人类遗传资源的活动；情节特别严重的，永久禁止其从事采集、保藏、利用、对外提供我国人类遗传资源的活动。单位和个人有本条例规定违法行为的，记入信用记录，并依照有关法律、行政法规的规定向社会公示。

第四十四条 违反本条例规定，侵害他人合法权益的，依法承担民事责任；构成犯罪的，依法追究刑事责任。

第四十五条　国务院科学技术行政部门和省、自治区、直辖市人民政府科学技术行政部门的工作人员违反本条例规定，不履行职责或者滥用职权、玩忽职守、徇私舞弊的，依法给予处分；构成犯罪的，依法追究刑事责任。

5.4　婴幼儿配方食品临床试验实施的法律要求

5.4.1　实施条件

参照《特殊医学用途配方食品临床试验质量管理规范（试行）》，临床试验实施条件包括但不限于以下事项。

进行婴幼儿配方食品临床试验应周密考虑试验的目的及要解决的问题，整合试验用产品所有的安全性、营养充足性等相关信息，总体评估试验的获益与风险，对可能的风险制订有效的防范措施。

临床试验实施前，申请人向试验单位提供试验用产品配方组成、生产工艺、产品标准要求，以及表明产品安全性、营养充足性和特殊医学用途临床效果相关资料，提供具有法定资质的食品检验机构出具的试验用产品合格的检验报告。申请人对临床试验用产品的质量及临床试验安全负责。

临床试验配备主要研究者、研究人员、统计人员、数据管理人员及监查员。主要研究者应当具有高级专业技术职称；研究人员由与受试人群疾病相关专业的临床医师（如有必要）、营养医师、护士等人员组成。

申请人与主要研究者、统计人员共同商定临床试验方案、知情同意书、病例报告表等。临床试验单位制定婴幼儿配方食品临床试验标准操作规程。

临床试验开始前，需向伦理审查委员会提交临床试验方案、知情同意书、病例报告表、研究者手册、招募受试者的相关材料、主要研究者履历、具有法定资质的食品检验机构出具的试验用产品合格的检验报告等资料，经审议同意并签署批准意见后方可进行临床试验。

申请人与临床试验单位管理人员就临床试验方案、试验进度、试验监查、受试者保险、与试验有关的受试者损伤的补偿或补偿原则、试验暂停和终止原则、责任归属、研究经费、知识产权界定及试验中的职责分工等达成书面协议。

临床试验用产品由申请人提供，产品质量要求应当符合相应食品安全国家标准和（或）相关规定。

试验用婴幼儿配方食品由申请人按照与申请注册产品相同配方、相同生产工艺生产，生产条件应当满足相关要求。临床试验用对照样品应当是已获批准的相同类别婴幼儿配方食品。如无该类产品，可用已获批准的类似婴幼儿配方食品。根据产品货架期和研究周期，试验样品、对照样品可以不是同一批次产品。

申请人应当遵从利益回避原则。

5.4.2 申办者、研究者职责

参照《特殊医学用途配方食品临床试验质量管理规范（试行）》，申办者（申请人）、研究者职责要求包括但不限于：

申请人选择临床试验单位和研究者进行临床试验，制定质量控制和质量保证措施，选定监查员对临床试验的全过程进行监查，保证临床试验按照已经批准的方案进行，与研究者对发生的不良事件采取有效措施以保证受试者的权益和安全。

临床试验单位负责临床试验的实施。参加试验的所有人员必须接受并通过本规范相关培训且有培训记录。

伦理委员会对临床试验项目的科学性、伦理合理性进行审查，重点审查试验方案的设计与实施、试验的风险与受益、受试者的招募、知情同意书告知的信息、知情同意过程、受试者的安全保护、隐私和保密、利益冲突等。

研究者熟悉试验方案内容，保证严格按照方案实施临床试验。向参加临床试验的所有人员说明有关试验的资料、规定和职责；向监护人说明伦理委员会同意的审查意见、有关试验过程，并取得知情同意书。对试验期间出现不良事件及时作出相关的医疗决定，保证受试者得到适当的治疗。确保收集的数据真实、准确、完整、及时。临床试验完成后提交临床试验总结报告。

临床试验期间，监查员定期到试验单位监查并向申请人报告试验进行情况；保证受试者选择、试验用产品使用和保存、数据记录和管理、不良事件记录等按照临床试验方案和标准操作规程进行。

国家食品药品监督管理总局审评机构组织对临床试验现场进行核查、数据溯源，必要时进行数据复查。

5.4.3 临床试验方案内容

参照《特殊医学用途配方食品临床试验质量管理规范（试行）》，试验方案（research protocol）是指，叙述研究的依据及合理性、产品试验目的、适用人群、试验设计、受试者选择及排除标准、观察指标、试验期限、数据管理与统计分析、试验报告及试验用产品安全性、营养充足性和特殊医学用途临床效果。方案必须由参加试验的主要研究者、研究单位和申请人签章并注明日期。临床试验方案包括以下内容：

5.4.3.1 临床试验方案基本信息

包括试验用产品名称、申请人名称和地址，主要研究者、监查员、数据管理和统计人员、申办方联系人的姓名、地址、联系方式，参加临床试验单位及参加科室，数据管理和统计单位，临床试验组长单位。

5.4.3.2 临床试验概述

包括试验用产品研发背景、研究依据及合理性、产品适用人群、预期的安全性、营养充足性和特殊医学用途临床效果、本试验研究目的等。

5.4.3.3 临床试验设计

根据试验用产品特性，选择适宜的临床试验设计，提供与试验目的有关的试验设计和对照组设置的合理性依据。原则上应采用随机对照试验，如采用其他试验设计的，需提供无法实施随机对照试验的原因、该试验设计的科学程度和研究控制条件等依据。

随机对照试验可采用盲法或开放设计，提供采用不同设盲方法的理由及相应的控制偏倚措施。编盲、破盲和揭盲应明确时间点及具体操作方法，并有相应的记录文件。

5.4.3.4 试验用产品描述

包括产品名称、类别、产品形态、包装剂量、配方、能量密度、能量分布、营养成分含量、使用说明、产品标准、保质期、生产厂商等信息。

5.4.3.5 提供对照样品的选择依据

说明其与试验用特殊医学用途配方食品在安全性、营养充足性、特殊医学用途临床效果和适用人群等方面的可比性。试验组和对照组受试者的能量应当相同、氮量和主要营养成分摄入量应当具有可比性。

关于对照品，应当保障试验的均衡性，至少对照品应为目前最佳的婴幼儿食品。除非万不得已，不得使用安慰剂。且使用安慰剂也应保障婴幼儿不得因试验而健康受损。关于这个问题，《赫尔辛基宣言》第33条有相关规定，可资依据："一种新的干预措施的益处、风险、负担和有效性，必须与被证明的最佳干预措施进行比较试验，但下述情况除外：在不存在被证明有效的干预措施的情况下，使用安慰剂或不予干预是可以被接受的；或出于令人信服的以及从科学角度看合理的方法学上的理由，使用任何弱于已被证明的最佳有效的干预措施、安慰剂或是不予干预，是确定一种干预措施的有效性或安全性所必须的，而且使用任何弱于已被证明的最佳有效的干预措施、安慰剂或不予干预不会使患者由于未接受已被证明的最佳干预措施而遭受额外的严重风险或不可逆的伤害。为避免此种选择被滥用，须极其谨慎。"

5.4.3.6 试验用产品（样本）处理

参照《特殊医学用途配方食品临床试验质量管理规范（试行）》，包括试验用产品的接收与登记、递送、分发、回收及贮存条件。

试验用产品应有专人管理，使用由研究者负责。接收、发放、使用、回收、销毁均应记录。

试验用产品的标签应标明“仅供临床试验使用”。临床试验用产品不得他用、销售或变相销售。

5.4.3.7 受试者选择

包括试验用产品适用人群、受试者的入选、排除和剔除标准、研究例数等。研究例数应当符合统计学要求。为保证有足够的研究例数对试验用产品进行安全性评估，试验组不少于100例。受试者入选时，应充分考虑试验组和对照组受试期间临床治疗用药在品种、用法和用量等方面应具有可比性。

5.4.3.8 试验用产品给予时机、摄入途径、食用量和观察时间

依据研究目的和拟考察的主要实验室检测指标的生物学特性合理设置观察时间，原则上不少于7天，且营养充足性和特殊医学用途临床效果观察指标应有临床意义并能满足统计学要求。

5.4.3.9 生物样品

生物样本采集时间，临床试验观察指标、检测方法、判定标准及判定标准的出处或制定依据，预期结果判定等。

5.4.3.10 观察指标

临床试验观察指标包括安全性（耐受性）指标及营养充足性和特殊医学用途临床效果观察指标：安全性（耐受性）指标：如胃肠道反应等指标、生命体征指标、血常规、尿常规、血生化指标等。

营养充足性和特殊医学用途临床效果观察指标：保证适用人群维持基本生理功能的营养需求，维持或改善适用人群营养状况，控制或缓解适用人群特殊疾病状态的指标。

5.4.3.11 试验期间发生不良事件的处理

不良事件控制措施和评价方法，暂停或终止临床试验的标准及规定。

5.4.3.12 临床试验管理

包括标准操作规程、人员培训、监查、质量控制与质量保证的措施、风险管理、受试者权益与保障、试验用产品管理、数据管理和统计学分析。

5.4.3.13 其他

包括试验期间其他注意事项等；缩略语；参考文献。

5.4.4 质量保证和风险管理

申请人及研究者履行各自职责，采用标准操作规程，严格遵循临床试验方案。

参加试验的研究人员应具有合格的资质。研究人员如有变动，所在试验机构及时调配具备相应资质人员，并将调整的人员情况报告申请人及试验主要研究者。

伦理委员会要求申请人或研究者提供试验用产品临床试验的不良事件、治疗措施及受试者转归等相关信息。为避免对受试者造成伤害，伦理委员会有权暂停或终止已经批准的临床试验。

进行多中心临床试验的，统一培训内容，临床试验开始之前对所有参与临床试验研究人员进行培训。统一临床试验方案、资料收集和评价方法，集中管理与分析数据资料。主要观察指标由中心实验室统一检测或各个实验室检测前进行校正。临床试验病例分布应科学合理，防止偏倚。

试验期间监查员定期进行核查，确保试验过程符合研究方案和标准操作规程要求。确认所有病例报告表填写正确完整，与原始资料一致。核实临床试验中所有观察结果，以保证数据完整、准确、真实、可靠。如有错误和遗漏，及时要求研究者改正，修改时需保持原有记录清晰可见，改正处需经研究者签名并注明日期。核查过程中发现问题及时解决。监查员不得参与临床试验。

组长单位定期了解参与试验单位试验进度，必要时召开临床协作会议，解决试验存在的问题。

5.4.5 数据管理与统计分析

数据管理过程包括病例报告表设计、填写和注释，数据库设计，数据接收、录入和核查，疑问表管理，数据更改存档，数据盲态审核，数据库锁定、转换和保存等。由申请人、研究者、监查员以及数据管理员等各司其职，共同对临床试验数据的可靠性、完整性和准确性负责。

数据的收集和传送可采用纸质病例报告表、电子数据采集系统以及用于临床试验数据管理的计算机系统等。资料的形式和内容必须与研究方案完全一致，且在临床试验前确定。

数据管理执行标准操作规程，并在完整、可靠的临床试验数据质量管理体系下运行，对可能影响数据质量结果的各种因素和环节进行全面控制和管理，使临床研究数据始终保持在可控和可靠的水平。数据管理系统应经过基于风险考虑的系统验证，具备可靠性、数据可溯源性及完善的权限管理功能。

临床试验结束后，需将数据管理计划、数据管理报告、数据库作为注册申请材料之一提交给管理部门。

采用正确、规范的统计分析方法和统计图表表达统计分析和结果。临床试验方案中需制定统计分析计划，在数据锁定和揭盲之前产生专门的文件对统计分析计划予以完善和确认，内容应包括设计和比较的类型、随机化与盲法、主要观察指标的定义与检测方法、检验假设、数据分析集的定义、疗效及安全性评价和统计分析的详细内容，其内容应与方案相关内容一致。如果试验过程中研究方案有调整，则统计分析计划也应作相应的调整。

由专业人员对试验数据进行统计分析后形成统计分析报告，作为撰写临床研究报告的依据，并与统计分析计划一并作为产品注册申请材料提交。统计分析需采用国内外公认的统计软件和分析方法，主要观察指标的统计结果需采用点估计及可信区间方法进行评价，针对观察指标结果，给出统计学结论。

5.4.6 临床试验总结报告内容

临床试验总结报告包括基本信息、临床试验概述和报告正文，内容与临床试验方案一致。

基本信息补充试验报告撰写人员的姓名、单位、研究起止日期、报告日期、原始资料保存地点等。临床试验概述补充重要的研究数字、统计学结果以及研究结论等文字描述。

报告正文对临床试验方案实施结果进行总结。详细描述试验设计和试验过程，包括纳入的受试人群，脱落、剔除的病例和理由；临床试验单位增减或更换情况；试验用产品使用方法；数据管理过程；统计分析方法；对试验的统计分析和临床意义；对试验用产品的安全性、营养充足性和特殊医学用途临床效果进行充分的分析和说明，并做出临床试验结论。

简述试验过程中出现的不良事件。对所有不良事件均应进行分析，并以适当的图表方式直观表示。所列图表应显示不良事件的名称、例次、严重程度、治疗措施、受试者转归，以及不良事件与试验用产品之间在适用人群选择、给予时机、摄入途径、剂量和观察时间等方面的相关性。

严重不良事件应单独进行总结和分析并附病例报告。对与安全性有关的实验室检查，包括根据专业判断有临床意义的实验室检查异常应加以分析说明，最终对试验用特殊医学用途配方食品的总体安全性进行小结。

说明受试者基础治疗方法，临床试验方案在执行过程中所作的修订或调整。

5.4.7 监督管理

国家卫生健康委会同有关部门共同负责婴幼儿配方食品临床试验的伦理审查监督管理。国家食品药品监督管理总局负责临床试验及其食品安全的监督管理。

县级以上地方人民政府卫生健康、教育等部门依据职责分工负责本辖区涉及人的生命科学和医学研究伦理审查监督管理。

详见食品安全法及其配套文件、涉及人的生物医学伦理审查办法等规定。

5.5 违反婴幼儿配方食品临床试验法律风险

在婴幼儿配方食品临床试验中违反相关法律规定的（见本章前述法律框架），承担相应的行政责任；侵害受试者合法权益造成其损害的，应当承担民事责任；触犯刑法，构成犯罪的，应当承担刑事责任。

5.5.1 行政责任法律风险

为了规范行政处罚的设定和实施，保障和监督行政机关有效实施行政管理，维护公共利益和社会秩序，保护公民、法人或者其他组织的合法权益，根据宪法，我国制定了行政处罚法。行政处罚是指行政机关依法对违反行政管理秩序的公民、法人或者其他组织，以减损权益或者增加义务的方式予以惩戒的行为。行政处罚的种类包括：（一）警告、通报批评；（二）罚款、没收违法所得、没收非法财物；（三）暂扣许可证件、降低资质等级、吊销许可证件；（四）限制开展生产经营活动、责令停产停业、责令关闭、限制从业；（五）行政拘留；（六）法律、行政法规规定的其他行政处罚。

在婴幼儿配方食品临床试验中，违反法律、法规、规章规定的，主管行政机关依法给予行政处罚。本章所指的行政责任主要是指行政处罚，本章有的情况也涉及内部行政责任，即行政处分。举例如下。

5.5.1.1 违反《中华人民共和国食品安全法》的行政责任

需要承担行政处罚法律风险的情形列举如下：

违反本法规定，未取得食品生产经营许可从事食品生产经营活动，或者未取得食品添加剂生产许可从事食品添加剂生产活动的。

明知从事前款规定的违法行为，仍为其提供生产经营场所或者其他条件的。

违反本法规定，有下列情形之一，尚不构成犯罪的：（一）用非食品原料生产食品、在食品中添加食品添加剂以外的化学物质和其他可能危害人体健康的物质，或者用回收食品作为原料生产食品，或者经营上述食品；（二）生产经营营养成分不符合食品安全标准的专供婴幼儿和其他特定人群的主辅食品；（三）经营病死、毒死或者死因不明的禽、畜、兽、水产动物肉类，或者生产经营其制品；（四）经营未按规定进行检疫或者检疫不合格的肉类，或者生产经营未经检验或者检验不合格的肉类制品；（五）生产经营国家为防病等特殊需要明令禁止生产经营的食品；（六）生产经营添加药品的食品。

明知从事前款规定的违法行为，仍为其提供生产经营场所或者其他条件的。

违法使用剧毒、高毒农药的，除依照有关法律、法规规定给予处罚外，可以由公安机关依照第一款规定给予拘留。

违反本法规定，有下列情形之一，尚不构成犯罪的：（一）生产经营致病性微生物，农药残留、兽药残留、生物毒素、重金属等污染物质以及其他危害人体健康的物质含量超过食品安全标准限量的食品、食品添加剂；（二）用超过保质期的食品原料、食品添加剂生产食品、食品添加剂，或者经营上述食品、食品添加剂；（三）生产经营超范围、超限量使用食品添加剂的食品；（四）生产经营腐败变质、油脂酸败、霉变生虫、污秽不洁、混有异物、掺假掺杂或者感官性状异常的食品、食品添加剂；（五）生产经营标注虚假生产日期、保质期或者超过保质期的食品、食品添加剂；（六）生产经营未按规定注册的保健食品、特殊医学用途配方食品、婴幼儿配方乳粉，或者未按注册的产品配方、生产工艺等技术要求组织生产；（七）以分装方式生产婴幼儿配方乳粉，或者同一企业以同一配方生产不同品牌的婴幼儿配方乳粉；（八）利用新的食品原料生产食品，或者生产食品添加剂新品种，未通过安全性评估；（九）食品生产经营者在食品药品监督管理部门责令其召回或者停止经营后，仍拒不召回或者停止经营。除前款和本法第一百二十三条、第一百二十五条规定的情形外，生产经营不符合法律、法规或者食品安全标准的食品、食品添加剂的，依照前款规定给予处罚。

生产食品相关产品新品种，未通过安全性评估，或者生产不符合食品安全标准的食品相关产品的，由县级以上人民政府质量监督部门依照第一款规定给予处罚。

违反本法规定，有下列情形之一的：（一）生产经营被包装材料、容器、运输工具等污染的食品、食品添加剂；（二）生产经营无标签的预包装食品、食品添加剂或者标签、说明书不符合本法规定的食品、食品添加剂；（三）生产经营转基因食品未按规定进行标示；（四）食品生产经营者采购或者使用不符合食品安全标准的食品原料、食品添加剂、食品相关产品。生产经营的食品、食品添加剂的标签、说明书存在瑕疵但不影响食品安全且不会对消费者造成误导的。

违反本法规定，有下列情形之一的：（一）食品、食品添加剂生产者未按规定对采购的食品原料和生产的食品、食品添加剂进行检验；（二）食品生产经营企业未按规定建立食品安全管理制度，或者未按规定配备或者培训、考核食品安全管理人员；（三）食品、食品添加剂生产经营者进货时未查验许可证和相关证明文件，或者未按规定建立并遵守进货查验记录、出厂检验记录和销售记录制度；（四）食品生产经营企业未制定食品安全事故处置方案；（五）餐具、饮具和盛放直接入口食品的容器，使用前未经洗净、消毒或者清洗消毒不合格，或者餐饮服务设施、设备未按规定定期维护、清洗、校验；（六）食品生产经营者安排未取得健康证明或者患有国务院卫生行政部门规定的有碍食品安全疾病的人员从事接触直接入口食品的工作；（七）食品经营者未按规定要求销售食品；（八）保健食品生产企业未按规定向食品安全监督管理部门备案，或者未按备案的产品配方、生产工艺等技术要求组织生产；（九）婴幼儿配方食品生产企业未将食品原料、食品添加剂、产品配方、标签等向食品药品监督管理部门备案；（十）特殊食品生产企业未按规定建立生产质量管理体系并有效运行，或者未定期提交自查报告；（十一）食品生产经营者未定期对食品安全状况进行检查评价，或者生产经营条件发生变化，未按规定处理；（十二）学校、托幼机构、养老机构、建筑工地等集中用餐单位未按规定履行食品安全管理责任；（十三）食品生产企业、餐饮服务提供者未按规定制定、实施生产经营过程控制要求。

餐具、饮具集中消毒服务单位违反本法规定用水，使用洗涤剂、消毒剂，或者出厂的餐具、饮具未按规定检验合格并随附消毒合格证明，或者未按规定在独立包装上标注相关内容的，由县级以上人民政府卫生行政部门依照前款规定给予处罚。

食品相关产品生产者未按规定对生产的食品相关产品进行检验的，由县级以上人民政府质量监督部门依照第一款规定给予处罚。

食用农产品销售者违反本法第六十五条规定的，由县级以上人民政府食品药品监督管理部门依照第一款规定给予处罚。

违反本法规定，事故单位在发生食品安全事故后未进行处置、报告的，由有关主管部门按照各自职责分工责令改正，给予警告；隐匿、伪造、毁灭有关证据的，责令停产停业，没收违法所得，并处十万元以上五十万元以下罚款；造成严重后果的，吊销许可证。

违反本法规定，有下列情形之一的，由出入境检验检疫机构依照本法第一百二十四条的规定给予处罚：（一）提供虚假材料，进口不符合我国食品安全国家标准的食品、食品添加剂、食品相关产品；（二）进口尚无食品安全国家标准的食品，未提交所执行的标准并经国务院卫生行政部门审查，或者进口利用新的食品原料生产的食品或者进口食品添加剂新品种、食品相关产品新品种，未通过安全性评估；（三）未遵守本法的规定出口食品；（四）进口商在有关主管部门责令其依照本法规定召回进口的食品后，仍拒不召回。

违反本法规定，进口商未建立并遵守食品、食品添加剂进口和销售记录制度、境外出口商或者生产企业审核制度的，由出入境检验检疫机构依照本法第一百二十六条的规定给予处罚。

违反本法规定，集中交易市场的开办者、柜台出租者、展销会的举办者允许未依法取得许可的食品经营者进入市场销售食品，或者未履行检查、报告等义务的，由县级以上人民政府食品药品监督管理部门责令改正，没收违法所得，并处五万元以上二十万元以下罚款；造成严重后果的，责令停业，直至由原发证部门吊销许可证；使消费者的合法权益受到损害的，应当与食品经营者承担连带责任。

食用农产品批发市场违反本法第六十四条规定的，依照前款规定承担责任。

违反本法规定，网络食品交易第三方平台提供者未对入网食品经营者进行实名登记、审查许可证，或者未履行报告、停止提供网络交易平台服务等义务的，由县级以上人民政府食品药品监督管理部门责令改正，没收违法所得，并处五万元以上二十万元以下罚款；造成严重后果的，责令停业，直至由原发证部门吊销许可证；使消费者的合法权益受到损害的，应当与食品经营者承担连带责任。

消费者通过网络食品交易第三方平台购买食品，其合法权益受到损害的，可以向入网食品经营者或者食品生产者要求赔偿。网络食品交易第三方平台提供者不能提供入网食品经营者的真实名称、地址和有效联系方式的，由网络食品交易第三方平台提供者赔偿。网络食品交易第三方平台提供者赔偿后，有权向入网食品经营者或者食品生产者追偿。网络食品交易第三方平台提供者作出更有利于消费者承诺的，应当履行其承诺。

违反本法规定，未按要求进行食品贮存、运输和装卸的，由县级以上人民政府食品药品监督管理等部门按照各自职责分工责令改正，给予警告；拒不改正的，责令停产停业，并处一万元以上五万元以下罚款；情节严重的，吊销许可证。

违反本法规定，拒绝、阻挠、干涉有关部门、机构及其工作人员依法开展食品安全监督检查、事故调查处理、风险监测和风险评估的。

违反本法规定，对举报人以解除、变更劳动合同或者其他方式打击报复的，应当依照有关法律的规定承担责任。

食品生产经营者在一年内累计三次因违反本法规定受到责令停产停业、吊销许可证以外处罚的，由食品药品监督管理部门责令停产停业，直至吊销许可证。

被吊销许可证的食品生产经营者及其法定代表人、直接负责的主管人员和其他直接责任人员，自处罚决定作出之日起五年内不得申请食品生产经营许可，或者从事食品生产经营管理工作、担任食品生产经营企业食品安全管理人员。

因食品安全犯罪被判处有期徒刑以上刑罚的，终身不得从事食品生产经营管理工作，也不得担任食品生产经营企业食品安全管理人员。

食品生产经营者聘用人员违反前两款规定的，由县级以上人民政府食品药品监督管理部门吊销许可证。

食品经营者履行了本法规定的进货查验等义务，有充分证据证明其不知道所采购的食品不符合食品安全标准，并能如实说明其进货来源的，可以免予处罚，但应当依法没收其不符合食品安全标准的食品；造成人身、财产或者其他损害的，依法承担赔偿责任。

违反本法规定，承担食品安全风险监测、风险评估工作的技术机构、技术人员提供虚假监测、评估信息的。

违反本法规定，食品检验机构、食品检验人员出具虚假检验报告的。

违反本法规定，受到开除处分的食品检验机构人员，自处分决定作出之日起十年内不得从事食品检验工作；因食品安全违法行为受到刑事处罚或者因出具虚假检验报告导致发生重大食品安全事故受到开除处分的食品检验机构人员，终身不得从事食品检验工作。食品检验机构聘用不得从事食品检验工作的人员的，由授予其资质的主管部门或者机构撤销该食品检验机构的检验资质。

食品检验机构出具虚假检验报告，使消费者的合法权益受到损害的，应当与食品生产经营者承担连带责任。

违反本法规定，认证机构出具虚假认证结论，由认证认可监督管理部门没收所收取的认证费用，并处认证费用五倍以上十倍以下罚款，认证费用不足一万元的，并处五万元以上十万元以下罚款；情节严重的，责令停业，直至撤销认证机构批准文件，并向社会公布；对直接负责的主管人员和负有直接责任的认证人员，撤销其执业资格。

认证机构出具虚假认证结论，使消费者的合法权益受到损害的，应当与食品生产经营者承担连带责任。

违反本法规定，在广告中对食品作虚假宣传，欺骗消费者，或者发布未取得批准文件、广告内容与批准文件不一致的保健食品广告的，依照《中华人民共和国广告法》的规定给予处罚。

广告经营者、发布者设计、制作、发布虚假食品广告，使消费者的合法权益受到损害的，应当与食品生产经营者承担连带责任。

社会团体或者其他组织、个人在虚假广告或者其他虚假宣传中向消费者推荐食品，使消费者的合法权益受到损害的，应当与食品生产经营者承担连带责任。

违反本法规定，食品药品监督管理等部门、食品检验机构、食品行业协会以广告或者其他形式向消费者推荐食品，消费者组织以收取费用或者其他牟取利益的方式向消费者推荐食品的。

对食品作虚假宣传且情节严重的，由省级以上人民政府食品药品监督管理部门决定暂停销售该食品，并向社会公布；仍然销售该食品的，由县级以上人民政府食品药品监督管理部门没收违法所得和违法销售的食品，并处二万元以上五万元以下罚款。

违反本法规定，编造、散布虚假食品安全信息，构成违反治安管理行为的，由公安机关依法给予治安管理处罚。

媒体编造、散布虚假食品安全信息的，由有关主管部门依法给予处罚，并对直接负责的主管人员和其他直接责任人员给予处分；使公民、法人或者其他组织的合法权益受到损害的，依法承担消除影响、恢复名誉、赔偿损失、赔礼道歉等民事责任。

违反本法规定，县级以上地方人民政府有下列行为之一的：（一）对发生在本行政区域内的食品安全事故，未及时组织协调有关部门开展有效处置，造成不良影响或者损失；（二）对本行政区域内涉及多环节的区域性食品安全问题，未及时组织整治，造成不良影响或者损失；（三）隐瞒、谎报、缓报食品安全事故；（四）本行政区域内发生特别重大食品安全事故，或者连续发生重大食品安全事故。

违反本法规定，县级以上地方人民政府有下列行为之一的，对直接负责的主管人员和其他直接责任人员给予警告、记过或者记大过处分；造成严重后果的，给予降级或者撤职处分：（一）未确定有关部门的食品安全监督管理职责，未建立健全食品安全全程监督管理工作机制和信息共享机制，未落实食品安全监督管理责任制；（二）未制定本行政区域的食品安全事故应急预案，或者发生食品安全事故后未按规定立即成立事故处置指挥机构、启动应急预案。

违反本法规定，县级以上人民政府食品药品监督管理、卫生行政、质量监督、农业行政等部门有下列行为之一的，对直接负责的主管人员和其他直接责任人员给予记大过处分；情节较重的，给予降级或者撤职处分；情节严重的，给予开除处分；造成严重后果的，其主要负责人还应当引咎辞职：（一）隐瞒、谎报、缓报食品安全事故；（二）未按规定查处食品安全事故，或者接到食品安全事故报告未及时处理，造成事故扩大或者蔓延；（三）经食品安全风险评估得出食品、食品添加剂、食品相关产品不安全结论后，未及时采取相应措施，造成食品安全事故或者不良社会影响；（四）对不符合条件的申请人准予许可，或者超越法定职权准予许可；（五）不履行食品安全监督管理职责，导致发生食品安全事故。

违反本法规定，县级以上人民政府食品药品监督管理、卫生行政、质量监督、农业行政等部门有下列行为之一，造成不良后果的，对直接负责的主管人员和其他直接责任人员给予警告、记过或者记大过处分；情节较重的，给予降级或者撤职处分；情节严重的，给予开除处分：（一）在获知有关食品安全信息后，未按规定向上级主管部门和本级人民政府报告，或者未按规定相互通报；（二）未按规定公布食品安全信息；（三）不履行法定职责，对查处食品安全违法行为不配合，或者滥用职权、玩忽职守、徇私舞弊。

食品药品监督管理质量监督等部门在履行食品安全监督管理职责过程中，违法实施检查、强制等执法措施，给生产经营者造成损失的，应当依法予以赔偿，对直接负责的主管人员和其他直接责任人员依法给予处分。

违反本法规定，造成人身、财产或者其他损害的，依法承担赔偿责任。生产经营者财产不足以同时承担民事赔偿责任和缴纳罚款、罚金时，先承担民事赔偿责任。

消费者因不符合食品安全标准的食品受到损害的，可以向经营者要求赔偿损失，也可以向生产者要求赔偿损失。接到消费者赔偿要求的生产经营者，应当实行首负责任制，先行赔付，不得推诿；属于生产者责任的，经营者赔偿后有权向生产者追偿；属于经营者责任的，生产者赔偿后有权向经营者追偿。

生产不符合食品安全标准的食品或者经营明知是不符合食品安全标准的食品，消费者除要求赔偿损失外，还可以向生产者或者经营者要求支付价款十倍或者损失三倍的赔偿金；增加赔偿的金额不足一千元的，为一千元。但是，食品的标签、说明书存在不影响食品安全且不会对消费者造成误导的瑕疵的除外。

违反本法规定，构成犯罪的，依法追究刑事责任。

5.5.1.2 违反临床试验相关法律的行政法律风险

婴幼儿配方食品临床试验既受食品安全法的调整，也受临床试验相关法律的调整，下文对违反临床试验的行政法律风险举例说明。

《中华人民共和国基本医疗卫生与健康促进法》第一百零二条规定，违反本法规定，医疗卫生人员有下列行为之一的，由县级以上人民政府卫生健康主管部门依照有关执业医师、护士管理和医疗纠纷预防处理等法律、行政法规的规定给予行政处罚：（一）利用职务之便索要、非法收受财物或者牟取其他不正当利益；（二）泄露公民个人健康信息；（三）在开展医学研究或提供医疗卫生服务过程中未按照规定履行告知义务或者违反医学伦理规范。前款规定的人员属于政府举办的医疗卫生机构中的人员的，依法给予处分。可见，该法将此类违法行为的处罚引致《中华人民共和国医师法》《医疗纠纷预防和处理条例》。例如，《中华人民共和国医师法》第五十五条规定，违反本法规定，医师在执业活动中有下列行为之一的，由县级以上人民政府卫生健康主管部门责令改正，给予警告；情节严重的，责令暂停六个月以上一年以下执业活动直至吊销医师执业证书：（一）在提供医疗卫生服务或者开展医学临床研究中，未按照规定履行告知义务或者取得知情同意；（四）未按照规定报告有关情形；（五）违反法律、法规、规章或者执业规范，造成医疗事故或者其他严重后果。

总之，开展婴幼儿配方食品临床试验，涉及的行政管理法律众多，只要是违反法律，按照法律的逻辑，有违法必有惩罚，故临床试验的申办者、研究者等均应遵守相关的行政法律，以避免因此而带来的金钱罚、自由罚、资格罚等行政处罚法律风险。

5.5.2 民事责任法律风险

《中华人民共和国民法典》规定，民事主体依照法律规定或者按照当事人约定，履行民事义务，承担民事责任。开展婴幼儿配方食品临床试验，如果申办者、研究者未履行民事义务，则须承担相应的民事责任，主要有违约责任、侵权责任。承担民事责任的方式主要有：（一）停止侵害；（二）排除妨碍；（三）消除危险；（四）返还财产；（五）恢复原状；（六）修理、重作、更换；（七）继续履行；（八）赔偿损失；（九）支付违约金；（十）消除影响、恢复名誉；（十一）赔礼道歉。法律规定惩罚性赔偿的，依照其规定。承担民事责任的方式，可以单独适用，也可以合并适用。值得指出的是，民事主体（例如申办者）因同一行为应当承担民事责任、行政责任和刑事责任的，承担行政责任或者刑事责任不影响承担民事责任；民事主体的财产不足以支付的，优先用于承担民事责任。

5.5.3 刑事责任法律风险

因为涉及食品，婴幼儿配方食品临床试验活动中如触犯刑法，可能涉及食品犯罪。食品犯罪并不是一个严格的法律概念，因为在我国刑法中，食品犯罪并不是一个独立的罪名，而是对一类罪名的总称；而这一类罪名也并未包含相同的同类客体。因此，食品安全犯罪是刑法理论上对具有同类犯罪对象的一系列罪名的总称：例如生产、销售有毒有害食品罪，生产、销售不符合卫生标准的食品罪，生产、销售伪劣产品罪，以危险方法危害公共安全罪，非法经营罪。由于各罪在刑法分则体系中的分散以及法律概念规定的阙如，理论上与实务中对食品安全犯罪也就没有统一的定义。我国有学者将食品安全犯罪界定为在食品生产、销售过程中发生的犯罪活动，它直接危害的是广大人民群众的生命健康权，还有些学者认为危害食品安全犯罪是指违反国家有关食品卫生与安全法的规定，进行危害食品安全的行为，足以对身体健康造成重大危害的行为，必须在临床试验中注意避免。

婴幼儿配方食品临床试验还涉及违反临床试验相关法律，情节严重构成犯罪的情形。违反临床试验法律可能涉及多种犯罪行为，具体取决于违法行为的性质、情节以及相关法律法规的规定。例如诈骗罪，如果临床试验过程中存在虚假信息或欺诈行为，可能构成诈骗罪。伪造证据罪，伪造试验数据或报告可能构成伪造证据罪。非法行医罪，如果未经批准进行临床试验或者试验不符合法律规定，可能构成非法行医罪。妨害食品药品管理罪：如果临床试验违反了相关食品药品管理法规，可能构成妨害食品药品管理罪。侵犯公民个人信息罪：如果未经试验参与者同意收集、使用或者泄露其个人信息，可能构成侵犯公民个人信息罪。危害公共安全罪，如果试验造成了公共卫生安全或者公共安全方面的严重后果，可能构成危害公共安全罪。需要根据具体情况和相关法律法规的规定来判断。

总之，我国已经初步建立了涉及人的生命科学和医学研究相关的监督管理及受试者权益保护法律体系，包括但不限于法律、法规、规章、标准和规范，适用于婴幼儿配方食品临床试验等研究，应予以严格遵守，以充分保障婴幼儿的人身安全及人格尊严。

（刘瑞爽）

参考文献

[1] 王利明 . 论个人信息保护法与民法典的适用关系 . 湖湘法学评论，2021, 1(1): 25-35.

[2] 程啸 . 个人信息保护法理解与适用 . 北京：中国法制出版社，2021: 57, 31, 148, 125, 13.

[3] 张新宝 . 从隐私到个人信息：利益再衡量的理论与制度安排 . 中国法学，2015, 3: 38-59.

[4] 杨立新 . 人格权法通义 . 北京：商业印书馆出版社，2021: 37-41.
[5] 王晓蕾 . 个人信息保护国际比较研究 . 北京：中国金融出版社，2017: 3.
[6] 朱广新，谢鸿飞 . 民法典评注：合同编 . 通则 1. 北京：中国法制出版社，2020: 62.
[7] 刘瑞爽 . 论《个人信息保护法》对医学科学研究的影响 . 中国卫生法制，2023, 31(4): 17-21.

婴幼儿配方食品喂养效果评估

Evaluation of Feeding Effects of Infants and Young Children Formulas

第6章

婴幼儿配方食品的随机对照临床试验概述

随机对照临床试验（randomized controlled trial, RCT）是在人群中进行的、前瞻性、用以评估临床干预方式效果的试验性研究。它将研究对象随机分配到不同的组中，各个小组采用不同干预措施，然后进行相应时间的干预，随后检测组间重要临床结局的差异，进而定量估计不同干预措施的作用和效果的差异。随机对照临床试验是目前研究评估医学干预措施效果有效性最严格、最合理的科研手段[1]。

6.1 随机对照临床试验的原则

6.1.1 随机化

随机化是临床试验的主要原则和基本方法。关于随机化一个朴素的认识，是使所有的参与者有同等的机会被安排在干预组或者对照组中。随机对照临床试验具有三个优点，而这些优点恰恰是基于随机化而产生的。第一，随机化可消除在分配干预物质方案上产生的偏倚；第二，随机化有助于对研究者、参与者以及评价者进行干预手段的设盲，例如可能使用安慰剂；第三，随机化可以用概率来说明所有组间的结果差异仅仅是由机遇造成的可能性。随机化的常用方法如下。

6.1.1.1 简单随机

简单随机，又称为完全随机，是指用一定概率把研究对象分派给每个小组，其概率可能相同（例如，1∶1 分派给试验组和对照组），也可能不等（例如，2∶1 分派给试验组和对照组）。简单随机分配，除为达到期望的统计学把握程度，而对研究对象的数量和组间分配的比例进行规定之外，对简单随机化序列不加以其他限制[2]。小规模研究可以借助随机数字表进行随机化，另一种方法是排序法，是目前比较常用的方法。

简单随机分配的优势是简单易行，但缺点是虽然从整体来看各组的研究对象是按照预期概率分配的，但在某些局部包括在结束时可能产生分组不均衡，这虽然不会导致统计检验无效，但有可能会影响检出两组差异的能力，比如产生协变量失衡。因此，简单随机在实际中使用较少。

6.1.1.2 区组随机

区域分组随机化，是指先把符合条件的研究对象分为若干个规模相当的区组，然后再把每一区组内的研究对象按照相应的分配比例（一般为 1∶1）随机分派至各比较组中，即每个区组内有一半的研究对象进入试验组，另外一半的研究对象进入对照组。区组的长度是指在一个区组内研究对象的总数量，如果区组长度为 n，则表示招募 n 个连续进入的研究对象为一个区组。而区组长度可在整个试验过程中保持不变，或者可以随机改变为任何大小，但要求其改变的程度需是比较组数量的倍数 [3]。

区组随机性和简单随机性比较具有如下优势：第一，区组随机性能够在试验样本量相对较小的情形下，保持整个试验流程中比较组间研究对象数量的均衡，尤其是在每个区组都被填满时，比较组间的试验样本量就能够达到完全相同。第二，将区组设计按比较组数量划分小的区组后，按照研究对象纳入时间编号进行随机化分组，在保证比较组间数量均衡的情况下，还保障了研究对象进入试验的时间在各组间平均分布。最后，区组随机化还可以用于分层后平衡各层分配到比较组中的研究对象数量，达到分层的目的和效益，尤其适用于各层的研究对象数量较少的情况。

区组随机性的缺点：第一，与简单随机性的完全不可预测性相比较，区组随机化的局限性存在于预测分配方式的可行性。尤其是在区组长度较小时，随着研究的开展，研究者可在之前的分布方式上逐渐确定出分配序列，从而预测出之后研究对象的分组。在这种情况下，无论分配隐匿的效力如何，都会在试验中引起选择偏倚。第二，使用区组随机化对数据的分析要比简单随机化相对复杂 [3]。

6.1.1.3 分层随机

分层随机化，首先根据研究对象进入试验时某些重要的临床特征或危险因素分层，如年龄、性别、身体状况等；然后再对每层内进行随机分组，最后再分别合并为试验组和对照组。分类随机化对于组间样本分布的均衡性起到了重要作用，但是分层的因素不能过多，且每个因素的水平数也不能过多。分层随机中分层的因素一般不能超过 3 个，因为当因素或水平过多时，其间的组合就变多，而当组合较多时则容易出现不均衡的情况。分层随机化可以保证减少 Ⅰ 型错误，同时有助于增加小样本试验的把握度。

6.1.1.4 动态随机

动态随机化，是指在临床试验中，将每个研究对象分配给各组的概率并非不变，而是需要根据相应的条件进行调整。它能有效地保证各试验组间例数和某些重要的非处理因素，在组间的分布接近一致。动态随机化方法包括了瓮（urn）法、偏币（biased coin）法、最小化（minimization）法等。瓮法和偏币法属于最简单的动态随机化方法，其作用仅仅在于使各组的比例数相接近，但并没有解决各组影响结果的预后因素在组间分布的均衡性问题。因此目前最常采用的是最小化法。

最小化法由 Taves[4] 在 1974 年提出。其基本原理为：在试验开始前确定对结果起重要影响的预后因素，根据已入组研究对象预后因素的组间分布情况，将新研究对象分到使组间预后因素分布差异最小的一组中；当预后因素组间分布无差异时，新研究对象按等概率随机分配。

Pocock 和 Simo[5] 于 1975 年用参数形式介绍了更为广义的最小化法。它根据三个参数确定研究对象的分组：因素不平衡函数、总体不平衡函数、最优分配概率。因素不平衡函数指某一预后因素中与新研究对象相同的水平在各组分布的不均衡性，常用极差或方差表示。总体不平衡函数代表所有因素不平衡函数的总和，一般采用因素不平衡函数的直接求和；对于需要区分因素重要性的情况则采用因素不平衡函数的加权求和，需要设定因素权重。最优分配概率指新研究对象分配到目标组（使组间差异最小的组）上的概率。概率为 1 时，则新的研究对象将直接分配到目标组；当概率值介于 0 和 1 之间时，新的研究对象将按概率分配到目标组。

最小化法的主要优势在于可保证多个预后因素组间分布均衡。在小样本试验（如 100 例以内）中，最小化法均衡能力总是优于简单随机分组和区组随机分组[6]。与分层随机分组相比，当预后因素较多（如 3 个以上）时，最小化法的均衡能力明显较高，可同时考虑 10 ～ 20 个预后因素[7]。其不仅适用于个体临床试验，在基线特征复杂且样本量往往有限的整群随机试验中优势也尤为突出[8]。但实施过程复杂是影响最小化法应用的主要问题。最小化法不像简单随机分组和区组随机分组等方法能在试验开始前一次性得到所有研究对象的分组结果，而需在试验过程中对每一名新入组研究对象重复分组运算过程，操作较为繁复，对临床试验的组织管理亦是一个挑战。最小化法还有产生选择性偏倚的可能，因为分组过程中必须收集每位研究对象的预后因素，有可能根据已入组研究对象的情况推测下一位研究对象将被分到哪一组。

6.1.1.5 中央随机化系统

中央随机化系统是一种随机的临床对照试验管理系统，能够帮助用户更迅速有效地进行临床试验。中央随机化系统即在多中心随机临床对照试验中，各个分中心的随机化分配和干预物质配给集中由一个独立的机构或组织来安排和实施，各个分中心与此机构通常通过电话或计算机网络进行联系和操作，这种基于电话或计算机网络的随机化系统就称为中央随机化系统。中央随机化系统都是基于交互式网络响应系统或交互式语音响应系统实现的，通过电话或计算机网络将研究中心和进行随机化的机构或组织联系起来，进行随机临床对照试验的各种操作。无论是电话的中心随机化系统还是网络的中央随机化系统其功能相同，只是所依附的平台不同而已。设计完善的中央随机化系统功能强大，从筛选研究对象到导出试验数据以备统计分析大部分的试验过程都可通过中央随机化系统进行，并记录相应的信息[9]。

中央随机化管理系统将计算机与网络技术运用到随机临床对照试验中，将试验过程中的所有主要参与者联系起来，更便于集中管理和交流，提高了试验效率和质量。虽然研究和建立系统的费用较大，但中央随机化系统一经建立即能用于多项随机临床对照试验，操作灵活并能加强试验管理，减少干预物质浪费，缩短试验周期。此外，中央随机化系统和最小化法的结合，可减少最小化法手工计算的难度，而对于可预见性，则通过采用变换分配概率或人员分离的方式，可有效控制可能引入的偏倚。

6.1.2 对照

临床试验中设定对照组（control），并保证试验组和对照组的均衡性，是减少混杂因素的主要手段。设置对照组可以鉴别试验性措施（处理因素）与非试验性措施（非处理因素）的差异，从而确定了试验性措施在试验过程中的真实效应。此外，还可以减少或消除试验误差，合理均衡的对照能够使试验组与对照组的非试验性措施处于相等状态，使组间的基线特征具有可比性，从而使实验误差减少或消除。在随机对照临床应用研究时，根据对照组的设置分为下列五类：安慰剂对照，空白对照，阳性干预物质对照，剂量-反应对照和外部对照。

6.1.2.1 安慰剂对照

安慰剂是一类虚拟干预物质，其剂型、大小、颜色、质量、气味、口感等均与试验干预物质尽可能相同，但不含有试验干预物质的有效成分，应用时需检测机构提供测试报告。设立安慰剂对照的主要目的，是为了克服研究者、研究对象、参加评估作用与安全的人员等由心理因素影响而产生的偏倚，从而最大程度降低研究对象与研究者的主观预期作用，控制安慰作用。同时，设立安慰剂对照还有助于消除疾病自然进展的影响，以衬托出试验干预物质所引起的真实的疗效及不良反应，所以，在此试验前提下，能够直接度量试验干预物质和安慰剂之间的差别[10]。

采用安慰剂对照时需注意以下问题：首先，从伦理学角度来看，在所涉及的疾病进程尚未存在有效的干预物质时，采用安慰剂对照并不存在伦理学问题；但如果已有上市药品，且该药品已为研究对象提供了一定益处（如防止对研究对象的损害，降低复发、延缓疾病进展和降低死亡率），这时再采用安慰剂对照则存在伦理问题。当然，如已有的上市药品中存在一定毒性，常会引起严重不良反应，因而在研究对象拒绝接受后，亦可采用安慰剂对照；其次，当使用安慰剂对照不会延误病情、延误治疗时，才是适合的选择[10]。安慰剂对照常使研究对象感觉症状并没有好转，故容易在中途退出试验，导致病例脱落。所以，试验经常要求是双盲的。

6.1.2.2 空白对照

不加任何对照干预物质的对照组，称为空白对照。试验组和空白对照组的研究对象分配应当遵守随机化原则。与安慰剂对照组的主要区别，空白对照组没有给予任何干预物质，所以是不符合盲法的，因此可能干扰试验结果的真实评价。空白对照的实际应用状况主要有2种：首先，因为试验处理手法极其独特，所以安慰剂盲法试验常常无法实施，或者执行起来极为困难。比如试验组进行放射治疗，或者外科手术等；第二，因为试验干预物质的不良反应极其独特，以至于不能让研究者或研究对象保持盲态。所以这时采用安慰剂对照组几乎毫无价值，不如使用空白对照。

6.1.2.3 阳性干预物质对照

在随机对照临床实践中，选择了已经上市的有效干预物质作为试验干预物质的对照组，称之为阳性干预物质对照。作为阳性对照组的干预物质，一定是疗效确定、医学界普遍认可、在药典中有收载的，特别是在最近药典中有收载的。若有多个阳性对照干预物可选，则应选用对其研究的环境适应证最合理、安全的干预物质。试验干预物和阳性对照干预物质间的对比必须在同一环境下进行，且阳性干预物质对照组试验所用的剂量和摄入方案也应当符合该干预物质的最佳用量和最优方法，不然可能导致错误的结论。此外，阳性干预物质的对照组试验也应是随机双盲的。

6.1.2.4 剂量–反应对照

将试验干预物质设定为几个剂量组，把研究对象随机地分入一个剂量组中，这样的随机对照临床试验称为剂量-反应对照，或多剂量对照试验。它可以包括或不包含安慰剂对照。剂量-反应对照主要用于探讨剂量改变与疗效、不良反应间的关系，或仅用于说明疗效问题，剂量-反应有助于说明在给药方案中所选用的剂量是否适当。因为剂量-反应关系一般呈S形曲线关系，所以选用的剂量最好从曲线的拐点向两侧展开，由于其斜率较大，剂量的改变会使对疗效和安全性反应更为灵敏，从而更易于获得正确的结论。多剂量对照试验也可以包括阳性对照干预物质的一个或多个剂量组。

6.1.2.5 外部对照

外部对照也叫做历史比较，即把研究者自己或别人过去的研究结果和试验方法加以对照比较。当所涉及的疾病严重威胁人体安全，或者目前还缺乏满意的治疗方法时（如获得性免疫缺陷综合征、恶性肿瘤）且根据药物作用机制、动物试验，以及早期经验，已能推荐所研究的新药时，可以使用外部对照。外部对照可靠性差，由于其试验研究对象和外部对照的研究对象并不是来自同一研究对象总体时无法设盲，故其应用十分受限。目前，外部对照大多用作探索性试验，以及一些医疗器械的研究。

6.1.2.6 对照组的组合应用

一个随机对照临床试验不一定只是一个对照组，可以按照实际状况建立多个对照组，以分别排除不同混杂因素的影响。在一个阳性干预物质的随机对照临床试验中，增加一个安慰剂对照组，这构成了同时采用安慰剂与阳性干预物质对照的试验，也叫作三臂试验，主要使用在非劣效试验中。

在安慰剂对照试验中，为加强伦理性，可以在给每个研究对象都先给予某种标准疗法或干预物质的基础上，对试验组再给予试验干预物质，而对照组则再给予安慰剂。但如果某种标准疗法已被证明为可以减少死亡率、复发率时，研究对象在这个标准疗法中就必然会获得益处，因此不能间断，只能继续保持。此时，安慰剂对照试验的设计方案也就变成：所有研究对象都接受了这种标准治疗，试验组接受试验干预物质，而对照组接受安慰剂，这种研究称为加载研究。在抗肿瘤、抗癫痫和抗心力衰竭的药物研究中，一种标准疗效还不是完全有效，但已证实受试者不能脱离这种标准疗法时，就可使用加载研究。尽管加载研究所表达的效果与安全性都是一些联合治疗的产物，但在试验干预物质与标准治疗存在于完全不同的药理机制的情况下，加载方法是很有效果的。

6.1.3 分组隐匿

制定随机分组方案后，若随机化分组的研究人员预先了解研究对象的分组情况，可能根据研究对象的特征和个人对不同干预方案的偏好，人为地决定入选或者排除研究对象；另一方面，研究对象也可能人为地决定是否参与研究，导致选择偏倚，进而影响研究结果的真实性。

随机分组治疗方案的隐匿（简称分组隐匿），指防止随机分组方案提前解密的方法，采用分组隐匿的随机分组叫隐匿随机分组。没有分组隐匿的随机化分组是有缺陷的，无法控制选择偏倚。随机分组联合分组隐匿，才是真正意义上的随机分组，否则随机分组将和随意分组没有任何区别。

分组隐匿一般采用信封法完成，即将每位研究对象的分组方案装入不透光的信封中，信封外注明研究对象的编码并密封后交给研究人员。研究对象进入研究时，研究人员将研究对象逐一编号，再打开相应编号的信封，按照信封的分配方案进行分组。

6.1.4 盲法

盲法（blinding），指利用合理的科研设计，使研究对象不清楚自身到底采取的是干预措施还是对照措施，或让研究者不清楚某个研究对象属于试验组还是对照组。盲法的目的在于减少研究对象和研究者主观因素对结果的干扰，进而降低信息偏倚[11]。一般较为常用的盲法有如下几种。

6.1.4.1 开放试验

开放试验（open label），是指一个完全不设盲法的试验。所有的人，也包括了研究对象、研究者、监查者、数据管理人员以及统计分析人员，都了解研究对象所使用的干预物质。与盲法相比，开放试验可用于研究新药或者治疗的长期影响，比如安全性和有效性，从而获得长期干预物质治疗中的不良反应发生率的数据。由于在开放试验中，保持对研究对象和研究者开放，所以存在确定偏倚，是指因为研究者或研究对象由于知道治疗分配而对结果测量评估的系统性偏倚。比如研究者潜意识中对干预物质 A 保持期待，则在收集 A 组研究对象指标的时候就可能因为期待而产生偏倚，研究对象也是同理，如果他们对干预物质 A 不满意，则可能在汇报主观评价的时候更加悲观。

6.1.4.2 单盲法

单盲法（single blind）是指研究对象不知道自己用的是试验干预物质还是对照品，但研究者却清楚。单盲的优点是简便易行，但显然存在很大的缺陷，只是为便于研究者的观察，却很难弥补在试验的严格性方面带来的损失[12]。开放试验或单盲试验由于某些不易控制因素的干扰，常常会得到偏高的阳性率。

6.1.4.3 双盲法

双盲法（double blind）是指研究对象和研究者都不知道研究对象用的什么干预物质。在双盲测试时，申办者一般提供给研究者一个随机密封代码，并在试验方案中写明了破盲方法以及执行破盲人员，一旦出现紧急情况，允许对个别研究对象破盲而了解其所接受的治疗，此过程必须在病例报告表上记录并说明理由。尽管现在已经有如“抽彩卷”那样复杂的扣码方式，但把密码密封在信封内仍是最常用的方法，除非绝对需要，研究者绝不可以随便打开随机码，如果密码被打开了，必须立即通知负责试验的监查员，而且这个研究对象也必须退出该试验，所有未被打开的密码信封都应在试验结束时送还申办者。应当说明的是：尽管从理论上讲双盲是可靠的，但是在实际应用过程中有时也存在一些困难，不能确保“真正”的双盲[12]。

在双盲试验中，为了确保研究对象和研究者不能根据干预物质的感观得知被采用的具体干预物质情况，特别制备与试验干预物质感官相似的，但不包括试验干预物质有效成分的模拟剂，这项技术叫做“模拟技术”。模拟剂即为安慰剂，是仅用于临床研制的一类特殊研究用干预物质，其感观特征（剂型、形态、色泽、质地）、气味、用法用量，与试验干预物质完全一致，但并不包括试验干预物质的活性成分。

在以安慰剂作对照组的随机对照临床试验中，不存在两组药物在用法剂量方面的差别，因此安慰剂组可以完全按照试验干预物质的用法剂量时，可采用单模拟技术。单模拟技术是指申办者仅需要制备一种与试验干预物质所对应的安慰剂。

双模拟技术用于以阳性干预物质为对照的随机对照临床试验中。阳性干预物质是已上市或其他厂家的药品，其外观、用法、用量与试验干预物质很可能完全不一致。在这样的试验中，若假定要进行双盲，须采用双模拟技术，即由申办者制备一个与试验干预物质外观相同的安慰剂，称为试验干预物的安慰剂；再制备一个与对照干预物外观相同的安慰剂，称为对照干预物质的安慰剂，如图 6-1（a）所示。试验组的研究对象服用试验干预物质 + 对照组干预物质的安慰剂；而对照组的研究对象服用对照干预物质 + 试验干预物质的安慰剂，如图 6-1（b）所示。因此每个入组的研究对象所使用的干预物质、干预物质剂量、摄入次数等都是一样的，这就保证了双盲法的实施。

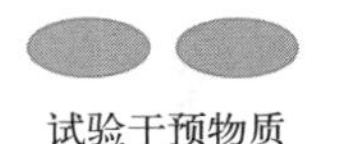

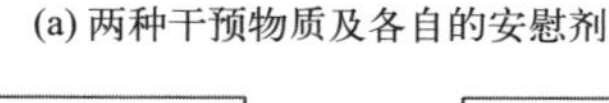

(a) 两种干预物质及各自的安慰剂

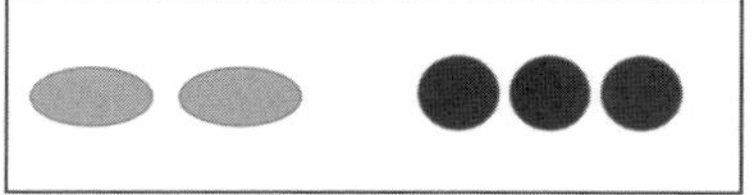

试验组：试验干预物质+阳性对照干预物质的安慰剂

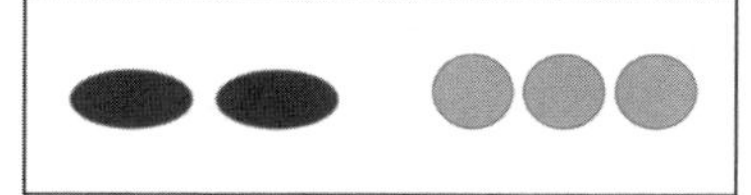

对照组：阳性对照干预物质+试验干预物质的安慰剂

(b) 实际干预物质分配方案

图 6-1　双盲双模拟示意图

6.1.4.4 三盲法

有时，为了进一步提高双盲的效果，也会实行三盲试验，在这种试验中，不仅对研究对象和研究者设盲，而且试验的其他有关人员，包括临床试验的监查员、研究助理及统计人员也不清楚治疗组的分配情况。在三盲试验中，因为统计人员并不知道设盲的具体状况，为了进行统计分析，就会涉及两次揭盲的情况。在将所有的临床试验数据录入统计数据库中并加以核实，待确定无误后，首先进行数据锁定，然后进行第一次揭盲试验，即先将所有的研究对象分为A、B两组，但到底哪一组是试验组，哪一个是对照组则还不清楚。然后进行数据分析，当A组和B组的分析数据得出来后，再进行第二次揭盲，即确认A和B组分别为试验组还是对照组[12]。

在对照试验时，如果需要一方或多方都不清楚研究对象所采用的是对照干预物质或试验干预物质，就必须进行编盲，编盲过程通常是由生物统计学专业技术人员在计算机上通过统计软件生成随机数字表，随机数生成时间应接近于干预物质编码时间。而随机表也应具有可重复生成的条件，即在生成随机数的初值、分层决定后可将这组随机数重复生成。在盲法试验完成后，就必须进行试验干预物与对照组干预物质之间的安全性疗效对比，这时候就必须了解研究对象具体采用的哪个组别，这种知道的步骤就称为揭盲，通常进行2次揭盲，一次揭盲是进行分组揭盲，如一个有两种组别的试验，第一次揭盲会知道A组和B组，但并不清楚究竟A组是试验干预物质还是对照干预物质，然后在此基础上进行数据分析，确定了A组和B组之间的差别，然后再进行第二次揭盲，这次揭盲就可以揭晓究竟哪组为试验组，哪组是对照组，进而分析随机对照临床结果。

盲法试验一般在试验结束进行统计分析时才揭盲。但为保证试验对象的安全，在紧急情况时，比如出现了重大不良事件而又无法确定与试验干预物质是否相关、过度用药、与合并用药产生严重的药物相互反应等，急需知道服用了何种药物而决定抢救方案时，需要提前破盲。所以，在试验开始前，申办者除了保存一套完整的随机密码（盲底）外，应当向研究者提供一套密封的盲底备用，在遇到有研究对象发生上述紧急情况时可对该研究对象进行紧急破盲。破盲时，要准确记载提前破盲的日期、理由以及执行破盲的人员，并尽快告知监查人员和申办者。需要注意的是，破盲对象必须是出现了重大的不良事件，但是，如果已确认该重大不良事件和试验干预物质无关，那就不一定属于需要破盲的情况。研究对象因自身理由提前退出试验不需要破盲，更不能因为好奇心或其他理由（例如为了改善试验结果）而提早破盲。一旦提早破盲，该研究对象通常不能再进行进一步研究，并且对于该试验结果也一般无法进行疗效的评价分析，但是仍要列入安全性分析数据集。

相比较而言，单盲比开放试验要好，但最严格的试验还是应当采用双盲或三盲进行。应当说明，虽然开放试验并不严格，但在导向试验或危及生命的疾病患者或罕见的疾病，如狂犬病或在医疗道德上不允许设盲的情形下，仍需使用该方法。在随机对照临床试验中如果想要正确使用盲法，我们就必须在干预物质准备时下很多功夫，需要通过使用安慰剂、双模拟技术、胶囊技术等让干预物质本身的特性不损坏盲法。在传统中医药中，许多药材都具有独特的味道与颜色，所以在随机对照临床试验中，在制备模拟剂时应该注意在各方面尽可能地与实际治疗用药相似，因为不合格的模拟剂可能加大破盲风险。接受了试验干预物质的研究对象，可能会因为疾病的好转 / 恶化以及某些不良反应的发生，而猜测自己所采用的干预物质治疗类型，进而破坏了盲法。此外，监查人员还必须在整个试验过程中监督有关的工作人员，不要有意无意暴露盲底。

6.2 随机对照临床试验的类型

6.2.1 平行组设计

平行组设计为一种常见的随机对照临床试验，将满足入选条件的研究对象按随机化方式分配进入试验组和对照组，分别进行试验治疗和对照组治疗，并获取其效果和安全性数据，再通过对比说明干预作用。在平行组设计时，基于研究的试验目的，可为同一试验中设置一个或多个对照组。同一试验措施中也可设计多个干预强度分组，以研究剂量效应关系[13]。

按照试验方法的性质，对照措施一般分成阳性或阴性对照。阳性对照的目的，在于通过与已得到证实的有效干预物对比，表明试验干预物质的干预功能。为说明合理性，在对照干预物质的选择时，一般可选取针对某些适应证的当前有效的干预物质作为对照组。而阴性对照则通常选择安慰剂作为对比，在试验时采用试验组和安慰剂组之间对比，可合理地扣除安慰剂效应，以便更精确地评估干预物质产生的效果。平行设计运用范围广，其主要优势是设计方法相对简单，研究周期相对较短，便于运用与掌握。

6.2.2 交叉设计

交叉设计是根据预先制定好的试验次序，在不同阶段对研究对象逐一实施不同处理，比较各组之间的差异。交叉设计是将自身比较和组间比较设计思路综合应用的一种设计方法，可以控制个体间的差异，同时减少研究对象人数。其优势在于减少了个体差异，节约了研究样本；不足之处则在于研究洗脱期时间难以确定，两阶段干预效果难以统一、影响可比性以及研究的持续时间过长[14]。

最简单的交叉方法为2×2形式，对每个研究对象进行两个试验阶段，分别接受两种试验干预物质。第一阶段接受的试验干预物质是随机决定的，第二阶段必须接受与第一阶段不同的另一种试验干预物质。每个研究对象必须经过以下几个试验阶段，即准备阶段、第一试验阶段、洗脱期以及第二试验阶段。

准备阶段（run in period）：指未做任何处理之前的自然状况，随后进入实验。此阶段记录基础数据。

清洗阶段（wash out period）：洗脱期，指研究对象不接受任何处理，确认前一处理作用消失，研究对象又回到自然状态，以保证后一时期的处理不受前一时期处理的影响。记录基础数据。

蓄积作用 / 延滞作用：当外来化合物一次性进入体内之后，会经过代谢或原型排出体外，但如果物质在体内发生了亚慢性接触，将反复进入体内，以及当接触的速度或数量超过了代谢物转化与排出的速度或数量时，物质则会在人体中逐渐增加并贮留，这种情况称为化合物的蓄积作用。在交叉研究中，则表现为每个阶段的用药对下一阶段的延滞作用。每个试验阶段的干预物质对后一阶段延滞效应，采用交叉设计时应避免延滞效应，资料分析时需检测是否有延滞效应存在。因此，在每个试验时期均要求在适当长的试验时期进行洗脱期和相关的洗脱步骤，以降低其延滞影响。另外，交叉设计时应尽量避免研究对象的失访。

6.2.3 析因设计

析因设计，是在随机对照临床试验中包括两个或多个研究因素，且对各因素的各水平所有组合进行比较的一种研究设计方法，又称“完全析因设计”。

在经典的析因试验中，研究者除了关心各试验因素之间的主效应（main effect）外，还关心各因素间的交互作用（interaction)。在这里的试验因素通常包含了干预措施、暴露因素等，但也可能包括非试验因素中的混杂因素。因素的水平是指被研究因素的各种水平，比如，不同的干预方法、暴露与不暴露于某因素等。有些情况下，研究者仅关心各因素不同水平所有不同组合中的某几种组合，这种情况叫不完全析因设计[15]。

主作用是指在一个因素水平改变后，其试验效果的变化。单独效果是指某一种因素单独作用时效应的变化。联合效应，以 2×2 析因设计为例，是指两因素均处于高水平时，相对于两因素均处于低水平时的效应变化。若一个处理因素的效应在另一因素的不同水平上表现不同或不尽相同，则称这两个因素存在交互作用。

6.2.4 成组序贯设计

成组序贯设计是将试验组和对照组按相同比例分为若干批次，每一批研究对象完成方案规定的试验后，再将各批次揭盲对结果加以分析，以确定试验是否继续进行。成组序贯设计常适用于以下 2 种情形：第一，试验干预物和对照干预物质的干预作用差异很大，但研究范围稀少且临床研究的持续时间较长；第二，怀疑试验干预物质存在较大的不良反应风险，则通过成组序贯设计可更快结束试验。

成组序贯设计，既能够避免由于盲目扩大样本规模而造成损失、但也不至于由于样本规模过小而得不到相应的结论，适用于大型、观察期较长或事先不能确定样本量的随机对照临床试验。成组序贯设计的盲底要求一次产生，然后再分批揭盲。但随着多次或重复进行的假设检验，可能导致 I 类错误增加，所以就必须对每个检验的名义水准进行适当调整，以控制总的 I 类错误数量不超过预先确定的水准（如 α=0.05）[16]。

6.3 婴幼儿配方食品随机对照临床试验的设计

6.3.1 研究问题

研究问题是研究者通过开展研究想要解决的问题，通常情况下随机对照临床试验的研究目标是评价某种干预措施的有效性和安全性。随机对照临床试验中的研究问题都需要基于 PICO（后面 4 个英文单词首字母）的理论框架加以构建，即通过对实际临床或公共卫生决策中所涉及的人群（patient）或群体（population）、干预（intervention）、对照（control）、结果（outcome）四个层面分别作出具体界定。

例如，在 Lowe 等 [17] 的一项“断奶时部分水解乳清婴儿配方奶粉对高危儿童过敏性疾病风险的影响”的随机对照临床试验中，研究的目的是确定与传统牛奶婴儿配方奶粉相比，部分水解乳清婴儿配方奶粉的使用是否降低了高危婴幼儿 2 岁以下过敏表现（湿疹和食物反应）的发生率。

人群纳入标准为：在 1990 ～ 1994 年间，澳大利亚墨尔本仁慈妇产医院出生的孩子，以及其亲属中如果有湿疹、哮喘、过敏性鼻炎或食物过敏史的病史，则会被纳入。

该试验的干预物质有 2 种干预配方：大豆配方奶粉（ProSobee：MeadJohnson Nutrition/ 百时美施贵宝，澳大利亚墨尔本）和部分水解乳清配方奶粉（NAN HA：雀巢，德国比森霍芬）。

对照配方奶粉为传统牛奶配方（NAN：雀巢公司，澳大利亚通加拉）。

主要结局为孩子 2 岁前的任何过敏表现（累积发生率）。

6.3.2　随机化方法

随机对照临床试验的随机化方法具体原则和方法见 6.2.1。

6.3.3　干预及对照的选择

随机对照临床试验的对照设置方法具体原则和方法见 6.2.2。

6.3.4　结局指标的选择

结局指标分为主要结局指标和次要结局指标。主要结局指标是与试验目的有本质关系的，能确切反映干预物质有效性的观察指标，通常主要结局指标只有一个，偶尔会设定 2 ～ 3 个。如果存在多个主要结局指标，应该在设计方案中考虑控制 I 类错误的方法。主要结局指标应根据试验目的确定易于量化、客观性强、重复性好，并且在相关研究领域中已有公认标准的指标。同时，主要结局指标必须在随机对照临床试验之前就确定好，并用于样本量的估计。

次要结局指标是指与试验目的相关的辅助性指标，主要对主要结局指标进行支持。一般来说，次要结局指标的数目要比较多。设置次要结局的另一种目的是用来解决所谓的次要研究问题。临床试验的成本比较昂贵，研究者总是期望在一个研究中尽量多地获取信息，解决尽量多的难题，并为进一步的科研提供线索，因此会有一些额外的测量指标。次要结局指标不能过多，应仅限于要回答的次要研究问题，否则将引起过高的假阳性率。选择好结局指标之后，还需要规定指标的观察常规方法，比如观察方法、标准、时间、记录方式以及记录格式等，对于具体的结局指标选用的统计分析方法进行说明。

例如，在 Puccioe 等 [18] 的一项“含母乳低聚糖的婴儿配方奶粉对生长发育和发病率的影响”的多中心随机试验中，其主要结果为婴儿从入组到 4 个月大之间的体重增加（g/d）（计算为基线访视和 4 个月龄访视之间的婴儿体重差，除以随后两次访视的天数），其中 0 ～ 4 个月是婴儿配方奶粉作为唯一营养来源的时间段。次要结果包括其他人体测量指标，包括体重、身长、体重指数（BMI）、头围和相应的评分，消化耐受性（胀气和呕吐）、粪便特征（大便稠度和频率）、行为模式（烦躁不安、绞痛和夜间醒来）、配方奶粉摄入量和发病率（父母报告的不良事件和伴随用药）。

6.3.5 样本量估算

样本量确定，又称样本量估计，是指为了实现统计的准确性和可靠性（Ⅰ类错误的控制和检验效能的保证）而估计出的所需要的样本量，它是临床试验研究的一个至关重要的部分，直接关系到研究的准确性、可重复性，以及研究效率的高低。如果样本量过小，即使执行最严格的研究，也可能无法回答研究问题。另一方面，如果样本量过大，将产生更多的困难与不必要的花费，样本量计划的目的是根据既定研究设计确定适当数量的研究对象 [19]。

6.3.5.1 决定样本量估计的要素

在估计样本量之前需要考虑三个因素，分别是研究目的、研究设计和主要观察指标。首先，需要明确研究目的是探讨在病情发展和预后的危险因素，是验证某一干预措施的有效性与安全性，还是评估某一新技术诊断疾病的准确性，针对不同目的，具体的样本量估计的考虑因素也不同。针对随机对照试验的设计方法，要考虑设计类型是属于优效性设计还是非劣效性设计。主要观察指标的资料类型一般可以分为计数资料和计量资料两种，对应的样本量估计方法各不相同。

常用的效应值包括组间均数差（mean difference, MD）、风险差异（risk difference, RD）、相对风险（relative risk, RR）、风险比（hazard ratio, HR）、比值比（odds ratio, OR）等。一般来说，两组预估效应差值越大，即两组 MD 或 RD 愈大，RR、HR 或 OR 则愈偏离 1，所需要的样本数越小。当临床研究是优效性试验或非劣效性试验设计时，还需结合比较优效性界值或非劣效性界值来确定样本量[19-20]。

通常用方差或标准差反映组间观察指数的总变异程度。通常情形下，变异度，即方差越大，所需要的样本量越大。事件率越接近 0.5，所需样本量越小。

检验水准 α，即 I 型错误的概率，是指错误地否定了实际成立的原假设 H_0，这种错误地判定为有差异的概率大小。因此 α 愈小，所需要样本量也愈大。α 的取值通常是双侧 0.05 或 0.1，在优效或非劣效试验设计中常取值为单侧 0.025。在进行多重试验时，若设置了多种主要疗效指标、拟进行多组间两两比较或在试验过程中设计了期中分析，需进行多次比较分析的情况下，则会使 I 型错误增加，需对 α 进行校正。在这一阶段中需要进行多次重复显著性检验，每进行一次检验都将增加 I 型错误的概率，进而使总的显著性水平 α 型提高。例如，以检验水平 α=0.05，重复完成 10 次检验为例，则出现 I 型错误的总概率就增加到了 0.19。常见的调整检验水准 α 的方法，如 Bonferroni 法，调节后的 $\alpha'=\alpha/k$（k 代表统计检验的频率），若总共需完成 3 次检验，则 α'=0.05/3，即 0.0167。成组序贯设计包括了期中分析，要使总体显著性水平保持在常数 α，就需要调节每一次分析的显著性水平，常见的调节 α 型水平的方法包括了 Pocock 方法、o'Brien-Fleming 方法和 Peto 法等[19]。

把握度，即检验效能，是指所研究对象总体间确有差异时，按检验水平 α 能够发现此差异的概率。因为把握度 =1−β，而 β 是 II 型错误的概率，因而确定了 β 水平也就相当于确定了把握度水平。把握度越大，所需要样本量也越大，通常将其定为 0.80 或 0.90。一般建议临床试验把握度定为 0.90[21]。

除了上述主要因素以外，其他因素如两组例数的分配比例、优效性与非劣效性界值、不应答或失访率等，也都可能干扰样本量的估计。通过样本量估算公式计算得到样本量后，一般要考虑不应答或失访的影响，增加相应的样本量，以确保实际统计的有效样本数量能够达到统计要求。

6.3.5.2 样本量计算方法

明确了研究的主要目的、采用的研究设计以及研究的主要观察指标之后，就确定了样本量估计时需要用到的参数及参数的大小，之后将数据代入样本量计算公式，采用软件计算即可。常用的 PASS、SAS、Stata 等统计软件都可以方便地实现样本量的计算。其中主要观察指标的预估值，则可以根据预试验成果或总结前期数据、查阅文献或根据专家意见，由临床专家和统计学专家们联合确定。

（1）计数资料　研究结局为发病率、感染率等计数资料（比如婴儿的坏死性小肠结肠炎发生率、腹泻发生率、过敏发生率等）。

① 双侧检验的样本量计算公式为：

$$N_c = \frac{\left[P_e(1-P_e)/k + P_c(1-P_c)\right](Z_{1-\alpha/2}+Z_{1-\beta})^2}{(P_e-P_c)^2} \qquad (6\text{-}1)$$

$$N_e = kN_c$$

式中，N_c 和 N_e 分别为对照组和干预组的样本量；k 为试验组与对照组样本量的比值；P_e 为试验组发生率的估计值；P_c 为对照组结局事件的发生率；$Z_{1-\alpha/2}$ 为检验水平 $1-\alpha$（双侧）相应的标准正态值；$Z_{1-\beta}$ 为检验水平 $1-\beta$（单侧）相应的标准正态值。

② 非劣效性试验的样本量计算公式为：

$$N_c = \frac{\left[P_e(1-P_e)/k + P_c(1-P_c)\right](Z_{1-\alpha}+Z_{1-\beta})^2}{[P_e-P_c-(-\delta)]^2} \qquad (6\text{-}2)$$

$$N_e = kN_c$$

式中，δ 为非劣效界值，是研究设计阶段结合统计考虑和临床判断确定的；$Z_{1-\alpha}$ 为检验水平 $1-\alpha$（单侧）相应的标准正态值。N_c、N_e、k、P_e、P_c、$Z_{1-\beta}$ 意义同前。

③ 优效性试验样本量计算公式为：

$$N_c = \frac{\left[P_e(1-P_e)/k + P_c(1-P_c)\right](Z_{1-\alpha} + Z_{1-\beta})^2}{(P_e - P_c - \delta)^2} \quad (6\text{-}3)$$
$$N_e = kN_c$$

式中，δ 为优效界值；N_c、N_e、k、P_e、P_c、$Z_{1-\alpha}$、$Z_{1-\beta}$ 意义同前。

④ 等效性试验的样本量计算公式为：

$$N_c = \frac{\left[P_e(1-P_e)/k + P_c(1-P_c)\right](Z_{1-\alpha} + Z_{1-\beta/2})^2}{(\delta - |P_e - P_c|)^2} \quad (6\text{-}4)$$
$$N_e = kN_c$$

式中，δ 为等效界值，$Z_{1-\beta/2}$ 为检验水平为 $1-\beta$（双侧）相应的标准正态值；N_c、N_e、k、P_e、P_c、$Z_{1-\alpha}$ 意义同前。

（2）计量资料　研究结局为婴儿身长、体重、认知评分等计量资料时。

① 双侧检验的样本量计算公式为：

$$N_c = \frac{(Z_{1-\alpha/2} + Z_{1-\beta})^2 \sigma^2 (1 + 1/k)}{d^2} \quad (6\text{-}5)$$
$$N_e = kN_c$$

式中，σ 为干预组和对照组的总体标准差的估计值；d 为干预组与对照组均数之差的估计值；N_c、N_e、k、$Z_{1-\alpha/2}$、$Z_{1-\beta}$ 意义同前。

② 非劣效性试验的样本量计算公式为：

$$N_c = \frac{(Z_{1-\alpha} + Z_{1-\beta})^2 \sigma^2 (1 + 1/k)}{[d - (-\delta)]^2} \quad (6\text{-}6)$$
$$N_e = kN_c$$

式中，δ 为非劣效界值；N_c、N_e、k、$Z_{1-\alpha}$、$Z_{1-\beta}$、σ、d 意义同前。

③ 优效性试验的样本量计算公式为：

$$N_c = \frac{(Z_{1-\alpha} + Z_{1-\beta})^2 \sigma^2 (1 + 1/k)}{(d - \delta)^2} \quad (6\text{-}7)$$
$$N_e = kN_c$$

式中，δ 为优效界值；N_c、N_e、k、$Z_{1-\alpha}$、$Z_{1-\beta}$、σ、d 意义同前。

④ 等效性试验的样本量计算公式为：

$$N_c = \frac{(Z_{1-\alpha} + Z_{1-\beta/2})^2 \sigma^2 \left(1 + 1/k\right)}{(\delta - |d|)^2} \tag{6-8}$$
$$N_e = kN_c$$

式中，δ 为等效界值；N_c、N_e、k、$Z_{1-\alpha}$、$Z_{1-\beta/2}$、σ、d 意义同前。

6.3.5.3 样本量估计的常见错误

部分研究者在撰写临床研究方案时，未经过计算就直接确定样本量。这种确定样本量的方法可能导致样本量不足，达不到统计学检验的要求，得不到预期的研究结果。但是，对于因实际情况限制无法入组过多的研究，或研究本身的目的是为了进行预试验探索方案的可行性、初步探索干预措施的疗效和安全性，可不按照样本量估计的例数入组，但应对预试验的研究目的给予明确说明。

在样本量估计方法中，比较普遍的错误之一是样本量估计方法与研究设计和主要观察指标不对应。样本量的计算方式须与研究目的、研究设计以及主要观察指标相对应，否则无法取得预想的结果。

样本量估计的另一个常见错误是样本量估算的参数设置缺乏依据，或者参数设置不合理、不符合临床应用实际状况。例如：为了节省样本量故意夸大事件率或期望的效应值，或设置的脱落率和失访率太高，设计的参数显然不适合临床研究的实际情况。上述情况均可以造成样本量预测不准确，进而使研究达不到期望的研究效度。

综上所述，在临床应用研究的过程中，样本量既不是越大就好，也不是越小就好。合理的样本量是临床研究设计的重要环节，与研究设计的其他内容密切关联，估计过程应充分理解并考虑研究目的、研究设计及其主要观察指标的资料性质。合理样本量应该由临床专家和统计学专家合作研究确定，通过选择合适的计算方法和公式，合理设置参数，并进行合理的计算才能保证其准确性[21]。

例如，在 Sakihara 等[22]的一项研究“早期婴儿配方奶粉预防牛奶过敏”的随机试验中，根据已发表的报告，预测了由 IgE 介导的牛奶过敏在普通人群中的患病率将低于 5%。估计每组需要 344 名婴儿才能检测到 6 个月大时牛奶过敏减少 75%（对照组为 4.9%，试验组为 1.2%）。同时，考虑到随访期间的死亡率下降了 10%，其最初的目标是招募 764 名婴儿。

6.4 婴幼儿配方食品随机对照临床试验的统计分析

6.4.1 统计分析计划

统计分析计划具体应包含以下内容。

6.4.1.1 对整个临床试验研究过程的简要描述

内容主要包括临床试验的目的、研究设计类型、入选和排除标准、样本例数的确定、随机化方法、盲法种类、盲态审核过程与结果，同时还阐述了研究的主要指标与次要指标的定义、疗效判断的标准、统计分析集的规定以及在研究资料获取过程中，对缺失值和离群值的处理、分组处理等事项。

6.4.1.2 对于统计分析方法的描述

包括对研究对象分布情况、基线可比性研究、主要指标分析、次要指标分析、安全性分析，以及对各个方面所包含的信息描述及其对数据运用的方法都应进行详细描述，包括不同类型统计描述的内容、选用的统计模型、检验水准的规定，以及进行假设检验和建立可信区间的统计学方法的选择及其理由。如在统计分析过程中进行了数据变换，应同时提供数据变换的原因和依据。还需要说明所采用的统计分析软件，注明统计分析软件全称和版本。

6.4.1.3 给出所有统计分析内容对应的统计图表和标题

数据分析计划中具体的图、表格格式和标题可以在附录中给出，并对分析的指标给出测量单位、等级尺度的注释和有关分组的说明。

6.4.2 统计分析集

意向性治疗分析（intention-to-treat analysis, ITT）是指进行了随机分组的研究对象无论其是否接受该组治疗，最终都纳入所分配组中进行疗效的统计方法。意向性治疗分析的目的是减少选择偏倚，并使各治疗组之间保持可比性。在意向性治疗分析中不但决定研究对象的分配，并且决定研究对象的数据分析。如图 6-2 所示，试验结束后将有 4 组研究对象。意向性治疗分析通常是对比 1+2 组和 3+4 组；效力分析，即依从者分析，亦称为解释性试验或生物效力分析，即对比 2 组和 3 组，而忽略 1 组和 4 组。接受治疗分析是比较 1 中转组者 +3 组和 2+4 中转组者 [23]。

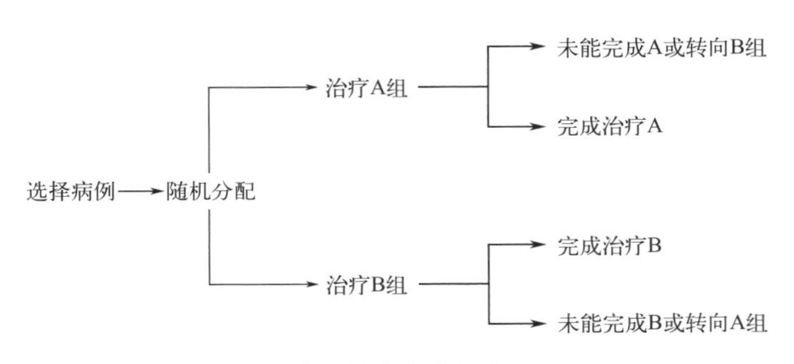

图 6-2　意向性治疗分析分组框架图

在评价项目的真实性上，意向性治疗分析是最有力的手段。随机对照临床试验的基本目标是获得试验的效力和效果。试验的效力体现的是在某种理想状况下的治疗效果，即研究对象真正接受和实现了这种治疗。试验的效果是指在一般的临床状态下治疗的实际效果，参加者可能会不依从、改变治疗方式或间断治疗等，意向性治疗分析分析评价的就是给予某种治疗方式之后患者的实际结局。基于意向性治疗分析和依从者分析原则，统计分析的数据可以形成如下数据集。

6.4.2.1 FAS 集

通过意向性分析，全部随机化的受试者都应该纳入分析，称为全分析集（full analysis set, FAS），有些方案将该集合的人群称为ITT人群。根据ITT原则，我们需要更充分地跟踪每个随机化研究对象的研究结果。FAS集是在所有随机化的研究对象中，以最少的和合理的方法剔除受试者后得出的。

6.4.2.2 PPS集

基于符合方法原则，全部随机化的受试者中，完全按照方案设计进行研究的那部分才能纳入分析，称为符合方法集（per-protocol set, PPS）。一般研究中把没有重要违背方案的受试者都认为是符合方案。

6.4.2.3 SAS集

对于安全性分析，不使用意向性原则和符合方案原则，而是“暴露”原则，即所有至少使用过一剂研究药物的受试者，都必须分析安全性资料，以形成安全性分析集（safety analysis set, SAS）。

在许多的随机对照临床试验中，虽然FAS值是保守的，但却最接近于药品上市后的效果。应用PPS可表明试验干预物质根据规定方法应用的效果，但可能较以后应用时的疗效偏大。

6.4.3 数据整理

对于数据的整理是统计分析中的首要步骤，应根据研究目的和设计对数研究资料的完整性、规范性和真实性进行核实，并进行录入、归类，使之系统性、条理性，以便进一步分析。对于研究对象，其在堆积分组前后离开试验所带来的影响是不同的。

排除是指在随机分组前研究对象由于某种理由而不能被纳入，虽然对研究结论的内在真实性并不会产生影响，但可能影响研究结论的外推，被排除的研究对象越多，结论推广的面越小。因此，从评估潜在的研究对象到真正随机分组研究对象的过程中，被排除者及其排除原因的资料需要整理。为观察并甄选出真正符合纳入标准的研究对象，研究者可在研究设计中加入试运行期。该方法是指在随机分组以前，通过短期的试验了解研究对象的合作、依从、不能耐受的不良反应等情况，从而排除不符合标准或可能无法坚持试验的研究对象，包括对干预方法的禁忌者、无法跟踪者、可能失访者、拒绝进行试验者等。并在以后的试验中，只选择最可能参与的研究对象进行随机分组。

退出，是指研究对象被随机分配后从试验组或对照组中撤离。这样不但容易造成原定的样本量不足，使研究功效降低，且易产生选择偏倚。退出的原因通常分为：第一，不符合要求的研究对象，在数据整理时，一般会把不符合要求的研究对象全数移除，包括不符合纳入标准者、一次也没有接受干预措施或没有任何数据者。第二，不依从的研究对象，是指研究对象进行随机分组后，不遵守试验所规定的要求。第三，失访，是指研究对象因为迁移或与本病无关的某些原因死亡而发生失访。

6.4.4 数据缺失值和离群值处理

随机对照临床试验中关于缺失值的处理一般采用如下方法。

6.4.4.1 基于完整观测的方法

基于完整观测的方法一般分为完整案例分析和有效案例分析。完整案例分析是指把所有数据缺失值的对象移除，只分析有完整数据的研究对象；有效案例分析是指根据观察到的数据进行分析，只删掉那些需要统计分析的变量缺失的受试者，因而这样所分析的样本量会随着不同的变量而变化。完整案例研究的缺陷在于对意向性治疗分析理论的背离，并且由此可能产生偏倚，导致巨大的数据损失。研究对象可能仅仅因很少的缺失数据而要排除到分析之外，必然要损失这些研究对象可获取的其他数据资料，导致研究的样本量大大减少，降低了统计把握度。

6.4.4.2 填补法

填补法指对缺失值用研究对象中某个可能存在的特定假设值来填补代替，方法包括了单一填充和多重填补两大类。单一填补方法是为每一缺失值构造一个代替值，然后再对填充后的完整数据集进行相应分析。

其目的是尽可能利用每个研究对象进行数据分析，减少样本量的丢失。单一填补法由于所补充的数据是唯一的，并不能反映出缺失数据的不确定性，因而常常会造成一定的偏差；而多重填补法的基本原理是利用研究对象失访前的数据作为协因素，构建适当的回归模型，再通过新建立的模型对缺失数据加以估计和填补。为防止填补缺失值时可能会低估效应指标的可信区间范围，多重填补法采用了随机抽样的方法来填补缺失值。

6.4.4.3 离群值问题的处理

应同时从医学和统计学专业两方面去判断，尤其须从医学专业知识判断。离群值的处理通常在盲态检验中进行，如果试验方案中并没有预先指定处理方式，就需要实际资料分析时，进行包括和不包括离群值的两种结果比较，研究它们的结果是否不一致以及不一致的直接原因。注意，不可以将离群值用其他数据替代，如用均数替换等。

6.4.5 数据变换

在统计分析之前对相关变量是否要进行变化，应参照以往试验中相关数据的特征，在试验设计时即做出决定。拟采用的变换方法（如对数、平方根等）及其依据必须在试验方法中明确表示，数据变换是为了确保资料满足统计分析方法所基于的假设，变换方法的选择原则应该是公认常用的。一些特定的变换方法，应已在某些特定的临床领域得到成功应用。

6.4.6 统计分析方法

临床试验中使用的数据分析技术和统计分析软件应是国内外公认的，数据分析要建立在真实、全面的资料基础上，选择的数据模型要基于试验目的、试验方法和观察指标选择，一般可以总结为描述性统计分析、参数估计和可信区间以及假设检验、协变量分析几方面。

6.4.6.1 描述性统计分析

该分析方法通常主要用于人口学资料、基线资料和安全性资料，以及对主要指标和次要指标的统计描述。

6.4.6.2 参数估计、可信区间和假设检验

参数估计、可信区间和假设检验是对主要指标和次要指标进行评价和预测的必不可少的手段。也可用于基线等资料的比较，但通常是不必要的。试验方案中，必须明确所检测的假设和待估计的处理效应、数据分析方法和所涉及的统计模型。处理效应的估计必须同时提供可信区间，并阐明估算方式。假设检验须清楚表明其使用的是单侧还是双侧，若使用单侧检验，应说明理由。

6.4.6.3 协变量分析

随机对照试验中的主要指标，除去干预物质作用因素以外，常受到其他因素的影响，如研究对象的基线情况、不同治疗中心研究对象之间差异等因素，上述影响因素在统计上可作为协变量分析。在研究前要确定可能对主要指标产生重要影响的协变量，以及如何进行分析以提高估计的精度，克服处理组间由于协变量不均衡所产生的影响。在多中心临床试验时，假定中心间处理效应是齐性的，则在模型中常规地包含交互作用项将会降低主效应检验的效能。因此，对主要指标的分析如采用一个考虑到中心间差异的统计模型来研究处理主效应时，不应包含中心与处理的交互作用项。如果中心间处理结果是非齐性的，则对处理效应的解释比较复杂。

6.4.7 安全性分析

在所有临床试验中，安全性评价是很重要的一个方面。选择用来评价干预物质安全性的方法和测定取决于许多因素，包括与干预物质密切相关的不良作用知识、非临床和早期临床试验的资料、以及药物的药代动力学和药效动力学特征、给药途径、研究对象情况和研究期限等。安

全性评价的主要内容是临床不良事件，血液学和临床化学实验室测定，体格检查和生命体征。严重不良事件和因不良事件导致的治疗终止，可对新药注册发生重要影响。

安全性评价数据集包括至少接受了一次所研究干预物质的研究对象。收集安全性数据应该尽可能全面，包括不良事件的名称、类型、严重程度、开始及结束时间、与研究用物质的关系、转归和是否接受治疗等。在多中心临床试验中，不良事件的定义应当事先规定。各中心的实验室测定的正常范围不同时，需考虑进行恰当的标准化，实验室不良事件的评价标准应事先统一；不良事件的严重程度判断依据或毒性等级也须事先确定。收集和评价不良事件所用的方法最好一致，可以采用一个国际通用的不良事件词典，以便对不良事件按名称和器官系统进行归并。不良事件数据一般表达为不良事件的事件数和累及病例百分数。

临床试验中常会重复进行实验室检查和体格检查。不同时间点实验室检查结果以正常、异常无临床意义和异常有临床意义，或正常、异常表示时，此类结果应按各检查时间点列出各类检查结果的病例数和百分比。不同时间点的生命体征和体重等变化应列出均值和标准差以及中位数和最小、最大值。发生严重不良事件的病例，除了按法规要求及时向有关管理部门报告外，在分析中应该逐例列出他们的随机号、人口学数据、基线数据以及与严重不良事件有关的详细情况。

在大多数临床试验中，安全性评价采用描述性统计方法进行数据分析，在有利于说明时可辅以可信区间。进行试验组与对照组的比较时，P 值可作为显示差别需要进一步注意的一个标志。需要注意的是，安全性数据大多是自身对照的重复测量数据。进行统计学评价时，需根据数据的类型，采用适合于计量数据或分类数据的重复测量统计分析方法。

（何晶晶，赵艾）

参考文献

[1] 张萍，张崇凡．随机临床试验报告统一标准声明 2022 扩展版建议的清单条目翻译和解读．中国循证儿科杂志，2023, 18(2): 142-147.

[2] 李庚，温泽淮．基于临床研究数据模拟比较简单随机、动态均衡随机及最小化法随机的均衡性．中药新药与临床药理，2021, 32(6): 894-898.

[3] 谷恒明，胡良平．试验设计类型之无法考察交互作用的多因素设计：随机区组设计与拉丁方设计．四川精神卫生，2017, 30(1): 11-15.

[4] Taves D R. Minimization: a new method of assigning patients to treatment and control groups. Clin Pharmacol Ther, 1974, 15(5): 443-453.

[5] Pocock S J, Simon R. Sequential treatment assignment with balancing for prognostic factors in the controlled clinical trial. Biometrics, 1975, 31(1): 103-115.

[6] Scott N W, McPherson G C, Ramsay C R, et al. The method of minimization for allocation to clinical trials. a review. Control Clin Trials, 2002, 23(6): 662-674.

[7] Therneau T M. How many stratification factors are "too many" to use in a randomization plan? Control Clin Trials，1993, 14(2): 98-108.

[8] Ivers N M, Halperin I J, Barnsley J, et al. Allocation techniques for balance at baseline in cluster randomized trials: a methodological review. Trials, 2012, 13: 120.

[9] 李星锐，张艳燕，杨小平，等．中央随机网络系统的应用探讨．辽宁中医杂志，2012, 39(6): 1055-1057.

[10] 李秋爽，曹毅，季聪华，等．中药安慰剂质量评价思考．中华中医药杂志，2017, 32(6): 2365-2368.

[11] 盲法在临床研究过程中的主要作用．临床小儿外科杂志，2022, 21(5): 436.

[12] 盲法中的单盲、双盲和三盲．临床小儿外科杂志，2019, 18(3): 252.

[13] 李雪迎．实验设计方法介绍——平行组设计．中国介入心脏病学杂志，2016, 24(2): 95.

[14] 李雪迎．临床试验研究常用的设计类型——交叉设计．中国介入心脏病学杂志，2012, 20(2): 117.

[15] 张意松，李明，董学虎．基于 SAS 软件的析因设计方案优化．湖北农业科学，2015, 54(17): 4309-4311.

[16] 胥芹，张怡君，田雪，等．临床试验中的成组序贯设计．中国卒中杂志，2022, 17(11): 1283-1287.

[17] Lowe A J, Hosking C S, Bennett C M, et al. Effect of a partially hydrolyzed whey infant formula at weaning on risk of allergic disease in high-risk children: a randomized controlled trial. J Allergy Clin Immunol, 2011, 128(2): 360-365,e4.

[18] Puccio G, Alliet P, Cajozzo C, et al. Effects of infant formula with human milk oligosaccharides on growth and morbidity: a randomized multicenter trial. J Pediatr Gastroenterol Nutr, 2017, 64(4): 624-631.

[19] 王瑞平．随机对照临床试验设计中的样本量估算方法．上海医药，2023, 44(1): 48-52.

[20] 冯国双．临床研究中非劣效性和等效性试验的样本量估算．慢性病学杂志，2022, 23(7): 1006-1009, 1014.

[21] 毛雨彤．国际多区域临床试验目标区域样本量适应性调整策略研究．桂林：桂林电子科技大学，2022.

[22] Sakihara T, Otsuji K, Arakaki Y, et al. Randomized trial of early infant formula introduction to prevent cow's milk allergy. J Allergy Clin Immunol, 2021, 147(1): 224-232,e8.

[23] 刘建平．随机对照试验的依从性和意向性治疗分析．中国中西医结合杂志，2003, 23(12): 884-886.

第7章

婴幼儿配方食品的临床研究评价

通过细胞及类器官体外试验、动物试验对婴幼儿配方食品的安全性和有效性进行初步评价之后，婴幼儿配方食品是否适用于婴幼儿人群并具备一定的健康益处，还需要通过科学的临床研究进行评价。本章重点介绍普通婴幼儿配方食品临床研究的常用评价指标，以及如何通过随机对照临床试验，对普通婴幼儿配方食品在婴幼儿人群中的安全性和有效性进行评价，从而探索能够促进婴幼儿健康成长的配方食品。

7.1 常用评价指标

0～3岁婴幼儿阶段是人的一生中生长发育最快的时期，加强早期合理营养极为关键。随机对照临床试验通过对比干预组和对照组在基线和不同干预阶段的观测指标差异，可以更清晰客观地评价营养干预物质对婴幼儿生长发育是否有效，以及可能的作用机制。需要强调的是，评估结果一定要与婴幼儿相应年龄的正常发育水平进行比较，并综合考虑不同个体的遗传因素、环境因素影响（如自然环境、社会环境、父母文化程度、家庭经济条件等）。

7.1.1 体格生长发育指标

7.1.1.1 常用指标

婴幼儿配方食品临床研究中最重要、最基础的评价指标，主要包括体重、身长/身高、顶臀长/坐高、头围、胸围、上臂围等。

（1）体重（weight） 是指身体各组织、器官系统、体液的综合重量，可以直接反映婴幼儿生长发育与营养状况。称重前注意去除衣物及尿布，或减去其相应重量，待婴幼儿安静时记录体重秤读数。由于体脂、体液重量易受疾病和营养状况影响，体重易于波动。

（2）身长/身高（length or height） 是指从头顶到足底的垂直距离，包括头、脊柱、下肢长度的总和，是评价骨骼系统和体型发育的关键参数。通常采用测量床仰卧位测量（24月龄以下）或身高（24月龄以上）测量仪立位测量，脱鞋、袜、帽，双眼平视前方、双腿伸直、赤足。需要注意的是，卧位测量值与立位测量值相差0.7～1cm。婴幼儿阶段身长/身高的增长为线性生长，代表遗传潜力，通常不受短期疾病或营养问题的影响，但长期严重营养问题可影响，因此以身长/身高评价儿童体格发育更为重要。

（3）顶臀长/坐高（crown-rump length or sitting height） 是指头顶

到坐骨结节的垂直距离，反映脊柱和头部的增长。通常采用测量床仰卧位测量或身高测量仪坐位测量，注意骶部紧贴测量床底板或测量仪立柱，大腿与躯干成直角。

（4）头围（head circumference） 是指从眉弓上缘至枕骨结节绕头一周的最大围径。婴幼儿取坐位或仰卧位，测量者用左手拇指将软尺零点固定于头部右侧眉弓上缘处，软尺经枕骨粗隆（后脑勺最突出的一点）及左侧眉弓上缘回至零点。测量时婴幼儿需脱帽，软尺应贴紧皮肤，不能弯折、左右对称。长发或梳辫者，应先将头发在软尺经过处向上、下分开，使软尺紧贴头皮再测量。头围是反映婴幼儿颅骨和脑生长发育的重要指标，尤其监测 2 岁内头围的增长有非常重要的临床价值。

（5）胸围（chest circumference） 是指平乳头下缘经肩胛骨角下绕胸一周的长度，反映胸廓、胸背部肌肉、皮下脂肪、肺的发育状况，与营养因素有关，通常取平静呼、吸气的中间读数。

（6）上臂围（upper arm circumference） 是指经左侧肩峰至尺骨鹰嘴连线的中点，贴皮肤绕臂一周的长度，反映上臂肌肉、骨骼、皮下脂肪、皮肤的发育情况，可用于筛查 5 岁以下儿童的营养状况。

（7）体重指数（body mass index, BMI） 是指体重（kg）/ 身高^2（m^2），可以敏感地反映体型胖瘦，受身高的影响较小，与皮脂厚度、上臂围等反映体脂累积程度的指标相关性较高。

（8）评价方法 上述指标通常为连续变量，为保证测量值的准确性，宜重复测量 2 ～ 3 次，取平均值。婴儿体重测量宜精确到 0.01kg，幼儿体重测量宜精确到 0.05kg；身长 / 身高、顶臀长 / 坐高、头围、胸围、上臂围的测量宜精确到 0.1cm。对于正态分布的数据，可以采用均值、标准差进行统计分析；对于非正态分布的数据，可以采用百分位数或中位数进行统计分析。为了避免单一指标评价的局限性，WHO 还推荐采用年龄别身长 / 身高（length/height-for-age）、年龄别体重（weight-for-age）、身长 / 身高别体重（weight-for-length/height）、年龄别体重指数（body mass index-for-age, BMI-for-age）、年龄别头围（head circumference-for-age）等指标进行评价。

评价时可将实际测量值与有代表性的大样本参照值或标准值进行

比较，如 2006 年世界卫生组织儿童生长标准[1]（WHO Child Growth Standards）；根据研究目的，还可以选择本国或本民族的生长标准进行比较，如 2023 年中国 7 岁以下儿童生长标准[2]。常用方法之一是将同性别、各年龄组儿童的某项体格生长指标按等级绘成曲线，制成生长曲线图（growth chart），然后将个体儿童的实测值绘成曲线，与标准曲线作比较，有助于了解该个体目前的生长水平。另一种常用方法是 Z 评分。

$$Z\text{评分}=\frac{\text{实测值}-\text{同年龄同性别参考儿童中位数}}{\text{同年龄同性别参考儿童标准差}}$$

Z 评分也是 WHO 制定儿童生长标准时采用的统计学指标，广泛用于 0 ～ 5 岁儿童营养与健康状况的评价。可以利用 WHO Anthro 软件，根据婴幼儿在基线和各随访时间点的身长 / 身高、体重、头围数据，对年龄别身长 / 身高 Z 评分（length/height-for-age Z-score, LAZ/HAZ）、年龄别体重 Z 评分（weight-for-age Z-score, WAZ）、年龄别头围 Z 评分（head circumference-for-age Z-score, HCZ）进行计算。Z 评分可为 0、正值、负值，Z 评分越大（正值）提示儿童生长指标越高于同年龄同性别人群，Z 评分越小（负值）提示儿童生长指标越低于同年龄同性别人群。Z 评分计算比较繁琐，没有生长曲线直观，所以 Z 评分更适合专业人员使用。

7.1.1.2 骨骼发育

评价骨骼发育除了上述身长 / 身高等直接体格测量的指标外，还可以借助仪器设备对骨骼进行静态扫描分析，以及通过检测骨生化标志物来评估骨骼健康。

（1）骨密度（bone mineral density, BMD） 又名骨矿物质密度，是指通过对骨骼中矿物质含量的测定，评价骨骼的强度和健康状况，也可以预测骨折发生风险。检测方法主要包括双能 X 线吸收测定法（dual energy X-ray absorptiometry, DXA）、外周定量计算机断层扫描（peripheral quantitative computed tomography, PQCT）、定量超声（quantitative ultrasound, QUS）、磁共振成像（magnetic resonance imaging, MRI）等。其中，DXA 是世界卫生组织推荐的金标准，而超声骨密度法由于其无创、无痛、无辐射的特点，更适用于儿童，检测部位通常选择前臂近端 1/3 处。骨密度的测量参数包括 T 值（$\frac{\text{测定值}-\text{健康青年人骨密度均值}}{\text{健康青年人骨密度标准差}}$）和 Z 值（$\frac{\text{测定值}-\text{同龄人骨密度均值}}{\text{同龄人骨密度标准差}}$），婴幼儿骨密度通常采用 Z 值进行评价，Z 值 $\geqslant -2.0$ 为正常。

（2）骨龄　不同发育阶段骨骼的形态会有所差异，骨龄的测定一定程度上可反映儿童生长发育情况，对儿童身高预测以及疾病预防有重要意义。骨龄测定通常是对受试者的左手掌指骨、腕骨及桡尺骨下端的骨化中心进行 X 线摄片，然后由医生对 X 线摄片进行解读。解读方法包括评分法、简单计算法、图谱法和计算机骨龄评分系统等，而使用较多的为评分法和图谱法。以图谱法为例，不同国家和地区建立了各自的标准图谱，其中包括我国的顾氏图谱。该法是通过对不同年龄的青少年手腕部骨化中心和干骺的出现及消失顺序，进行测量统计后整理并建立起来的男女骨龄标准图谱，评价时将 X 线摄片与图谱进行逐一比对后，取最为接近者为受试者骨龄。通常（骨龄 − 日历年龄）的差值在 ±1 岁以内者为发育正常。

（3）骨生化标志物　目前临床常用的指标主要包括骨转换标志物（bone turnover markers, BTMs）、一般生化标志物（血钙、血磷、尿钙、尿磷）、骨代谢调控激素（如维生素 D 及代谢产物）、甲状旁腺素（parathyroid hormone, PTH）、成纤维生长因子（fibroblast growth factor, FGF23）等。其中，骨形成标志物 1 型原胶原氨基端前肽（procollagen type 1 N-terminal propeptide, P1NP）、骨吸收标志物 1 型原胶原羧基端前肽 β 特殊序列（β-carboxy-terminal cross-linked telopeptide of type 1 collagen, β-CTX）因检测灵敏度较高，被国际骨质疏松基金会和国际临床化学和试验室医学联盟推荐作为评估骨转换水平的参考标志物。

7.1.1.3　牙齿发育

牙齿发育与骨骼发育有一定关系，但发育速度也不平行。除遗传因素外，婴幼儿乳牙的生长还与蛋白质、钙、磷、氟、维生素 C、维生素

D 等营养素以及甲状腺素有关。可评估乳牙的萌出时间、萌出顺序、出齐时间等指标。

7.1.2 神经心理发育指标

儿童的神经心理发育与体格生长具有同等重要的意义，主要体现为日常行为，如运动、语言、感知、记忆等，故也称之为行为发育。

7.1.2.1 体格检查评估神经心理发育

通常由儿科医生、护士或经过培训的专业人员进行评估，重点评估大运动（抬头、翻身、坐、爬、站、走、跑、跳等）、精细运动（手和手指的动作）、语言的发育状况，是否符合该年龄段的正常水平。

7.1.2.2 标准化量表评估神经心理发育

标准化量表具有客观准确、结果易于统计分析等优点，是婴幼儿配方食品临床研究中常用的评估手段。

（1）丹佛发育筛查试验[3]（Denver developmental screening test, DDST）是由美国学者 Frankenburg 与 Dodds 编制的简明发育筛查工具，是测量儿童心理发育最常用的方法，适用于出生至 6 岁的儿童，包含个人-社会、精细动作-适应性、语言、大运动 4 个能区，国内标化后共 104 个项目，评定结果分为正常、可疑、异常、无法解释。1990 年原作者将其修订更新为第 2 版（DDST-Ⅱ/Denver Ⅱ），补充了语言项目，减少了家长报告项目，增加了主观行为评估量表，共 125 个项目。国内学者已对其进行了标化和试用[4]，结果满意。

（2）盖瑟尔发育诊断量表[3]（Gesell developmental schedules, GDS）由美国学者 Gesell 于 1925 年首次编制发表，适用于 0 ～ 6 岁儿童，包含适应行为、大运动、精细运动、语言、个人-社交行为 5 个能区。所测结果以发育商（developmental quotient, DQ）表示，$DQ=\frac{发育年龄（DA）}{实际年龄（CA）}\times 100$，其中 DA 的计算需根据儿童实际测查的发育年龄区间，采用不同公式分析并计算。GDS具有较强的专业性，能够相对系统、准确地判断儿童发育水平。

（3）年龄与发育进程问卷（Ages & stages questionnaires, ASQ） 由美国学者Jane Squires和Diane Bricker为1～6个月儿童研发的基于月龄的发育筛查类量表系列，自1995年问世以来不断完善，目前已更新至第3版（ASQ-3），共21套问卷[5]。ASQ问卷系统具有良好的心理测量学特性，得到美国儿科学会的推荐，近年在世界各国得到广泛应用认可。国内卞晓燕教授团队将ASQ翻译成简体中文版本，其有效性在中国婴幼儿群体中得到验证[6-7]。问卷涵盖沟通、粗大动作、精细动作、解决问题、个人-社会5大能区，每个能区包含6个单项选择题。问卷使用方便，由婴幼儿熟悉并熟悉婴幼儿的照顾者，基于其在日常生活情境中自然表现出的行为和功能水平自行作答，“是”“有时是”“尚未”分别对应10分、5分、0分，然后根据每个能区得分及问卷总分，给出筛查评估结果（高于/接近/低于界值）。

（4）贝利婴幼儿发展量表（The Bayley Scales of Infant and Toddler Development, BSID） 由美国儿童心理学家Nancy Bayley于1933年编制，并于1969年由美国心理协会公布，开始正式推广和应用[7]。2006年再次修订，形成现在被广泛用于实践中的第3版（BSID-Ⅲ）。包括认知量表（91个条目）、语言量表（49个条目）、动作量表（97个条目）和社会情感问卷（35个条目）、适应性行为问卷（10个条目）。其中3个量表由测试者通过检查婴幼儿成功通过的测试条目数计算粗分，并根据婴幼儿年龄将原始分换算成相应等值的量表分；另外2个问卷由受测婴幼儿的照护者填写，社会情感问卷采用Likert 6级计分，适应性行为问卷采用Likert 4级计分。BSID-Ⅲ总分等级标准如下：≥130分非常优秀，120～129分优秀，110～119分中上水平，90～109分中等水平，80～89分中下水平，70～79分边缘水平，≤69分发育迟缓。易受蓉[8]等对BSID-Ⅱ量表的条目以及条目的年龄定位进行本土化修订，形成贝利婴幼儿发展量表的中国城市修订版（BSID-CR），并建立我国贝利婴幼儿发展量表的城市常模，BSID-CR由智力量表（163个条目）和运动量表（81个条目）组成。徐姗姗等[9] 2011年首次对BSID-Ⅲ量表进行了翻译修订，叶侃等[10]、马玉杰[11]研究结果也显示，BSID-Ⅲ认知分量表的信效度良好，但目前尚缺乏BSID-Ⅲ大样本的国内常模。

（5）婴幼儿社会认知发展筛查量表（The infant and early children social development screening test） 我国学者钟鑫琪等[12]对日文版原始量表翻译修订后，形成中文版《婴幼儿社会认知发展筛查量表》，包括5个子量表：发育情况、运动发育、认人、适应行为、语言发育。其中发育情况子量表用于初步了解婴幼儿的生长发育史，对其他4个子量表测评结果起解释作用；其余4个子量表共40个条目，均用通过、不通过、不确定3个维度进行评价，通过条目赋2分，不确定条目赋1分，不通过条目赋0分。研究显示，中文版《婴幼儿社会认知发展筛查量表》具有较好的信度和效度且操作简便，可用于临床上评价0.5～3.5岁婴幼儿社会认知能力的发展情况。

（6）儿童心理行为发育预警征象筛查问卷[3]（warning sign for children mental and behavioral development, WSCMBD） 由中国疾病预防控制中心2011年组织编制，目前版本适用于0～3岁婴幼儿，总共包括8个年龄监测点（3月龄、6月龄、8月龄、12月龄、1.5岁、2岁、2.5岁、3岁），每个年龄点包含4个条目，分别反映大运动、精细运动、言语能力、认知能力、社会能力等。研究显示，WSCMBD具有较好的信效度[13]，是一种快速便捷的筛查工具。

7.1.3 免疫系统功能指标

免疫系统能够帮助婴幼儿抵御外界病原体入侵，通过启动相应的免疫反应，保护婴幼儿健康。免疫功能主要分为固有免疫和获得性免疫。固有免疫，也叫天然免疫、非特异性免疫，是人体天生具有的防御机制。当病原体侵入人体内部，固有免疫细胞和分子被即刻激活且发挥生物学效应，以抗原非特异性方式识别和清除病原体，通常发生在人体免疫应答的早期阶段。获得性免疫，也叫适应性免疫、特异性免疫，是人体通过接触病原体或接种疫苗产生特定抗体，由B淋巴细胞或T淋巴细胞介导特异性免疫应答，从而形成长期免疫保护。

由于婴幼儿的免疫系统尚不完善，对于病原体的辨识和抵抗力相对较弱，因此婴幼儿容易发生感染/传染性疾病（如感冒、肺炎、百日咳、麻疹、腹泻等），影响正常生长发育，严重时可能危及生命。婴幼儿期还是过敏性疾病的高发阶段（如湿疹、哮喘），因此抗过敏功能也是近年来婴幼儿配方食品的重点研究方向。

研究婴幼儿配方食品中某种营养成分对于免疫功能的影响，通常采用的评价指标如下。

① 固有免疫功能指标：主要包括外周血中性粒细胞、单核/巨噬细胞、自然杀伤细胞、先天淋巴样细胞等数量和比例，以及其功能表型的初步鉴定，如中性粒细胞和单核/巨噬细胞的吞噬功能检测，自然杀伤细胞的非特异性杀伤功能等。

② 获得性免疫功能指标：主要包括两部分，一是细胞免疫，检测T淋巴细胞不同亚群数量和比例，及其特征性细胞因子的表达情况；二是体液免疫，检测B淋巴细胞不同亚群的数量和比例，及不同类型免疫球蛋白（血清IgG、IgM、IgA）的分泌表达情况。

③ 炎症细胞因子：主要包括两部分，一是促炎性细胞因子，如肿瘤坏死因子-α（TNF-α）、白介素IL-1β、IL-6、γ干扰素（IFN-γ）等；二是抗炎细胞因子，如白介素IL-4、IL-13、IL-10、转化生长因子-β（TGF-β）等。

④ 过敏反应指标：主要包括IgE抗体、嗜酸性粒细胞、肥大细胞、组胺等。

7.1.4 消化系统功能指标

婴幼儿期需要摄入大量营养物质以维持旺盛的新陈代谢和身体发育，母乳和婴幼儿配方食品是其主要食物来源。然而，婴幼儿胃肠道发育尚不成熟，消化液分泌量及消化酶活性均较低，消化能力远不及成年人。因此，为那些不能用母乳喂养的婴幼儿选择适合个体需求的配方食品至关重要，需要结合婴幼儿的发育阶段和个体健康情况综合考量。评估婴幼儿的消化系统功能时，由于婴幼儿语言表达能力有限，通常需要对监护人提供的婴幼儿病史资料进行评估，如呕吐、腹泻、便秘、腹痛、腹胀等症状的频率、性状、颜色、气味等特点；或对婴幼儿直接进行体格检查，如腹痛时弯腰捧腹、皱眉、呻吟、辗转不安、哭闹、表情痛苦、神情紧张等表现，脐周触诊腹肌紧张、听诊肠鸣音增强等腹胀表现；或对婴幼儿的粪便、呕吐物等样本进行实验室检测、量表 / 问卷评估。

7.1.4.1 牛奶蛋白等成分过敏

由于婴幼儿配方粉通常采用牛奶或大豆等基本原料制成，部分婴幼儿可能对原料中的某些成分敏感 / 不耐受或过敏，引发湿疹、腹泻等症状，其中牛奶蛋白过敏最为常见。流行病学调查显示：中国＜ 12 月龄婴儿的牛奶蛋白过敏患病率为 2.69%[14]。牛奶蛋白引起的异常免疫反应，可分为 IgE 或非 IgE 介导，抑或两者共同介导，是造成婴幼儿迁延性腹泻的主要原因之一，免疫反应甚至可能对婴幼儿肠黏膜表面造成损伤。对于疑似牛奶蛋白过敏的患儿，可采用牛奶蛋白回避试验和标准化开放式牛奶蛋白激发试验进行确诊 [15]。

7.1.4.2 乳糖不耐受

乳糖是婴幼儿最重要的能量来源，乳糖分解生成的半乳糖能促进脑苷和黏多糖的合成，有助于婴幼儿大脑发育；葡萄糖和半乳糖可以形成低聚糖，有利于肠道有益菌群的生长，具有“双歧因子”的作用；乳糖还可以促进钙、锌、镁等矿物质吸收；乳糖具有低血糖生成指数，且甜度低不易形成龋齿。部分婴幼儿由于乳糖酶缺乏或者活性不足，小肠不能有效消化摄入的乳糖，出现腹痛、胀气及腹泻等消化不良的症状，即乳糖不耐受 [16]。对于疑似乳糖不耐受的患儿，可采用尿半乳糖测定、粪便还原糖及 pH 测定进行确诊 [17]。

7.1.4.3 量表评估排便情况

考虑婴幼儿可能存在自主如厕或仍在使用尿不湿等多种排便形式，可采用布里斯托尔粪便评价表（Bristol stool scale, BSS）（图 7-1）[18-19]、尿布婴儿粪便评价表（diapered infant stool scale, DISS）（图 7-2）[20]，以评估多种粪便形态。

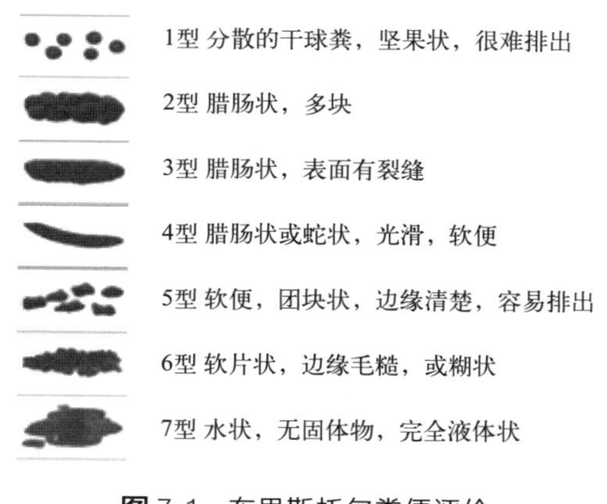

图 7-1　布里斯托尔粪便评价

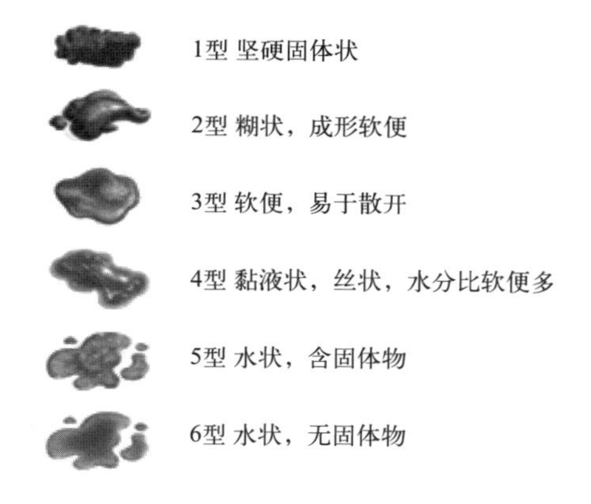

图 7-2　尿布婴儿粪便评价

7.1.4.4　功能性胃肠病罗马Ⅳ诊断性问卷

依据婴儿和幼儿功能性胃肠病罗马Ⅳ诊断性问卷（The New Rome Ⅳ Criteria for functional gastrointestinal disorders in infants and toddlers）[21]，可以评估婴幼儿过去一个月排便相关状况，问卷内容主要包括粪便颜色（如淡黄色 / 米黄色、黄色、棕黄色 / 褐色、灰白色、青色 / 绿色）、是否存在憋大便现象（如婴儿可能会绷紧身体，幼儿可能有踮脚站立、摒紧双腿、手扶家具或靠在父母身上晃来晃去、躲藏在角落或在另一个屋子里的表现）、是否存在排便不适（排便前特别使劲、哼哼或哭闹）、排便气味是否异常（较臭）、排便时间是否较长（> 10 分钟 / 次）、排便量是否较小（排便量小于 25g/ 次或占尿不湿的面积低于 25%）、排便是否定时等。

7.1.4.5 实验室检查指标

针对婴幼儿消化系统功能，常用的实验室检查指标包括：①粪便样本，如 pH 值、白细胞、红细胞、隐血试验、细菌培养等；②呕吐物样本，如白细胞、红细胞、隐血试验、细菌培养等；③血液样本，如红细胞、白细胞、肝肾功能指标、血糖指标、淀粉酶和脂肪酶等。

7.1.5 肠道微生态功能指标

由于母乳、婴幼儿配方粉以及添加辅食的影响，婴幼儿肠道菌群随之发生重大改变。从出生时肠道菌群单一到多种菌群的建立，肠道菌群结构趋于稳定且出现多态性变化，对于人体消化系统、免疫系统甚至神经系统功能产生影响。近年来肠道微生态已成为婴幼儿配方食品研究的热点和重点，常采用 16S rRNA 高通量测序或宏基因组学方法，分析粪便样本的微生物多样性、丰度和分类学特征等。

7.1.5.1 16S rRNA 高通量测序方法

（1）物种分类学分析　基于 Illumina MiSeq 测序得到的有效序列提取 unique 序列，去除重复次数为 1 的序列后，按照 97% 相似性对序列进行物种操作单元（operational taxonomic units, OTUs）聚类；在聚类过程中进一步去除嵌合体序列，得到 OTU 代表序列。将所有优化后的序列与 OTU 代表序列进行比对，与 OTU 代表序列相似性在 97% 以上的序列为同一 OTU。应用 Ribosomal Database Project（RDP）Classifier 软件进行序列比对，根据物种注释，统计每个样品在门、纲、目、科、属分类水平上的序列数目及相对丰度。

（2）α 多样性分析　基于 OTU 分析结果，可以采用 Chao1[22]、ACE 指数 [23]，估计样本中 OTU 数目，指数越大，反映群落中物种丰富度越高；香农指数（Shannon）[24] 可以衡量群落的异质性，指数越大，菌群多样性越高；辛普森指数（Simpson）[25] 可以反映随机取样的两个个体属于同种的概率，指数越小，群落多样性越高。

（3）β 多样性分析　利用样本间的进化关系及丰度信息计算样本间距离，进而反映不同样本间多样性的差异；并采用主坐标分析（principal co-ordinates analysis, PCoA）等对距离矩阵进行降维，通过对特征值和特征向量进行排序后，选择排在前几位的主成分进行绘图，直观反映不同个体或群体间群落结构的差异。

（4）菌属与生化指标相关性分析　选取属分类水平相对丰度排名靠前的主要丰度物种，采用 Spearman 相关性分析，检验各菌属与粪便生化指标之间的相关性，以评估各指标与肠道菌群之间的可能关联。

（5）京都基因和基因组百科全书（Kyoto encyclopedia of genes and genomes, KEGG）[26] 菌群功能预测　KEGG 是系统分析基因功能、联系基因组信息和功能信息的综合数据库，通过测序数据与 KEGG 直系同源组数据库（KEGG ORTHOLOGY, KO）对比，在基因水平上预测婴幼儿肠道菌群的特征和功能。

7.1.5.2　宏基因组学方法（metagenomies）

宏基因组学是指从样品中直接提取全部微生物的 DNA，然后根据提取出的 DNA 信息，构建宏基因组文库，运用基因组学方法研究样品所包含的全部微生物的遗传组成及群落功能。近年来，454 测序法、Illumina 测序技术和 ABI-SOLiD 等主流的高通量测序技术，促进了宏基因组学的发展。其优势在于不依赖特定基因的克隆和测序，而是对存在于某一特定微生物群落中所有基因的研究，同时着眼于微生物群落的结构组成和功能，可以充分了解微生物群落的动态变化。

7.1.5.3　肠道微生物的生化指标

肠道微生物群及其代谢产物通过多种不同机制与宿主相互作用，进而发挥对机体的调节作用。可以采用酶联免疫吸附法、免疫荧光法、免疫透射比浊法、气相色谱-质谱联用法等，检测粪便中的分泌型免疫球蛋白 A（secreted immunoglobulin A, sIgA）、钙卫蛋白、α_1-抗胰蛋白酶（α_1-antitrypsin, AAT）、乳酸、短链脂肪酸（short chain fatty acids, SCFAs）等，其中，乳酸及短链脂肪酸是肠道菌群发酵纤维等人体自身难以消化的碳水化合物而产生的重要代谢物。SCFAs 一般是具有 1 ～ 6 个碳原子碳链的有机酸，包括乙酸、丙酸、丁酸、异丁酸、戊酸、异戊酸、己酸等，共同特点是具有很强的挥发性，故又称挥发性脂肪酸。

7.2 婴幼儿配方食品的随机对照临床试验应用

正如第 6 章所介绍，随机对照临床试验（randomized-controlled trial, RCT）是目前评估医学干预措施有效性最严格、最合理的科研手段。RCT 临床研究设计应遵循的伦理和法律规定，参见第 4、5 章；随机化、对照、盲法等基本原则，参见第 6 章。本节重点介绍在健康婴幼儿人群中如何进行普通婴幼儿配方食品的随机对照临床试验，特殊医学用途婴儿配方食品的喂养研究参见第 8 章。

7.2.1 人群招募

招募人群的首要原则是婴幼儿的父母或者法定监护人自愿签署知情同意书，理解并愿意遵循研究方案。纳入标准和排除标准需结合具体研究目的来制定，综合考虑婴幼儿的个人生长发育史（如出生健康状态、分娩方式、喂养方式、目前健康状态、运动语言行为发育）、父母健康状态和依从性等因素。研究设计通常需要满足下列基本条件。

纳入标准：出生状态健康的婴幼儿（胎龄 ≥ 37 周、出生体重 ≥ 2500g、Apgar 评分 ≥ 8 分）。

排除标准：患有严重的急性或者慢性疾病（如心血管疾病、胃肠道疾病、内分泌疾病、免疫系统疾病、代谢性疾病或者研究者认为不适宜入组的疾病）；近期患有严重胃肠道不良反应（如严重腹泻）；参加过其他研究，结束上一项研究尚未满 60 天者；父母或法定监护人有心理或精神疾病，不具有签署知情同意书的能力或无法满足研究记录要求。

需要注意的是，某些服用的食物或药物如果被研究者认为干扰研究目的、增加研究风险或者导致研究结果无法解释，则在招募阶段应该被排除。例如，干预物质为益生菌或益生元的 RCT 研究，排除标准应包括：婴幼儿在干预前 2 周内口服过其他益生菌或益生元制剂，或过去 1 个月内使用过抗生素；试验过程中父母或法定监护人不希望婴幼儿停止以往吃的益生菌或益生元制剂。

7.2.2 对照设置

婴幼儿配方食品 RCT 研究可依据研究目的，设置安慰剂对照、空白对照、阳性干预物质对照、剂量-反应对照、外部对照等不同类型的对照组，参见第 6 章。较常选择的是传统婴幼儿配方粉或纯母乳喂养的婴幼儿作为对照，以评价干预组婴幼儿配方粉是否具有同等甚至更优的健康益处。

7.2.3 应用举例

毋庸置疑，母乳是最适合 0 ～ 6 月龄婴儿的天然营养食品。但是对于那些不能用母乳喂养或母乳摄入不充足的婴幼儿，选择适宜的婴幼儿配方食品是保证其适宜营养供给的重要来源。下面将结合目前婴幼儿配方食品中的热点营养成分，举例说明如何通过 RCT 去评价其安全性和有效性。其中，α-乳白蛋白和骨桥蛋白的相关临床试验研究，参见第 1 章。

7.2.3.1 长链多不饱和脂肪酸（LCPUFA）

LCPUFA 是目前研究较多的婴幼儿配方食品营养成分，具有促进脑和神经发育、提高视网膜功能、维持骨骼和生殖系统健康等作用。通过食物摄入比例合理的 *n*-3 和 *n*-6 LCPUFA，可以改变细胞的功能活性和免疫反应。参见第 3 章。

Currie 等[27]一项 RCT 研究，探讨了 LCPUFA 在婴儿配方粉中的添加对儿童长期生长的影响。分别使用添加 0.32% ～ 0.96% DHA/64% ARA 的婴儿配方粉（*n*=54）或不含 LCPUFA 的婴儿配方粉（*n*=15）喂养足月儿至出生后 12 个月。结果显示，与对照组食用普通奶粉的儿童相比，补充 LCPUFA 的婴幼儿从出生到 6 岁在年龄别身长、年龄别身高和年龄别体重百分位数上更高，但在 BMI 百分位数上没有显著性差异，提示 LCPUFA 可能对儿童的生长发育有积极影响。

Damsgaard 等[28]一项临床试验纳入了 64 名健康婴儿，这些婴儿在 9 ～ 12 个月时，接受了牛奶或婴儿配方粉单独或与鱼油一起的补充。结果显示，鱼油补充剂可有效提高红细胞中的 *n*-3 PUFA, INF-γ 产生显著增多，IL-10 产生有降低趋势，其余炎症指标无显著性差异。由于产生 INF-γ 的能力被认为是生命早期免疫系统成熟的标志，因此该研究结果提示补充鱼油可加速婴儿免疫系统成熟，但对长期健康的影响还需要进一步深入研究。

Foiles 等[29]一项 RCT 研究，探讨了婴儿期补充 LCPUFA 对于儿童期过敏性疾病风险的影响。对照组在婴儿期被喂养的是不含 LCPUFA 的配方粉（*n*=19），干预组给予的是含有 DHA 和 ARA 的 LCPUFA 配方粉（*n*=72）。结果显示，补充 LCPUFA 儿童组第一年过敏性疾病发病率低于对照组，LCPUFA 显著延迟了首次过敏性疾病和皮肤过敏性疾病的发生时间，并呈现出减少哮喘 / 喘息的趋势。如果母亲没有过敏史，LCPUFA 降低了罹患任何过敏性疾病和皮肤过敏性疾病的风险。如果母亲有过敏史，LCPUFA 则降低了罹患哮喘 / 喘息的风险。提示婴儿期补充 LCPUFA 可以降低儿童期罹患皮肤和呼吸道过敏性疾病的风险，其效果受到母亲是否有过敏史的影响。

7.2.3.2 豆基婴幼儿配方食品

豆基婴幼儿配方食品（soy-based formula, SF）指以大豆及大豆制品为主要蛋白来源，加入适量的维生素、矿物质和（或）其他原料，仅用物理方法生产加工制成的婴幼儿配方食品，常作为牛奶蛋白过敏婴幼儿的替代喂养食品。

Lasekan 和 Baggs[30] 一项对牛奶不耐受健康足月婴儿（2 ～ 9 周龄）的 RCT 研究，将婴儿随机分配到专门喂养市售 SF 的对照组（n=22）、实验用部分水解 SF 组（10% 水解 n=23，5% 水解 n=26），同时设置无胃肠道症状、食用牛乳基配方粉的年龄匹配婴儿作为参考队列（n=72）。结果表明，所有 SF 喂养组都显著减少了常见胃肠道症状；研究结束时 SF 组胃肠道症状水平与无症状参考队列没有差异；与水解 SF 组相比，对照 SF 组的烦躁、胀气、哭闹症状减少得更明显，且成形大便更多。提示 SF 可以减少对牛奶配方不耐受的健康婴儿的胃肠道不耐受症状。

7.2.3.3 水解蛋白

蛋白质是生命活动的基础，组成蛋白质的氨基酸是婴幼儿生长所必需的营养物质。但是蛋白质必须被消化成为肽和氨基酸才能被人体利用，并且蛋白质的消化吸收程度决定了蛋白质的营养价值。由于婴幼儿胃肠道发育尚不成熟、消化吸收能力弱，普通配方粉中的大分子蛋白不易被分解消化，且胃肠道的高渗透性会使大分子蛋白质等成分穿过肠道渗透入血液中引起过敏反应，造成胃肠道不适。水解蛋白配方粉是将牛奶蛋白经过酶切水解、加热、超滤等处理工艺，使其形成短肽及游离氨基酸，从而有利于蛋白质的吸收，同时可以改善胃肠道耐受性，减少过敏反应。根据水解程度不同，水解蛋白配方粉可以分为部分水解蛋白配方粉（partially hydrolyzed formula, pHF）、深度水解蛋白配方粉（extensively hydrolyzed formula, eHF）。目前我国允许在特殊医学用途婴儿配方粉或较大婴幼儿普通配方粉中使用水解蛋白 [31]。

德国婴儿营养干预（German Infant Nutritional Intervention, GINI）[32] 是最早也是迄今为止规模最大的 RCT 研究，结果表明：部分水解乳清蛋白配方粉在特应性疾病家族史阳性的婴儿中，可以短期和长期预防过敏。Nicolaou [33] 一项多中心双盲随机对照试验结果也表明，对高过敏风险婴儿生后 6 个月使用部分水解蛋白配方粉，可显著降低特应性皮炎的发生风险。提示水解蛋白配方粉可以有效减轻过敏反应。

Fabrizio 等 [34] 针对 100 名排便困难婴儿的一项多中心 RCT 研究显

示，出生 28 ～ 300 天的婴儿干预 14 天后，部分水解蛋白配方粉组婴儿的粪便，比常规牛奶蛋白配方粉组婴儿的粪便更软，且排便频率更高；两组婴儿排便时的哭闹、烦躁和疼痛表现有所减轻，配方奶摄入量、婴儿烦躁和不良事件发生率相似。提示水解蛋白配方粉可以软化婴儿粪便，减轻胃肠道不适症状。

Boutsikou 等 [35] 对 551 名出生＜ 4 天、有过敏家族史的健康足月儿进行多中心随机双盲平行对照研究，结果显示纯母乳喂养组、部分水解蛋白配方粉组、完整蛋白配方粉组婴儿的生长都符合 WHO 标准，部分水解蛋白配方粉组的身长变化更为明显，且体重 Z 评分非常接近纯母乳喂养组。提示水解蛋白配方粉可以促进有过敏家族史婴儿的生长发育。

7.2.3.4 母乳低聚糖

母乳低聚糖（human milk oligosaccharides, HMOs）是人类母乳中独有的一类共价键连接、多功能、不易消化、结构多样的聚糖统称，其含量仅低于水、乳糖及脂肪，是母乳中第三大固体成分 [36-38]。随着分析技术的发展，目前已识别的 HMOs 单体数量超过 200 种 [39]。根据结构类型不同，HMOs 主要分为中性岩藻糖基化 HMOs［如 2′-岩藻糖基乳糖（2′-fucosyllactose, 2′-FL）、3-岩藻糖基乳糖（3-fucosyllactose, 3-FL）］、中性非岩藻糖基化 HMOs［如乳糖-*N*-四糖（lacto-*N*-tetraose, LNT）和乳糖-*N*-新四糖（lacto-*N*-neotetraose, LNnT）］、酸性唾液酸化 HMOs［如 3′-唾液酸乳糖（3′-sialyllactose, 3′-SL）、6′-唾液酸乳糖（6′-sialyllactose, 6′-SL）］[40]。HMOs 虽然不具备直接的营养价值，但在婴幼儿配方粉中添加特定 HMOs，能够改善喂养儿的健康状况和使肠道菌群更接近纯母乳喂养儿 [41]。因此，HMOs 已经在很多个国家和地区批准和 / 或上市。HMOs 的结构与功能、特别是 HMOs 与婴儿肠道菌群的关联，已成为近年来的研究热点 [40]，HMOs 对于改善肠道菌群微生态、维持肠屏障、调节免疫、抵抗病原菌感染及促进神经发育等方面具有重要作用。

Leung 等 [42] 一项针对 1 ～ 2.5 岁幼儿的 RCT 研究，纳入 461 名健康幼儿，随机分至对照组（标准牛奶配方粉）或三种新型幼儿配方粉中任一组（生物活性蛋白质和 / 或 2′-FL 和 / 或牛奶脂肪）。干预 6 个月后，上呼吸道感染发生率和胃肠道感染持续时间没有显著性差异，提示上述三种新型幼儿配方粉均可以长期安全食用。

Marriage 等 [43] 研究发现，食用含 2′-FL 与低聚半乳糖（galacto-oligosaccharides, GOS）婴儿配方粉的婴儿，血浆炎性细胞因子和肿瘤坏死因子-α 的水平与母乳喂养儿无显著性差异，而且比食用仅含 GOS 配方粉的婴儿低 29% ～ 89%。

Parschat 等 [44] 一项多中心 RCT 研究，招募了 341 名年龄≤ 14 天的婴儿，其中 225 名被随机分配到含有 5 种 HMOs 的婴儿配方粉组（5HMO-Mix）（总浓度为 5.75g/L，包括 52% 的 2′-FL、13% 的 3-FL、26% 的 LNnT、4% 的 3′-SL、5% 的 6′-SL）和不含 HMOs 的婴儿配方粉组，干预 4 个月，其余婴儿则接受纯母乳喂养。结果显示：两个配方粉组的婴儿在体重、身长或头围增长方面没有显著性差异；5HMO-Mix 组耐受性良好；5HMO-Mix 组和母乳喂养组的婴儿排便更软，排便频率更高；相比不含 HMOs 的配方粉对照组，各组不良事件发生率相当。提示在婴儿配方粉中添加 5.75g/L 的 5HMO-Mix，对于生命早期的健康足月婴儿是安全的且耐受性良好。

7.2.3.5 益生菌 / 益生元（probiotics/prebiotics）

2001 年联合国粮食及农业组织（Food and Agriculture Organization, FAO）和世界卫生组织（World Health Organization, WHO）将益生菌定义为：益生菌是活的微生物，摄入充足的数量后，对宿主产生一种或多种特殊且经论证的健康益处 [45]。我国 2019 年《中国营养学会益生菌与健康专家共识》也沿用了这一定义 [46]。我国自 2011 年发布了《可用于婴幼儿食品的菌种名单》，目前共有 9 个菌种 14 个菌株在列，其中乳杆菌 4 株、乳酪杆菌 3 株、双歧杆菌 7 株。《中国营养学会益生元与健康专家共识》将益生元定义为：一般不能被人体所消化吸收但可被人体微生物选择性利用，能够改善肠道微生物组成和 / 或活性从而益于人体健康的食物成分 [47]。该定义与国际益生菌益生元科学协会（International Scientific Association of Probiotics and Prebiotics , ISAPP）的定义相同 [48]。

Xiao 等[49]进行的一项针对健康婴儿的 RCT 研究，招募了 132 名 3.5 ～ 6 个月婴儿，随机接受含有瑞士乳杆菌 R0052、婴儿双歧杆菌 R0033、两歧双歧杆菌 R0071 混合益生菌或安慰剂的配方粉，干预 4 周后，益生菌组粪便 sIgA 水平较高，且唾液 sIgA 呈升高趋势。提示益生菌可以通过促进 sIgA 水平，从而对全身免疫反应发挥调节作用。

Fatheree[50]在患有肠绞痛婴儿中开展含有鼠李糖乳杆菌 GG 的配方粉 RCT 试验，比较其哭闹和烦躁的时间、粪便微生物群、炎性生物标志物（如粪便钙卫蛋白、血浆细胞因子）、循环调节性 T 细胞等指标。结果发现：在哭闹和烦躁时间方面，两组之间的最大差异出现在第 14 天，但差异并不显著；在粪便钙卫蛋白方面，虽然两组之间没有显著性差异，但在第 90 天观察到含有鼠李糖乳杆菌 GG 干预组的水平较低。

Holscher 等[51]进行的 RCT 研究募集了 172 名 6 周龄健康足月儿，将其随机分至含有 1×10^6CFU/g 动物双歧杆菌乳亚种 Bb12 的部分水解乳清蛋白配方粉组（试验组）或不含益生菌的同种配方粉组（对照组），干预持续 6 周。结果发现：阴道分娩婴儿试验组粪便中 sIgA 的增加量显著高于对照组；剖宫产婴儿虽未发现 sIgA 的组间差异，但试验组抗轮状病毒特异性 IgA 浓度呈上升趋势；不论分娩方式如何，试验组婴儿抗脊髓灰质炎病毒特异性 IgA 浓度均有所上升。提示分娩方式对益生菌与免疫相关分子之间的关联可能具有效应修饰作用。

Neumer 等[52]一项前瞻性、多中心、随机、双盲研究，招募了 160 名 4 月龄以下的健康足月婴儿，将其随机分配至富含 0.8g/dL 益生元（短链和长链菊粉型寡糖混合物）的配方粉组（试验组）和不含益生元的配方粉组（对照组），干预至 12 月龄。结果显示：两组婴儿对配方粉的耐受性良好；益生元组婴儿的平均感染持续时间显著降低；益生元组婴儿 6 个月时粪便中双歧杆菌数量较高，2 个月和 6 个月时双歧杆菌占比也较高；益生元组婴儿的大便更软，总日哭闹量倾向于减少。提示一岁以内补充菊粉型益生元寡糖的配方粉，可以有益地调节婴儿的肠道微生物群，提高双歧杆菌水平，并减少感染的持续时间。

（江华）

参考文献

[1] World Health Organization. Child growth standards. 2006.
[2] 中华人民共和国国家卫生健康委员会 . 7 岁以下儿童生长标准 . 2022.
[3] 杨玉凤 . 儿童发育行为心理评定量表 . 北京：人民卫生出版社，2018.
[4] 陈佳英，魏梅，何琳，等 . 上海市 Denver Ⅱ发育筛查量表适应性研究 . 中国儿童保健杂志，2008, 16(4): 393-394.
[5] J Squires, E Twombly, D Bricker. ASQ-3 User's Guide. Baltimore, MD: Paul H Brookes Publishing Co., 2009.
[6] 魏梅，卞晓燕，Jane Squires, 等 . 年龄与发育进程问卷中国常模及心理测量学特性研究 . 中华儿科杂志，2015, 53(12): 913-918.
[7] Bayley Nancy. Manual for the bayley scales of infant development. New York: The Psychological Corp, 1969.
[8] 易受蓉，罗学荣，杨志伟，等 . 贝利婴幼儿发展量表在我国的修订（城市版）. 中国临床心理学杂志，1993, 1(2): 71-75.
[9] 徐姗姗，黄红，张劲松，等 . 贝莉婴幼儿发育量表-第三版评价上海市婴幼儿发育水平的应用初探 . 中国儿童保健杂志，2011, 19(1): 30-32.
[10] 叶侃，罗晓明，金华，等 . BSID-Ⅲ认知量表在中国应用初探 . 中国儿童保健杂志，2015, 23(10): 1041-1043.
[11] 马玉杰 . 贝莉婴幼儿认知量表在中国的应用性研究 . 苏州：苏州大学，2013.
[12] 钟鑫琪，静进 . 中文版《婴幼儿社会认知发展筛查量表》的信度和效度评价 . 中国循证儿科杂志，2008，3(4): 247-252.
[13] 欧萍，卢国斌，张冰凌，等 . 小儿神经心理发育预警征象应用效果评价 . 中国妇幼保健，2014, 29(3): 366-370.
[14] Yang M, Tan M, Wu J, et al. Prevalence, characteristics, and outcome of cow's milk protein allergy in chinese infants: a population-based survey. JPEN J Parenter Enteral Nutr, 2019, 43(6): 803-808.
[15] Carina V, Trevor B, Rosan M, et al. Better recognition, diagnosis and management of non-IgE-mediated cow's milk allergy in infancy: iMAP—an international interpretation of the MAP (Milk Allergy in Primary Care) guideline. Clin Transl Allergy, 2017, 7(1): 26.
[16] 李东丹，闫洁，杨艳玲 . 乳糖不耐受及饮食营养管理 . 中国实用儿科杂志，2022, 37(10): 758-763.
[17] 王政力，史源 . 新生儿乳糖不耐受诊疗的现状与展望 . 重庆医学，2024, 53(5): 640-650.
[18] Lewis S J, Heaton K W. Stool form scale as a useful guide to intestinal transit time. Scand J Gastroenterol, 1997, 32(9): 920-924.
[19]Koppen I J N, Velasco-Benitez C A, Benninga M A, et al. Using the bristol stool scale and parental report of stool consistency as part of the rome Ⅲ criteria for functional constipation in infants and toddlers. J Pediatr, 2016, 177: 44-48.
[20] Gustin J, Gibb R, Kenneally D, et al. Characterizing exclusively breastfed infant stool via a

novel infant stool scale. JPEN J Parenter Enteral Nutr, 2018, 42(Suppl 1): S5-S11.

[21] Zeevenhooven J, Koppen I J N, Benninga M A. The new rome Ⅳ criteria for functional gastrointestinal disorders in infants and toddlers. Pediatr Gastroenterol Hepatol Nutr, 2017, 20(1): 1-13.

[22] Chao A. Nonparametric estimation of the number of classes in a population. Scand J Statist, 1984, 11(4): 265-270.

[23] Chao A, Lee S M. Estimating the Number of Classes via Sample Coverage. J Am Stat Assoc, 1992, 87(417): 210-217.

[24] Shannon C. A mathematical theory of communication. The Bell System Technical Journal, 1948, 27: 379-423, 623-656.

[25] Somerfield P J, Clarke K R, Warwick R M. Simpson index. Encyclopedia of Ecology, 2008: 3252-3255.

[26] Kanehisa Laboratories. KEGG: Kyoto encyclopedia of genes and genomes.[2024-3-18]. https://www.genome.jp/kegg/.

[27] Currie L M, Tolley E A, Thodosoff J M, et al. Long chain polyunsaturated fatty acid supplementation in infancy increases length- and weight-for-age but not BMI to 6 years when controlling for effects of maternal smoking. Prostaglandins, Leukot Essent Fatty Acids, 2015, 98: 1-6.

[28] Damsgaard C T, Lotte Lauritzen L, Kjær T M R, et al. Fish oil supplementation modulates immune function in healthy infants1. J Nutr, 2007, 137(4): 1031-1036.

[29] Foiles A M, Kerling E H, Wick J A, et al. Formula with long-chain polyunsaturated fatty acids reduces incidence of allergy in early childhood. Pediatr Allergy Immunol, 2016, 27(2): 156-161.

[30] Lasekan J B, Baggs G E. Efficacy of soy-based formulas in alleviating gastrointestinal symptoms in infants with milk-based formula intolerance: a randomized clinical trial. Clin Pediatr (Phila), 2021, 60(3): 184-192.

[31] 张玉梅，毛帅，谭圣杰，等 . 水解乳蛋白与婴幼儿健康的研究进展 . 中国食品卫生杂志，2022, 34(2): 189-195.

[32] von Berg A, Filipiak-Pittroff B, Schulz H, et al. Allergic manifestation 15 years after early intervention with hydrolyzed formulas—the GINI Study. Allergy, 2016, 71(2): 210-219.

[33] Nicolaou N, Pancheva R, Karaglani E, et al. The risk reduction effect of a nutritional intervention with a partially hydrolyzed whey-based formula on cow's milk protein allergy and atopic dermatitis in high-risk infants within the first 6 months of life: the allergy reduction trial (A.R.T.), a multicenter double-blinded randomized controlled study. Front Nutr, 2022, 9: 863599.

[34] Fabrizio V, Harris C L, Walsh K R, et al. Softer more frequent stools in infants with difficult stooling fed hydrolyzed protein formula with added prebiotics: randomized controlled trial. Front Pediatr, 2022, 10: 894626.

[35] Boutsikou T, Sekkidou M, Karaglani E, et al. The impact of infant feeding regimen on cow's milk protein allergy, atopic dermatitis and growth in high-risk infants during the first 6 months

of life: the allergy reduction trial. Nutrients, 2023, 15(11): 2622.

[36] 荫士安 . 人乳成分——存在形式、含量、功能、检测方法 . 2 版 . 北京：化学工业出版社，2021.

[37] Warren C D, Chaturvedi P, Newburg A R, et al. Comparison of oligosaccharides in milk specimens from humans and twelve other species. Adv Exp Med Biol, 2001, 501: 325-332.

[38] Cheng L, Akkerman R, Kong C, et al. More than sugar in the milk: human milk oligosaccharides as essential bioactive molecules in breast milk and current insight in beneficial effects. Crit Rev Food Sci Nutr, 2021, 61(7): 1184-1200.

[39] Wicinski M, Sawicka E, Gebalski J, et al. Human milk oligosaccharides: health benefits, potential applications in infant formulas, and pharmacology. Nutrients, 2020, 12(1): 266.

[40] 中国食品科学技术学会 . 母乳低聚糖（HMOs）的科学共识 . 中国食品学报，2023, 23(6): 452-457.

[41] Wallingford J C, Neve Myers P, Barber C M. Effects of addition of 2-fucosyllactose to infant formula on growth and specific pathways of utilization by Bifidobacterium in healthy term infants. Front Nutr, 2022, 9: 961526.

[42] Leung T F, Ulfman L H, Chong M K C, et al. A randomized controlled trial of different young child formulas on upper respiratory and gastrointestinal tract infections in Chinese toddlers. Pediatr Allergy Immunol, 2020, 31(7): 745-754.

[43] Marriage B J, Buck R H., Goehring K C, et al. Infants fed a lower calorie formula with 2′ FL show growth and 2′FL uptake like breast-fed infants. J Pediat Gastroenterol Nutr, 2015, 61(6): 649-658.

[44] Parschat K, Melsaether C, Japelt K R, et al. Clinical evaluation of 16-week supplementation with 5HMO-Mix in healthy-term human infants to determine tolerability, safety, and effect on growth. Nutrients, 2021, 13(8): 2871.

[45] WHO/FAO. The food and agriculture organization of the united nations and the world health organization joint FAO/WHO expert consultation on evaluation of health and nutritional properties of probiotics in food including powder milk with live lactic acid bacteria.[2024-03-18]. http://www.fao.org.

[46] 冉明宇，王红伟，安艳君，等 . 益生菌的历史与定义及其健康作用 . 中国食物与营养，2021, 27(5): 5-8.

[47]《中国营养学会益生元与健康专家共识》概要 . 中国食物与营养，2021, 27(5): 89.

[48] Pineiro M, Asp N G, Reid G, et al. FAO Technical meeting on prebiotics. J Clin Gastroenterol, 2008, 42(Suppl 3)Pt 2: S156-S159.

[49] Xiao L, Gong C, Ding Y, et al. Probiotics maintain intestinal secretory immunoglobulin A levels in healthy formula-fed infants: a randomised, double-blind, placebo-controlled study. Benef Microbes, 2019, 10(7): 729-739.

[50] Fatheree N Y. Hypoallergenic formula withLactobacillus rhamnosus GG for babies with colic: A pilot study of recruitment, retention, and fecal biomarkers. World J Gastrointest Pathophysiol, 2016, 7(1): 160-170.

[51] Holscher H D, Czerkies L A, Cekola P, et al. Bifidobacterium lactis Bb12 enhances intestinal antibody response in formula-fed infants: a randomized, double-blind, controlled trial. JPEN J Parenter Enteral Nutr, 2012, 36(1 Suppl): S106-S117.
[52] Neumer F, Urraca O, Alonso J, et al. Long-Term safety and efficacy of prebiotic enriched infant formula-a randomized controlled trial. Nutrients, 2021, 13(4): 1276.

第8章

特殊医学用途婴儿配方食品的喂养研究

自从我国《食品安全法》规定对特殊医学用途婴儿配方食品列入注册许可以来，越来越多的特殊医学用途婴儿配方食品需要开展临床喂养效果评价，如产品的抗/预防过敏的效果、改善乳糖不耐受症状等，以证实或探索该产品的营养充足性和临床应用的有效性等。

8.1 过敏性风险及过敏性疾病婴儿的喂养研究

8.1.1 牛乳过敏的喂养研究

母乳是6月龄内婴儿生长发育的最理想食品。以牛、羊乳为基料，并添加乳清蛋白及其他营养成分的婴儿配方食品（奶粉），满足了无法实施母乳喂养或者母乳不足的婴儿生长发育的需要。牛奶蛋白也成为婴儿配方食物过敏最常见的过敏原之一。牛乳中主要的过敏蛋白为β-乳球蛋白、αs1-酪蛋白等[1]。婴儿摄入牛乳后的不适可分为IgE诱导的牛乳蛋白过敏与非免疫反应性的牛乳蛋白不耐受。典型的IgE介导的过敏症状包括荨麻疹、血管性水肿、呕吐、腹泻、全身过敏性反应等。非IgE介导的牛乳蛋白过敏包括呕吐、便秘、吸收障碍、肠绒毛萎缩、嗜酸性粒细胞性小肠结肠炎、小肠结肠炎和嗜酸性粒细胞食管炎等[2]。婴儿早期湿疹及过敏的发生会对婴儿的一生产生影响，有证据显示其与中老年时期罹患慢性疾病、肿瘤的风险有关[3]。

牛乳蛋白过敏一般发生在引入牛奶后的2个月内。1岁以内婴儿的牛乳蛋白过敏率为1.8%～7.5%[4]；6岁儿童的发病率下降到＜1%，成年后的发病率为0.1%～0.5%[5-6]。然而，不同的国家牛乳蛋白过敏的诊断标准存在一定差异。依据严格的诊断标准，发达国家的婴儿确诊为牛乳蛋白过敏/牛乳蛋白不耐受的发病率为2%～5%。美国婴儿牛乳过敏的临床发生率为0%～3%[1]。目前我国尚缺乏儿童牛乳过敏的全国流行病学资料。目前用于牛乳蛋白过敏或有其他过敏风险婴儿的配方食品（奶粉）有水解乳蛋白配方粉、氨基酸配方粉、豆基配方粉等。

8.1.1.1 水解乳蛋白配方粉

水解乳蛋白指的是水解的乳清蛋白、乳酪蛋白制品。依据使用的蛋白酶水解度、温度及过滤的不同，一般将水解乳蛋白分为部分/适度水解乳蛋白和深度水解乳蛋白。按照蛋白来源不同，可分为部分/适度水解乳清蛋白和深度水解乳酪蛋白。深度水解蛋白配方粉能破坏和减少乳清蛋白、酪蛋白抗原性。部分水解蛋白产物中，分子量超过 6kD 的肽段约占 18%；而深度水解蛋白产物中，超过 90% 肽段的分子量低于 3kD[7]。北美、澳大利亚和欧洲的婴儿喂养指南均建议，婴儿出生后 4～6 个月内，使用部分水解乳蛋白婴儿配方粉代替标准牛乳婴儿配方奶粉（cow milk formula, CMF），用于高过敏风险儿童期过敏性疾病发生的一级预防[8-10]。目前欧盟、美国、加拿大、澳大利亚、新西兰、日本、韩国等均允许水解乳蛋白作为普通婴儿配方粉原料，我国允许其在特殊医学用途婴儿配方粉中使用，也可用于较大婴幼儿普通配方粉中[7]。有证据显示，部分水解乳清配方粉能够为过敏高危婴儿提供足够的营养[11]。然而，Boyle 等[12]2016 年在 *British Medical Journal* 杂志发表了对水解乳蛋白婴儿配方粉与过敏及自身免疫性疾病风险的系统综述及 Meta 分析表明，目前没有一致性证据支持水解乳蛋白配方粉预防过敏性或自身免疫性疾病。因此，争议仍在持续，亟待获得更多的临床证据。

8.1.1.2 氨基酸配方食品（奶粉）

被推荐为牛乳蛋白过敏患儿替代品的深度水解蛋白配方奶粉，仅有 90% 的婴幼儿能够耐受[13]，对于不能耐受深度水解蛋白配方奶粉的婴幼儿，推荐使用氨基酸配方奶粉，两者区别在于氨基酸配方奶粉中游离氨基酸为奶粉的唯一氮源，不含肽段，二者均具有正常的脂肪和碳水化合物[2, 14]。氨基酸配方粉被认为是唯一不致敏的配方粉。在出现以下情况时推荐使用氨基酸配方粉：水解乳蛋白配方粉仍过敏时、纯母乳喂养时出现过敏症状、生长缓慢，涉及多系统和多种食物过敏，出现严重症状。此外，氨基酸配方粉可用于患有胃肠道非 IgE 介导的食物过敏的儿童，如嗜酸性粒细胞性食管炎、嗜酸性肠下垂、严重的食物蛋白质诱导的小肠结肠炎综合征等[15]。

8.1.1.3 豆基配方粉

长期使用可能导致体重增长不足，存在大豆过敏和异黄酮摄入过多的风险，且生物利用率低，不推荐常规使用[2]。

8.1.1.4 大米水解配方粉

如果婴儿无法耐受水解蛋白配方粉或者价格原因，大米水解配方粉或者大豆配方粉可以作为第二选择。然而，目前各国指南中未提及应用大米配方粉治疗牛乳蛋白过敏[16]。

8.1.1.5 添加益生菌的配方粉

添加益生菌（例如双歧杆菌四联活菌片）可能有助于免疫耐受的形成[17]。益生菌在肠道中的作用包括：

① 水解多肽类物质，将潜在的抗原转化成非抗原性多肽；

② 降低肠道通透性，减少抗原从肠道进入体循环；

③ 刺激肠道 IgA 的产生；

④ 调节肠道免疫反应，刺激肠道黏膜的分化和生长[18]。

8.1.2 婴幼儿辅食添加与食物过敏的研究

辅食添加是婴幼儿向成人膳食过渡的一个重要里程碑，也是全生命周期生长发育的一个关键点，但辅食添加方式如辅食添加时机、种类、辅食的加工以及膳食习惯等均与儿童食物过敏有关[19]。

美国疾病控制预防中心在美国国家健康调查数据的报告中指出，儿童食物过敏的患病率从 1997 ～ 1999 年间 3.4% 上升至 2009 ～ 2011 年的 5.1%[20]。2009 ～ 2010 年 Gupta 等[21]调查了美国 538480 个家庭，结果提示 8% 的儿童存在食物过敏的症状。亚洲地区人群食物过敏率较西方国家低，但是从食品品种来看，鸡蛋和牛奶的食物过敏患病率与西方人群相近[22]。胡贻椿等[23]从中国居民营养与健康状况调查血清库中根据不同年龄段和性别挑选了 5190 例 3 ～ 12 岁儿童血清样本，通过检测特异性 IgE 获得 IgE 介导的食物过敏率为 3.20%，大城市食物过敏率为 2.70%，中小城市食物过敏率为 3.77%；随着年龄的增长食物过敏率逐渐下降，最主要的食物过敏原为牛奶、鸡蛋白，其次为牛肉、坚果类。2014 ～ 2015 年成都市 786 例 0 ～ 24 月龄儿童的调查结果显示，婴幼儿食物过敏的患病率为 8.8%，而且 1 岁以下婴儿的食物过敏发生率明显高于1岁后，最常见致敏原为牛奶和鸡蛋白[24]。

添加辅食的时机会影响婴幼儿食物过敏的发生。世界卫生组织提倡，婴幼儿应从6个月开始添加辅食。Prescott等[25]认为，在出生后4～6个月内添加固体食物对食物过敏具有保护作用，认为4～6月龄是生命早期建立免疫耐受的关键期，在这个时期规律地摄入蛋白类食物可诱导免疫耐受，而在此期之后添加固体食物则会增加食物过敏的风险。Joseph等[26]在密歇根州底特律市建立了出生队列（*n*=594），探讨4月龄前添加辅食与2岁时鸡蛋、牛奶和花生过敏原IgE之间的关系。结果显示，在4个月前添加辅食与儿童2～3岁时花生过敏风险降低有关，但这一结果只适用于父母有哮喘或过敏史的儿童（OR=0.2，95% CI：0.1～0.7）[26]。基于中国台湾地区出生登记数据库的队列研究（*n*=24200）发现，不能证明在18个月龄的儿童中，长时间母乳喂养和延迟辅食添加对特应性皮炎有保护作用，甚至可能是其危险因素[27]。另外一项横断面研究结果显示，与4～6个月时添加鸡蛋相比，6个月以后添加鸡蛋与更高的鸡蛋过敏风险相关[28]。也有一些研究显示，没有证据支持早期（早于6个月）添加辅食与儿童后期食物过敏间的关联[29-31]。研究还发现免疫耐受的形成与添加辅食的种类、形式、剂量、添加的持续时间等因素有关，且各国辅食添加与食物过敏指南对于具体食物添加时间也未有明确规定[10, 32]，因此，针对辅食添加时机与食物过敏的关系还需进一步深入研究。

不同种类的食物可能通过优化肠道菌群的方式来减少婴幼儿食物过敏的发生。健康的肠道菌群会诱导肠道保护性屏障反应[33]。张水平等[34]通过对336名婴幼儿进行3日膳食调查并随机抽取其中55名进行粪便检查发现，与肠道菌群及定植抗力有显著相关性或者被多因素分析选入方程的膳食因素包括了辅食添加的豆类、蛋类、水果等食物以及一系列营养素的摄入（膳食纤维、维生素、脂肪、碘、锰等），它们对提高肠道有益菌数量，促进肠道菌群平衡发挥重要作用，及时给婴儿添加优质辅食，有利于促进儿童肠道有益菌的繁殖与菌群平衡。添加合适种类的辅食可以优化肠道菌群，一定程度上避免食物过敏的发生。

有学者探讨了添加辅食的种类多样性与食物过敏的关系。在一项出生队列研究中，通过对 6 个月和 12 个月龄婴儿的父母进行问卷调查，获得有关喂养的 6 种可能致敏食物（水果、蛋清、蛋黄、鱼类、贝类和花生）添加方法的详细信息，在 12 月龄时检测儿童过敏的发生情况。结果显示，12 个月时（n=272），有 IgE 致敏的婴儿在婴儿期接触的致敏食物种类较少（3.2±1.4 与 3.7±1.3）。与喂食 0 ～ 2 种致敏食物的婴儿相比，喂食 3 ～ 4 种（OR=0.62）或≥ 5 种（OR=0.61）致敏食物的婴儿 IgE 致敏风险显著降低，总 IgE 水平也较低。该研究得出结论，增加婴儿致敏食物的多样性，包括水果、蛋清、蛋黄、鱼类、贝类和花生，可以对婴儿在 12 月龄时的 IgE 致敏起保护作用 [35]。

8.2　代谢性疾病的婴儿喂养研究——苯丙酮尿症

苯丙酮尿症（phenylketonuria, PKU）是卫生部《新生儿疾病筛查管理办法》规定的新生儿疾病筛查的病种之一，是一种先天性遗传氨基酸代谢性疾病，属常染色体隐性遗传，苯丙氨酸羟化酶（phenyalanine hydroxylase, PAH）基因位于第 12 号染色体上（12q22-12q24.1）。患儿由于肝脏内苯丙氨酸羟化酶的缺乏，导致患儿体内苯丙氨酸（phenylalanine, PHE）无法转化为酪氨酸，血液中的苯丙氨酸浓度升高，最终导致吸收进入大脑的苯丙氨酸量明显增加，引起智力低下、小头畸形、癫痫、色素减退等临床表现。我国 PKU 患儿存在 100 种以上不同类型基因突变，伴有 PHE 旁路异常代谢而导致的一种先天性氨基酸代谢障碍，是我国高苯丙氨酸血症的主要病因 [36-37]。

苯丙酮尿症的诊断、鉴别诊断和治疗方法参照《新生儿疾病筛查》[38]。Guthrie 细菌抑制试验被常用来筛查 PKU，但该方法灵敏度不高。荧光微量测定法可以量化 PHE 水平，串联质谱允许测量多个氨基酸，进一步提高检测灵敏性。检测到时，必须进一步调查以区分 PAH（苯丙氨酸羟化酶）缺乏症、BH_4（四氢生物蝶呤）代谢紊乱和 DNAJC12（DnaJ/Hsp40 同源物亚家族 C 成员 12）缺陷 [39]。

PKU 患儿通常于出生后 3 ～ 6 个月开始发病，1 岁时症状已较为明显，主要表现为中枢神经系统症状，如智力发育迟缓，可伴有癫痫、肌张力增高、腱反射亢进，也可出现精神状态异常，如忧郁、多动、亢奋等；由于黑色素合成不足，患儿可有皮肤过白、发色变黄等症状；同时，部分患儿由于代谢原因导致汗液中苯乙酸含量增加，呈鼠尿臭味[40-41]。在新生儿期，PKU 患儿可无任何临床表现，易被忽视，导致漏诊或误诊[42]。通过新生儿疾病筛查早发现、早诊断、早治疗能很好地改变预后。若早期不及时诊断和治疗，患儿体内苯丙氨酸（PHE）蓄积而导致其神经系统发生不可逆的损伤[43]，影响患儿的智力发育，出现智力落后或痴呆[44-46]。

于 2020 年发表的一篇综述显示，全球有 45 万人患有 PKU，全球患病率为 1∶23930［范围为 1∶4500（意大利）～ 1∶125000（日本）］，其中中国的患病率为 1∶15924[47]。也有资料显示，欧洲的 PKU 发病率在 1/30000 ～ 1/3000，美国为 1/14000[48]。

PKU 的治疗方法有饮食治疗、四氢生物蝶呤（BH_4）补充疗法、大量中性氨基酸补充疗法和葡萄糖肽产物疗法等。后三种治疗方法的有效性受 PKU 患者所属亚组的影响。目前，PKU 尚无根治性治疗手段，主要以长期膳食控制为主[49-50]。1953 年，德国 Bickel 医生首先应用低苯丙氨酸膳食治疗 PKU 患儿获得成功，迄今为止该疗法仍然是治疗 PKU 最有效的方法[45]。膳食治疗包括摄入低 PHE 或不含 PHE 的配方食品或低蛋白食物[48]。下面介绍几种 PKU 患儿的特殊配方粉：

8.2.1 AA-PKU2

AA-PKU2（由英国 SHS International Limited 提供）是不含 PHE 的肠内营养粉剂，含有其他必需和非必需氨基酸、碳水化合物、维生素、矿物质和微量元素。其中蛋白当量为 25%，碳水化合物为 51%，所有的成分均为人体日常所需的营养物质，既能补充氨基酸，又能补充碳水化合物、维生素、矿物质等多种营养成分，同时限制 PHE 的摄入量，可有效控制 PHE 浓度，预防智力发育障碍，满足正常生长发育需要。一项纳入 121 例 PKU 患儿的前瞻性、自身前后对照、多中心的临床研究结果显示，肠内营养粉剂 AA-PKU2 能有效控制 1 ～ 8 岁患儿的血 PHE 浓度在 360μmol/L 以内；通过有效控制患儿血 PHE 浓度，可改善患儿的智力发育，满足患儿正常生长发育的需要，且临床应用安全、耐受性好[51]。

8.2.2　日本森永无 PHE 奶粉

每 100g 森永无 PHE 奶粉中蛋白质含量为 15g。1 岁以内患儿可用母乳加森永无 PHE 奶粉，1 岁以上患儿可用森永无 PHE 奶粉加无 PHE 的氨基酸混合粉末（每 100g 奶粉含蛋白质 93.7g）配以低 PHE 的天然食物。研究证明，经治疗后，患儿体格和智力发育可达到满意水平[52]。

8.2.3　“华夏 2 号”奶粉

“华夏 2 号”（甲）奶粉是我国研制的 PKU 患儿用配方粉，用 18 种必需氨基酸（除 PHE）混合配制而成，供 1 岁以上幼儿、儿童使用。“华夏 2 号”（乙）奶粉是以酪蛋白为原料，经酸水解去除大部分 PHE，为低 PHE 奶方，供 1 岁以下婴儿服用。所有患儿诊断后立即停止含蛋白质的天然饮食，按每天每千克体重所需的蛋白质量来计算“华夏 2 号”奶粉的摄入量。“华夏 2 号”（甲、乙号）奶粉每 100g 干粉分别含蛋白质 15g、脂肪 8g 及碳水化合物 68g，其余营养成分与正常婴儿配方粉相似。婴儿选用乙号奶粉以保证生理需要量的 PHE 供给；幼儿、儿童选用甲号奶粉为宜，使他们能有机会添加天然食物，以提高生活质量和乐趣。临床研究证实，用“华夏 2 号”奶粉治疗能有效降低血 PHE 浓度，达到进口同类产品的疗效，临床体格与智力发育疗效满意[53]。

由于 PKU 患儿摄入鱼、肉、蛋等含蛋白质多的食物受到控制，许多患儿家长担心孩子的生长发育会受影响。研究提示[52]，只要患儿在营养师指导下合理地进行膳食治疗而且血 PHE 浓度控制满意，机体的蛋白质合成会比治疗前更理想。需要提醒的是，氨基酸组成蛋白质时也需要能量，组织蛋白质的合成只有在能量供给充足时方可顺利进行。所以要提供足够的能量，以避免蛋白质被作为能量而不能完成其应有的作用。同时，要注意维生素及微量元素的补充。应在控制血 PHE 的同时，注意蔬菜、水果的选择和搭配[38]。多食入一些黄绿色蔬菜，保证每日的蔬菜种类至少在 6 ～ 7 种以上，注意全方位的营养。同时，由于食物摄入受限，钙、铁、锌等元素含量低。锌主要存在于肉类、坚果类食物及海产品中，而植物性食物不仅含量少且利用率低，仅为 1% ～ 20%，极易引起锌缺乏。在临床上，低 PHE 膳食治疗可使大部分 PKU 患儿的智力和精神行为达到正常水平。但是有少部分患儿血 PHE 浓度控制好，仍会出现智力和精神行为异常，可能与锌缺乏有关。另外，锌缺乏会影响味觉，导致厌食。而厌食给 PKU 患儿的膳食治疗造成了很大困难，会使蛋白质、能量等摄入不足，体内蛋白质分解增加，使得血 PHE 水平难以控制。因此，及时补充各种微量元素，保证体内正常的营养素水平对 PKU 患儿尤为重要[54]。

与标准的商业配方粉相比，人类母乳的蛋白质浓度较低，PHE 的含量也较低。母乳中 PHE 的含量仅仅是牛乳的 1/3。对于患有 PKU 的婴儿来说，母乳的这些特性使其成为理想的基本营养来源。因此，相比于商业营养奶粉和苯丙酮尿症配方粉搭配的喂养方式，母乳喂养搭配苯丙酮尿症配方粉来喂养婴儿的效果会更为理想[55]。一项在中国西北开展的对照试验结果显示，母乳喂养更利于 PKU 患儿血 PHE 值的控制[56]。

目前，PKU 患儿的治疗面临依从性较低的问题。世界卫生组织估计，在发展中国家，只有 50% 的 PKU 患儿遵从治疗规范[57]。家庭经济状况和家长对疾病的认识和配合程度是影响患儿是否参加治疗的重要因素[58-59]。无苯丙氨酸配方食品的价格昂贵，1 例 PKU 患儿 1 年的诊疗费用为 2 万多元，放弃或者不能坚持治疗的患儿多为来自农村或低收入家庭[60]。因此，研制成本、价格相对低廉的 PKU 患儿配方食品以及国家关于这类疾病的特殊政策将是提高治疗依从性的发展方向。

8.3 乳糖不耐受婴儿的喂养研究

乳糖是人乳中存在的唯一双糖，是乳制品中存在的主要碳水化合物，是婴幼儿主要的能量来源。乳糖不耐受（lactose intolerance, LI）常指由于小肠黏膜乳糖酶的相对或绝对缺乏（lactase deficiency, LD），奶中的乳糖不能在小肠消化和吸收，而直接进入大肠，在大肠菌群的作用下，引起发酵、水解[61]，导致大量的 Na^+、Cl^-向肠腔转运，增加肠腔的体液，引起腹胀、腹泻、腹痛等一系列消化道临床症状[62]。当乳糖酶缺乏只引起乳糖吸收障碍而无临床症状时，称为乳糖吸收不良（lactose malabsorption, LM）。若不予重视可导致婴幼儿慢性腹泻、营养不良和贫血，对健康造成长期危害[62-63]。

乳糖是母乳中最主要的碳水化合物（90% ～ 95%）[64]。有调研报告显示，2017 ～ 2019 年所有在美国出售的配方奶粉中，其碳水化合物含有大约 52.7% 的乳糖[65]。一项在中国四大城市的研究发现，3 ～ 5 岁儿童、7 ～ 8 岁儿童和 11 ～ 13 岁儿童的乳糖不耐受发生率分别为 12.2%、32.2%、29.0%[61]。研究发现，腹泻婴儿乳糖酶缺乏检出率（61.74%）明显高于健康儿童（24.41%）[66]，以肠道乳糖酶缺乏所导致的乳糖不耐受是婴幼儿慢性迁延性腹泻的主要原因[67]。乳糖不耐受症导致的慢性腹泻可引起婴儿多种微量元素缺乏，进而影响生长发育[68]。针对肠胃发育尚未完全、原发或继发乳糖不耐受的婴幼儿宜选用无乳糖或低乳糖配方食品[67]。

对于乳糖不耐受的治疗以低 / 无乳糖喂养或添加乳糖酶为主，可以加用益生菌[62-63, 68-69]。低 / 无乳糖喂养属于膳食回避的治疗方法，需要根据症状轻重来选择的一种喂养方式。对于先天性乳糖酶缺乏患儿需长期应用无乳糖配方奶粉喂养；对于原发性乳糖酶缺乏者，因其临床症状与进食乳糖的量密切相关，如有严重症状可先应用无乳糖的配方奶粉喂养，待症状缓解后可选用低乳糖配方奶粉喂养，之后可逐渐增加摄入乳糖量或少量多次以增加乳糖耐受性。无乳糖配方奶粉喂养对缓解乳糖不耐受有较好的效果，但因乳糖参与神经系统发育、矿物质（如钙、铁、锌）的吸收利用等过程，因而一般来说无乳糖膳食 2 周后要逐渐过渡到低乳糖膳食直至患儿耐受。

应用乳糖酶制剂治疗乳糖不耐受理论上可以克服无乳糖膳食的缺点，它可以使患儿，尤其对于发育性乳糖酶缺乏的早产儿，无需改变原有的膳食结构，保证婴幼儿继续从母乳中获得抗体等有益成分，增强患儿免疫力，缩短病程，促进病情恢复。给乳糖不耐受的婴幼儿补充乳糖酶在国外早已开始应用，现如今国内一些医院也开始应用乳糖酶治疗乳糖不耐受的婴幼儿，在喂奶同时给予乳糖酶，取得了较好的治疗效果。但是乳糖酶价格相对昂贵，这也是影响国内普遍推广应用的原因之一[62, 70]。

张玉梅教授课题组[63]曾综述低聚半乳糖（galacto-oligosaccharide, GOS）治疗婴幼儿乳糖不耐受的研究。该综述中提到，近期一项随机对照试验提示，服用高纯度的GOS制品（RP-G28，GOS纯度＞95%）可能有助于改善乳糖不耐受的相关症状。综述介绍了Savaiano等[71]对85例乳糖不耐受患者进行的为期35天的GOS（RP-G28）或安慰剂干预试验，该试验将乳品重新引入日常膳食30天后，重测结果显示GOS组腹痛症状减轻，汇报乳糖耐受的比例是安慰剂组的6倍；该组受试者粪便中有利于乳糖发酵的双歧杆菌、罗斯氏菌属等数目明显增加[69]，提示服用高纯度GOS有助于重塑乳糖不耐受人群的肠道菌群，增强其乳糖分解能力。然而目前尚无在婴幼儿人群中进行的相关研究，后续亟待开展探索性研究。

另外，有研究表明，乳糖不耐受与钙吸收障碍有关，并且可能导致骨质疏松[72-73]。目前，应用于乳糖不耐受婴幼儿的配方粉主要有无乳糖配方奶粉、低乳糖婴儿配方奶粉和豆基婴儿配方粉。

8.3.1　无乳糖婴儿配方奶粉

该类产品是把奶粉中的乳糖部分或者全部地用其他糖类代替了的配方，主要是以其他碳水化合物完全或部分代替乳糖，即无乳糖配方奶粉不含乳糖和蔗糖，不需要乳糖酶的参与就可以被消化吸收。近年来文献报道用低渗的无乳糖奶粉疗效更好，可使腹泻病程缩短、肠黏膜较快修复。临床研究证明，无乳糖奶粉可有效治疗婴幼儿的乳糖不耐受，治愈率为93%～100%，还可有效地避免滥用抗生素的危害[67]。无乳糖配方奶粉中碳水化合物组成常为麦芽糖糊精、异麦芽低聚糖、异构化乳糖。麦芽糖糊精具有低渗透压、不易被肠道细菌发酵、能被新生儿肠道发育成熟的麦芽糖酶和淀粉酶充分消化的特点[74]。部分研究发现，无乳糖配方奶粉既不增加腹泻患儿消化道负担，又可保证患儿腹泻期间的营养需求，营养价值优于豆基配方粉，能明显减少因腹泻引起的营养消耗，更适用于腹泻患儿。近期的Meta分析显示，部分中等质量证据表明，急性腹泻时使用无乳糖配方奶粉能缩短病程及降低治疗失败的风险[75]。然而，在欧洲2014年急性胃肠炎诊治指南中指出：在门诊患者中并不推荐常规使用无乳糖配方食品[76]。因此，无乳糖配方食品的使用还需结合临床进行个体化的指导。

8.3.2 豆基婴儿配方粉

该类产品是以大豆分离蛋白为主要蛋白源，添加满足婴儿所需的脂肪、碳水化合物、维生素、矿物质和其他营养成分生产加工制成的粉状婴儿食品，可作为母乳代替产品。大豆分离蛋白氨基酸种类有近20种，并含有人体必需氨基酸，氨基酸组成与牛奶中蛋白质的组成相近，且蛋白质优于牛乳中的酪蛋白[77]，并具有较好的分散性和溶解性。目前，豆基婴儿配方粉已经被全世界数百万婴儿食用，对婴儿生长发育呈现出和乳基婴儿配方粉一样的促进作用，且不含乳蛋白及乳糖，适用于素食家庭和具有乳糖不耐症、半乳糖血症和乳蛋白过敏等症状的婴儿。

赵善舶等[78]用有机大豆粉和大豆分离蛋白为主要原料开发了新型的豆基婴儿配方奶粉（每吨奶粉含有机大豆粉67.2kg、大豆分离蛋白粉104kg、混合油脂240.9kg、麦芽糊精471.4kg、复配维生素和矿物质31.84kg等）。与传统的市售豆基婴儿配方粉相比，该新型豆基婴儿配方奶粉的氨基酸组成及氨基酸评分较高，可以满足婴儿的营养需求；而且奶粉溶液颗粒分布更加均匀，具有更好的体系稳定性。蛋白质功效评价结果表明，该新型的豆基婴儿配方粉具有良好的促进生长能力。

然而，豆基婴儿配方粉也存在潜在的食品安全问题。首先，婴儿从配方粉中吸收的异黄酮远高于自身需要量。喂养豆基婴儿配方粉的婴儿每天吸收异黄酮6～9mg/kg体重[79]。此外，如将婴儿通过大豆配方食品摄入的异黄酮量与成人日常膳食的摄入量相比，婴儿摄入量经常是成人的 4 ～ 6 倍[80]，如此高的浓度足以在人体中产生生理作用。同时，牛乳过敏症患儿食用豆基婴儿配方粉并不能完全杜绝过敏的风险，因为 IgE 介导的牛乳过敏症患儿同时对大豆过敏的概率亦很高。因此，应采用合理的分离技术和脱敏技术降低豆基婴儿配方粉中的异黄酮以及致敏性物质的含量，从而降低其对婴幼儿产生的潜在健康威胁性[81]。

8.4 早产儿的喂养研究

我国的早产儿发生率高达 5% ～ 10%，占全球早产儿的 7.8%[82]。早产儿是指胎龄＜ 37 周的新生儿[83-84]。其中，胎龄＜ 32 周且体重＜ 1500g 的早产极低出生体重儿是目前新生儿重症监护室的主要收治对象[82]。早产儿常会出现生长发育缓慢，并持续到儿童期和青少年时期，甚至到成年期[85]。早产儿存在铁、钙等相关营养成分严重缺失，血液中营养素相对较低等异常情况，从而导致营养不良等后果，进而加重喂养困难[86-87]。从大量的临床研究结果来看，不同喂养方式对早产低体重儿的益处依次为：母乳、供体母乳、配方奶。其中，母乳和供体母乳都是需要进行营养强化的[88]。

8.4.1 基于母乳喂养的母乳强化剂喂养研究

美国儿科协会关于早产儿喂养决策提出，所有的早产儿应该进行母乳喂养，而非早产儿配方食品（奶粉）；母亲不能提供充足的母乳时可以接受经过巴氏消毒的捐献母乳。这个建议的提出是以母乳对早产儿的益处为基础的，包括减少中晚发败血症（late-onset sepsis, LOS)、坏死性小肠结肠炎（neonatal necrotizing enterocolitis, NEC）和早产儿视网膜病变（retinopathy of prematurity, ROP）及生后第 1 年的再住院，以及改善早产儿的神经系统发育结局[82, 89-91]。母乳中含有的二十二碳六烯酸（DHA）、谷氨酰胺、乳铁蛋白和骨桥蛋白等生物活性成分是其他乳制品无法替代的[92]。Lucas 等[93]进行的一项前瞻性研究（n=300）结果显示，在生命最初几周食用母乳的早产儿 7 岁半至 8 岁时的智商明显高于没有食用母乳的儿童，且膳食中母乳的比例与随后的智商之间存在剂量反应关系，母乳喂养对早产儿的神经发育存在着有益的影响。另一项对极早产儿的随机对照盲法研究（n=243, 胎龄小于 30 周）显示，母乳喂养相较于供体母乳喂养和配方粉喂养，在缩短儿童住院天数和减少感染事件（LOS、NEC 和其他感染相关事件）发生方面具有独特的优势[94]。Assad 等进行的回顾性研究（n=293）也表明，对早产超低出生体重儿进行纯母乳喂养可以显著降低 NEC 的发病率，减少喂养不耐受，缩短完全喂食的时间和住院时间[95]。

8.4.1.1 母乳强化剂的作用

不经强化的单纯母乳喂养可能会导致早产儿体重增长缓慢（过轻）[96]。母乳中蛋白质含量随着哺乳的时间延长而降低，并且可能在捐献的母乳中比早产儿母亲母乳中更少[97]。临床实践已证明，母乳喂养的基础上添加母乳强化剂能够最大程度满足早产儿机体的实际营养需求，已经成为一种较为理想的喂养方式[98-99]。我国《早产儿母乳强化剂使用专家共识》提出，对于出生体重＜ 1800g 的早产儿可使用强化母乳喂养[100]。母乳强化剂是多种营养素组合的粉状或液状产品，粉状的母乳强化剂可在不稀释母乳的前提下强化其营养，是常用的产品。液状的母乳强化剂相比之下有更丰富的蛋白质及 DHA。目前母乳强化剂主要来源于牛乳，主要的补充营养素是蛋白质、钙、磷、维生素 D 等。

一项随机对照试验（n=78）探讨了母乳强化剂相较于单纯的母乳喂养对早产儿的作用，该研究发现，早产儿在接受膏状母乳强化剂强化的母乳喂养后，体重和身长的增长速度均有所改善，为提高早产儿的生长速率，应推荐对早产儿的母乳进行强化[101]。汪志萍等[102]在我国广西进行的一项前瞻性研究也探讨了母乳强化剂喂养的优势，该研究指出，母乳喂养联合母乳强化剂可促进极低体重早产儿快速生长发育，预防贫血，降低感染风险；并且不会引发喂养不耐受，可减少并发症，安全性较高，值得在特殊群体中推广。白茜茜等[103]的研究

（n=98）也得出了母乳强化剂能在母乳喂养的基础上，进一步促进低体重早产儿的生长发育，减少或避免低体重期间感染的发生，维持良好生长状态的结论。

8.4.1.2 母乳加母乳强化剂喂养效果优于早产儿配方食品喂养

Schanler 等 [104] 进行了一项关于早产儿喂养策略的前瞻性研究（n=108）结果显示，相比于只喂养早产儿配方奶组，强化母乳喂养组的早产儿坏死性小肠结肠炎和晚发型脓毒症的发生率均较低，且母乳的独特性质可以促进早产儿胃肠道功能改善，提高摄奶量。但强化母乳喂养组相较于早产儿配方奶组也存在体重增长速度明显较慢的问题，研究者认为，与前述提到的健康改善相比，强化母乳喂养仍然是应当被推荐的。蒋雪明等 [105] 就强化母乳对早产儿早期生长的影响的 Meta 分析（共纳入 8 篇文献）结果显示，与未经强化的母乳喂养组相比，强化母乳喂养的早产儿早期体重增长和头围增长速率显著增加，但两组身长增长速率无显著性差异（体重：WMD=2.41，95% CI：1.01,3.82；头围：WMD=0.12，95% CI：0.11，0.13)。相比较在促进早产儿生长发育方面有优势的早产儿配方粉来说，强化母乳喂养早产儿早期的体重增长速率、身长增长速率、头围增长速率无显著性差异。综上所述，相比于单纯的母乳喂养和早产儿配方粉喂养，母乳喂养的同时添加母乳强化剂的喂养方式似乎具有前两者共同的优势，即一方面可以降低早产儿的感染风险，另一方面又可促进早产儿的生长发育。

8.4.1.3 母乳强化剂的添加方式

母乳强化剂强化的方式目前分为标准强化、调整性强化及目标强化。标准强化将母乳蛋白的含量视为 1.5g/dL，并定量添加，这是用于强化母乳的最常见的技术。由于忽略了母乳组成的生理变化，与预期目标相比，标准强化提供给婴儿的能量和营养素的摄入量可能不足或过多。在调整性强化的方法中，血液尿素氮（BUN）值——蛋白质营养水平的标志——被用来调节母乳强化剂的使用剂量。然而，这种方法往往低估了真正的蛋白质摄入量。目标强化使用母乳分析仪通过光谱分析母乳的成分。强化剂是根据实际的宏量营养素组成添加的，每周进行两次或根据产品使用说明进行添加。这种方法无疑是具创新性的，目前被认为是早产儿喂养的金标准[106]。

一项随机对照研究（n=51）验证了个性化强化方案喂养的早产儿将有更高的蛋白质摄入量并能提高体重增加速度的假设。该研究将早产儿随机分为个体强化组和标准强化组，个体强化组根据母乳中的蛋白质浓度、婴儿当前体重以及血尿素氮来确定母乳强化剂和蛋白粉的用量。结果显示，2/3 的早产儿需要将母乳强化调整到比标准更高的水平；在该研究的第 3 周，个体强化组婴儿的增重值优于标准组[107]。侯红梅等[98]的研究也探讨了个性化添加母乳强化剂的优势（n=86），在该研究中，较标准化母乳强化剂喂养的早产儿来说，个性化添加母乳强化剂喂养的早产儿体重、身长和头围均有具有统计学意义的增加，且住院期间相关并发症发生率的差异无统计学意义，提示个性化添加母乳强化剂能够促进早产儿机体的生长发育，改善早产儿机体的营养状况，并具有较高的安全性，能够保障患儿健康生长。

8.4.1.4　母乳强化剂开始添加的时机

母乳强化应以胎龄和出生体重为基础，采取个体化的营养策略[88]。国外有关母乳添加剂的研究重点集中在出生体重＜ 1500g 的极低 / 超低出生体重儿，这类儿童具有并发症多、消化道不成熟、营养储备少、宫外生长迟缓发生率高的特点[108-109]。在我国，早产儿存在营养支持不足，宫外生长迟缓发生率高的现状，且晚期早产儿也可能存在生后早期生长落后的问题。因此，国内有关早产儿喂养的共识将母乳强化剂的应用对象扩大到出生体重＜ 2000g、胎龄＜ 34 周的早产儿[110]，但该策略未得到足够临床证据的支持。中国早产儿母乳强化剂使用专家共识工作组 2019 年发表的《早产儿母乳强化剂使用专家共识》指出，推荐出生体重＜ 1800g 的早产儿使用母乳强化剂，有宫外生长迟缓、出院后早期生长落后、因疾病状况限制液体入量、尚未完成追赶生长的小于胎龄早产儿，需个性化评估体格生长或生化指标，在医务人员指导及监测下使用母乳强化剂[100, 111]。

也有一些学者研究了开始使用母乳添加剂的时间。陈文超等[112]进行的随机对照试验对比了母乳喂养量达到 50 ～ 70mL/（kg • d）组和 70 ～ 90mL/（kg • d）组对早产儿的喂养效果，结果显示，母乳喂养量达到 50 ～ 70mL/（kg•d）时添加母乳强化剂，更有利于早产儿生长发育，减少出院时宫外生长迟缓的发生率，但喂养过程中需警惕并发症的发生。高琦等[113]则对比了经口入量达 50mL/（kg • d）和 100mL/（kg • d）时添加母乳强化剂对早产极低出生体重儿的生长发育及并发症发生率的影响，发现在经口入量达 50mL/（kg • d）时添加母乳强化剂，可提高住院期间的体重增长率，且不增加早产儿并发症（包括喂养不耐受、坏死性小肠结肠炎、院内感染、早产儿视网膜病变、支气管肺发育不良）的发生率。综上，在早期引入母乳强化剂可能有利于早产儿更好的生长结局。

欧洲儿科胃肠病学、肝病学和营养学协会（ESPGHAN）建议，对于早产儿用母乳强化剂喂养至少至胎龄 40 周，甚至可以至胎龄 52 周（校正年龄 3 个月）。美国家庭医师协会提示，早产儿出院后应加强营养喂养至实现追赶性生长或至校正年龄 1 岁。我国建议早产儿首选母乳加营养强化剂方式喂养，时间至少至校正年龄 3 个月，有条件时可至校正年龄 1 岁。但应结合早产儿营养状况及体格发育的监测指标进行综合判断，充分考虑个体差异后予以调整和指导[83, 114]。

然而，母乳强化剂也与一些合并症的发生有关，例如代谢性酸中毒，氧化应激反应。同时，由于添加剂存在被细菌污染的可能性，也使得儿童感染风险增加。因此，应注意关注婴儿血中钠、钙、磷等离子的含量[82]。根据母乳成分分析和早产儿代谢水平个体化强化早产儿的母乳喂养是今后的研究方向。

8.4.2 非母乳喂养婴儿的配方食品（奶粉）喂养研究

早产婴儿母亲的产奶量可能受到若干因素的影响，如压力、健康问题、哺乳延迟和母婴分离等[106]。早产儿配方食品（奶粉）是为满足早产儿的营养需求设计的特殊配方食品，较普通婴儿配方粉来说，更利于弥补早产儿的生长发育不成熟，利于其长期健康发展。

在一项对早产儿（平均妊娠期：30.9 周）进行的大型前瞻性随机对照试验中，出院后喂予富含蛋白质、能量、矿物质和维生素等的早产儿配方粉组（*n*=113），9 个月时与喂养标准婴儿配方粉组（*n*=116）相比，体重更重（差异为 370g，95% CI：84 ～ 660）、身长更长（差异为 1.1cm，95% CI：0.3 ～ 1.9），身长的差异持续到 18 个月（差异为 0.82cm，95% CI：−0.04 ～ 1.7），且在两个时间点上，喂养早产儿配方奶粉组的婴儿在 Bayley 运动量表评分中具有优势 [115]，提示对于早产儿这一特殊群体来说，营养成分丰富的特殊配方奶粉可能对其生长发育和运动功能发展存在积极影响。邹红梅等评估了早产儿配方奶粉中能量的影响（*n*=100），结果显示，与低能量密度 81kcal/100mL 早产儿配方奶粉相比较，较高能量密度 101kcal/100mL 早产儿配方奶粉改善早产儿体格生长，且不增加肝肾负担，不增加住院期间喂养不耐受及其他并发症的发生率，安全性较好 [116]。

与母乳喂养 [104] 或供体母乳喂养的早产儿 [91, 94] 相比，早产儿配方奶粉喂养似乎存在可以加快体重增加速度的优势，但是在降低早产儿感染率及其他诸多方面，早产儿配方奶粉喂养的效果仍不如母乳喂养，故早产儿配方奶粉仍不宜作为早产儿喂养的首选推荐。

然而需要注意的是，不能将出生体重相似的足月低体重儿和早产儿相提并论，因为他们的成熟度、生长轨迹和营养需求有很大差异，不推荐足月低体重儿使用早产儿配方奶粉来促进生长 [117]。早产儿既要促进适度生长，尤其线性生长，以保证良好的神经系统发育结局，又要避免过度喂养，减少脂肪储积，降低远期代谢综合征的风险 [88]。

8.5 低出生体重儿喂养研究

WHO 将出生体重低于 2500g 的婴儿定义为低出生体重儿（low birth weight, LBW）[118]。低出生体重儿的全球发生率为 15.5%，其中有 96.5% 发生在发展中国家，特别是中南亚地区 [119]。低出生体重可能是早产（出生于 37 孕周前）的一种结局，或是由于小于胎龄（small for gestational age, SGA，指出生体重低于同胎龄儿平均出生体重的第 10 百分位数），或两者皆有。人们普遍认为，低出生体重对新生儿是不利的，根据资料显示，尽管这些低出生体重婴儿仅占出生儿童的 14%，但它们占新生儿死亡的 60% ～ 80%[120-121]。对低出生体重儿进行合适的喂养干预，一定程度上可改善其健康状况，并对全人口的新生儿和婴儿死亡率水平产生重大影响 [122-125]。对于低出生体重儿，可选择母乳喂养、供体母乳喂养或早产儿配方奶粉喂养。

8.5.1 低出生体重儿的母乳喂养

WHO 推荐新生儿出生后的前 6 个月应以纯母乳作为其营养来源，之后与辅食添加结合直到 2 周岁。同样，对于低出生体重儿来说，母乳喂养是理想的喂养方式。关于其能否减轻新生儿感染、促进神经系统发育、减少营养不良并增强骨骼健康，目前已有一系列研究。

Narayanan 等 [126] 对 70 名低出生体重儿进行了一项随机对照研究，32 名婴儿白天给予新鲜母乳，晚上给予婴儿配方奶；38 名婴儿只给予婴儿配方奶，作为对照组。结果显示，接受母乳喂养的婴儿感染发生率显著降低（RR=0.44，95% CI：0.24 ～ 0.82）。一项队列研究探讨了母乳喂养与极低出生体重儿感染之间的关系，依据喂养方式不同，研究对象被分为强化母乳喂养伴随早产儿配方粉组（n=123）和纯早产儿配方粉对照组（n=89）。结果显示，母乳喂养与新生儿感染概率降低相关（OR=0.43，95% CI：0.23 ～ 0.81), 且与脓毒症或脑膜炎的发生概率降低相关（OR=0.47，95% CI：0.23 ～ 0.95）[127]。尽管两项研究的设计、研究进行时间、新生儿低体重的程度等因素均不相同，却得出了一致的结论，母乳喂养对低出生体重儿发生感染具有保护作用。

一项前瞻性研究评估了 220 名 SGA 的足月儿与 229 名适于胎龄（appropriate for gestational age, AGA）的足月儿纯母乳喂养时间和认知发展间的关系。结果显示，纯母乳喂养对 SGA 儿童的认知发展的有益影响大于 AGA 儿童，纯母乳喂养超过 12 周的 SGA 儿童智商分布与

AGA 儿童没有差异，且纯母乳喂养 24 周的婴儿智商高于纯母乳喂养 12 周的婴儿。基于研究结果，作者提倡母亲应该纯母乳喂养 24 周，以促进 SGA 婴儿的认知发展[128]。Morley 等[129]同样将 AGA 儿童作为研究对象进行了随机对照试验，结果显示，母乳喂养的婴儿在 18 个月时的贝利心理发展指数（调整后平均得分的差距为 8.2，95% CI：5.0 ～ 11.4）和精神运动发展指数得分（调整后平均得分的差距为 5.8，95% CI：2.8 ～ 8.7）明显高于配方奶喂养的婴儿[130]。另一项多中心的大型前瞻性队列研究纳入了 771 名低出生体重儿，探讨母乳喂养和婴儿 18 个月后发育状况之间的关系，结果显示，母乳喂养的婴儿贝利智力发育指数平均比不采用母乳喂养的婴儿高出 8 分。然而，发育优势的来源究竟是母乳本身对大脑的有益影响，还是有父母因素的混杂，则需要进一步探讨。Anderson 等[131]探明母亲的社会经济地位或教育水平等混杂的协变量对母乳喂养与儿童认知功能的荟萃分析结果显示，与配方奶喂养的儿童相比，母乳喂养的儿童在认知功能方面的优势在调整协变量后的增量为 3.16（95% CI：2.35 ～ 3.98），差异显著且均匀。在 6 ～ 23 月龄时，母乳喂养儿童的认知功能水平明显高于配方奶喂养的儿童，并且这些差异在后续年龄中是稳定存在的。这样的差异在低出生体重儿中更大（OR=5.18，95% CI：3.59 ～ 6.77），高于正常出生体重儿（OR=2.66，95% CI：2.15 ～ 3.17），表明低出生体重儿比足月婴儿在认知发展方面更受益于母乳。总体来看，母乳喂养能促进低出生体重儿认知功能与神经系统的发育。

一项英国进行的队列研究（n=474）探讨了母乳喂养与 SGA 儿童身体生长发育指标间的关系，结果显示，在 18 个月时，母乳喂养婴儿的体重、身长、头围与配方粉喂养的婴儿没有统计学意义的差异[132]。目前，关于母乳喂养与改善低出生体重儿营养不良之间关系的研究较缺乏，二者间的关系需要更加严谨、系统的前瞻性研究来探讨。

Pettifor 等通过随机对照试验探讨了母乳中添加营养强化剂与极低出生体重儿（出生时体重在 1000 ～ 1500g）骨质健康的关系（n=59），结果显示，出生后 4 ～ 6 周在母乳中添加营养强化剂可以增加极低出生体重婴儿的骨矿物质含量。然而，到 3 个月大时，仅母乳喂养组也几乎完全可以纠正婴儿的骨质异常[133]。

综上所述，如WHO的推荐，使用母亲自己的母乳喂养低出生体重儿（同时应在医生指导下添加母乳强化剂），对其多方面的成长发育都有益处，有喂养条件的母亲应坚持纯母乳喂养至少6个月。

8.5.2 低出生体重儿的供体母乳喂养

当无法获得足够的母体母乳时，低出生体重婴儿可选择经合适处理后的供体母乳作为营养来源，然而，喂养供体母乳的风险和收益的平衡存在不确定性。

在一项纳入了11个随机或准随机对照试验的综述中，对比了供体母乳喂养与婴儿配方奶粉喂养对低出生体重儿的影响，结果显示，供体母乳喂养组有较低的体重增长、线性生长和头部生长率，同时，患坏死性小肠结肠炎的风险更低[134]。McGuire等[135]也进行了系统综述，探讨了与婴儿配方奶粉相比，低出生体重是否可以通过供体母乳喂养降低坏死性小肠结肠炎的发病率，结果显示，接受供体母乳的婴儿患坏死性小肠结肠炎的可能性降低了30%（RR=0.34，95% CI：0.12 ～ 0.99），确诊坏死性小肠结肠炎的可能性减少了25%（RR=0.25，95% CI：0.06 ～ 0.98）。

有两项随机对照试验都研究了与婴儿配方奶粉相比，供体母乳对低出生体重婴儿神经发育结局的影响。在这两个试验中，婴儿从出生到出院被随机分为两组，一组接受无其他补充的供体母乳，另一组接受富含能量的婴儿配方奶。Tyson等[136]在37周时使用了Brazelton新生儿行为评估量表对新生儿进行了测量（这些婴儿全部出生于32周前），显示接受婴儿配方奶的婴儿（n=42）比接受供体母乳的婴儿（n=34）的平均得分更高，在对无生命物体（WMD=−2.5，95% CI：−3.65 ～ −1.35）和视听刺激物体的反应（WMD=−0.8，95% CI：−1.34 ～ −0.26）中，差异的方向相同。然而，Lucas等[137]检查了低出生体重儿18个月时的神经发育结果，并没有发现标准婴儿配方奶粉组（n=52）婴儿的发育商与供体人乳组（n=62）有任何统计学上的显著差异，尽管效应量的置信区间较大。而在两项随机对照试验的非随机比较中，Lucas 等[137]报告的供体母乳喂养的婴儿在 18 个月时运动发育得分显著较高（WMD=8.8，95% CI：3.3 ～ 14.3），但智力发育得分无显著差异。供体母乳与低出生体重儿神经系统发育的关联间尚无定论，仍需要进一步开展基于人群的前瞻性研究。

有一系列的随机对照试验将婴儿随机分为在出院前接受无补充的供体母乳组以及婴儿配方奶组。所有试验均表明，相比于接受供体母乳组，接受配方奶组与至少一项生长参数（平均体重或头围增加）的显著增加相关[138-140]。目前尚缺乏研究考察供体母乳对婴儿营养不良率的影响。

综上所述，供体母乳可能与降低低出生体重儿的感染风险相关，特别是坏死性小肠结肠炎的发病率。然而，供体母乳对婴幼儿的神经系统发育以及身体生长方面的影响尚无一致的定论，需要进一步的研究。

8.5.3 低出生体重儿的配方奶粉喂养研究

低出生体重儿可使用的配方奶粉包括：标准婴儿配方奶粉、早产儿配方奶粉以及豆基配方粉等。国外又将早产儿配方粉分成院内配方粉和院外配方粉。关于不同类型配方粉对低出生体重儿健康不同方面的影响，已有学者进行了一系列研究。

一项大型随机对照试验研究了标准婴儿配方奶粉和早产儿配方奶粉对低出生体重儿神经发育结局的影响[141-142]。在这项多中心研究中，Lucas 等[141]随机抽取了 424 名英国早产且低出生体重儿（其母亲不打算母乳喂养），让他们从出生起接受早产儿（n=81）或标准婴儿配方奶粉（n=79)，直到体重达到 2000g。结果显示，在 18 个月时，早产儿配方奶粉喂养的婴儿在精神运动发育评分方面具有显著优势，贝利心理发展指数评分平均值的差异为 6.0（95% CI：−0.4 ～ 12.6），贝利心理发展指数评分平均值的差异为 14.7（95% CI：8.7 ～ 20.7）。这种影响在两个亚组中更为明显——SGA 婴儿和男性婴儿。在对同一试验参与者 8 岁时的随访中，Lucas 等[142]的报告称，早产儿配方奶粉喂养的婴儿

（n=67）较标准婴儿配方奶粉喂养的婴儿（n=66）总体智商并没有显著提高。

有两项随机对照试验检测了与标准婴儿配方粉奶相比，营养丰富的配方粉对早产及低出生体重儿神经发育结果的影响[115, 143]。Lucas 等[142]随机选取了 284 名英国早产儿（其母亲不打算母乳喂养），让他们从出院到实际年龄 9 个月（160 名）接受营养丰富或标准的婴儿配方粉。当婴儿满 18 个月时，食用营养丰富的配方奶粉的婴儿贝利精神运动指数分量表有 2.8 分的优势，但这种差异在统计上并不显著。两个研究组的心理发育评分无差异。Cooke 等[143]随机选取了 125 名美国早产及低出生体重儿（其母亲不打算母乳喂养），让他们从出院到 6 个月龄接受营养丰富或标准的婴儿配方粉[143]。该研究亦没有发现产后 18 个月婴儿的 Bayley 心理发展指数或精神运动发展指数具有统计学意义上的差异。一项 Meta 分析报道，给出院后的早产儿或低出生体重婴儿喂食富含能量和蛋白质的配方奶粉，与喂养标准足月配方奶粉的儿童相比，未发现两组儿童在心理发展指数（WMD=0.23，95% CI：−2.99 ～ 3.45）或精神运动发展指数（WMD=0.56，95% CI：−1.95 ～ 3.07）方面有统计学差异[144]。目前尚无神经发育的长期随访报道。

综上所述，早产儿配方粉与营养丰富配方粉相较于婴儿标准配方粉，对低出生体重儿的神经系统发育有更好的促进作用。然而，配方粉的选择还应当根据儿童具体的情况来确定，例如儿童属于早产儿还是 SGA，亦或是二者兼有。

（周倩龄、文羽洁）

参考文献

[1] Flom J D, Sicherer S H. Epidemiology of cow's milk allergy. Nutrients, 2019, 11(5): 1051.

[2] 赵灵芳，张梅娟，朱灵娇 . 牛奶蛋白过敏婴儿临床特点和游离氨基酸配方粉替代 / 深度水解配方粉序贯干预的疗效及安全性研究 . 中国妇幼保健，2020, 35(23): 4526-4529.

[3] Prescott S L. Early-life environmental determinants of allergic diseases and the wider pandemic of inflammatory noncommunicable diseases. J Allergy Clin Immunol, 2013, 131(1): 23-30.

[4] Grace M. Cow's milk protein allergy. Clinical pediatrics, 2016, 55(11): 1054-1063.

[5] Martorell-Aragonés A, Echeverría-Zudaire L, Alonso-Lebrero E, et al. Position document: IgE-

mediated cow's milk allergy. Allergol Immunopathol (Madr), 2015, 43(5): 507-526.

[6] Crittenden R G, Bennett L E. Cow's milk allergy: a complex disorder. J Am Coll Nutr, 2005, 24(6 Suppl): S582-S591.

[7] 张玉梅，毛帅，谭圣杰，等．水解乳蛋白与婴幼儿健康的研究进展．中国食品卫生杂志，2022, 34(2): 189-195.

[8] The Australasian Society of Clinical Immunology and Allergy. Infant Feeding Advice. https://www.allergy.org.au/images/stories/hp/info/ASCIA_Infant_Feeding_Advice_2010.pdf.

[9] Fleischer D M, Spergel J M, Assa'ad A H, et al. Primary prevention of allergic disease through nutritional interventions. J Allergy Clin Immunol Pract, 2013, 1(1): 29-36.

[10] Muraro A, Halken S, Arshad S H, et al. EAACI food allergy and anaphylaxis guidelines. Primary prevention of food allergy. Allergy, 2014, 69(5): 590-601.

[11] Yang J, Yang S I, Jeong K, et al. A partially hydrolyzed whey formula provides adequate nutrition in high-risk infants for allergy. Nutr Res Pract, 2022, 16(3): 344-353.

[12] Boyle R J, Ierodiakonou D, Khan T, et al. Hydrolysed formula and risk of allergic or autoimmune disease: systematic review and meta-analysis. BMJ, 2016 (352): i974.

[13] Giampietro P G, Kjellman N I, Oldaeus G, et al. Hypoallergenicity of an extensively hydrolyzed whey formula. Pediatr Allergy Immunol, 2001, 12(2): 83-86.

[14] 余小红，赵琳琳，董中茂，等．氨基酸配方奶粉与深度水解蛋白配方奶粉喂养轻中度牛奶蛋白过敏患儿的临床研究．中国校医，2020, 34(11): 852-855.

[15] Verduci E, D'Elios S, Cerrato L, et al. Cow's milk substitutes for children: nutritional aspects of milk from different mammalian species, special formula and plant-based beverages. Nutrients, 2019, 11(8): 1739.

[16] Vandenplas Y. Prevention and management of cow's milk allergy in non-exclusively breastfed infants. Nutrients, 2017, 9(7): 731.

[17] 亓学海．游离氨基酸配方粉联合双歧杆菌四联活菌治疗婴儿牛奶蛋白过敏性腹泻的效果．中国妇幼保健，2021, 36(24): 5716-5718.

[18] 姜丽静，仰曙芬．婴幼儿牛奶蛋白过敏诊治的研究进展．中国儿童保健杂志，2018, 26(9): 973-976.

[19] 程娟，申昆玲，段红梅．婴幼儿辅食添加与食物过敏关系的研究进展．中国儿童保健杂志，2019, 27(7): 737-740,748.

[20] Jackson K D, Howie L D, Akinbami L J. Trends in allergic conditions among children: United States, 1997—2011. NCHS Data Brief, 2013(121): 1-8.

[21] Gupta R S, Springston E E, Warrier M R, et al. The prevalence, severity, and distribution of childhood food allergy in the United States. Pediatrics, 2011, 128(1): e9-e17.

[22] Lee A J, Thalayasingam M, Lee B W. Food allergy in Asia: how does it compare? Asia Pac Allergy, 2013, 3(1): 3-14.

[23] 胡贻椿，王睿，朴建华，等．中国城市 3 ～ 12 岁儿童 IgE 介导的食物过敏研究．卫生研究，2015, 44(1): 60-63.

[24] 聂晶，冉域辰，张亚果，等．成都市 0 ～ 24 月龄儿童食物过敏流行病学调查．中国妇幼健康研究，2017, 28(S2): 364-365.

[25] Prescott S L, Smith P, Tang M, et al. The importance of early complementary feeding in the development of oral tolerance: concerns and controversies. Pediatr Allergy Immunol, 2008, 19(5): 375-380.

[26] Joseph C L, Ownby D R, Havstad S L, et al. Early complementary feeding and risk of food sensitization in a birth cohort. J Allergy Clin Immunol, 2011, 127(5): 1203-1210,e5.

[27] Chuang C H, Hsieh W S, Chen Y C, et al. Infant feeding practices and physician diagnosed atopic dermatitis: a prospective cohort study in Taiwan. Pediatr Allergy Immunol, 2011, 22(1 Pt 1): 43-49.

[28] Koplin J J, Osborne N J, Wake M, et al. Can early introduction of egg prevent egg allergy in infants? A population-based study. J Allergy Clin Immunol, 2010, 126(4): 807-813.

[29] Perkin M R, Logan K, Tseng A, et al. Randomized trial of introduction of allergenic foods in breast-fed infants. N Engl J Med, 2016, 374(18): 1733-1743.

[30] Bellach J, Schwarz V, Ahrens B, et al. Randomized placebo-controlled trial of hen’s egg consumption for primary prevention in infants. J Allergy Clin Immunol, 2017, 139(5): 1591-1599, e2.

[31] Palmer D J, Sullivan T R, Gold M S, et al. Randomized controlled trial of early regular egg intake to prevent egg allergy. J Allergy Clin Immunol, 2017, 139(5): 1600-1607,e2.

[32] Boyce J A, Assa’ad A, Burks A W, et al. Guidelines for the diagnosis and management of food allergy in the United States: report of the NIAID-sponsored expert panel. J Allergy Clin Immunol, 2010, 126(6 Suppl): S1-S58.

[33] 程译文，凌宗欣．肠道菌群与婴幼儿过敏性疾病．中国微生态学杂志，2016, 28(3): 352-355.

[34] 张水平，刘黎明，孙晓勉，等．婴幼儿肠道菌群与辅食添加状况的相关性研究．中国妇幼健康研究，2007, 80(6): 461-466.

[35] Hua M C, Yao T C, Chen C C, et al. Introduction of various allergenic foods during infancy reduces risk of IgE sensitization at 12 months of age: a birth cohort study. Pediatr Res, 2017, 82(5): 733-740.

[36] 马翠霞，封露露，李丽欣，等．石家庄市苯丙氨酸羟化酶缺乏症的基因突变研究．国际检验医学杂志，2022, 43(2): 161-166,171.

[37] 王卫平，孙锟，常立文．儿科学．9 版．北京：人民卫生出版社，2018.

[38] 顾景范，杜寿玢，查良锭．现代临床营养学．北京：科学出版社，2003.

[39] van Spronsen F J, Blau N, Harding C, et al. Phenylketonuria. Nat Rev Dis Primers, 2021, 7(1): 36.

[40] 赵金琦，杨楠，宫丽霏，等．北京市先天性甲状腺功能减低症和苯丙酮尿症儿童主观生活质量和自我意识的研究．中国生育健康杂志，2021, 32(3): 281-285.

[41] van Spronsen F J, van Wegberg A M, Ahring K, et al. Key European guidelines for the diagnosis and management of patients with phenylketonuria. Lancet Diabetes Endocrinol, 2017, 5(9):

743-756.

[42] 孟云，赵德华，张展．误诊为脑性瘫痪的苯丙酮尿症．实用儿科临床杂志，2007, 22(6): 472-473.

[43] Dobson J C, Williamson M L, Azen C, et al. Intellectual assessment of 111 four-year-old children with phenylketonuria. Pediatrics, 1977, 60(6): 822-827.

[44] 顾学范．新生儿代谢性疾病筛查．北京：人民卫生出版社，2004.

[45] 顾景范．现代临床医学．2 版．北京：科学出版社，2009.

[46] 顾学范，王治国．中国 580 万新生儿苯丙酮尿症和先天性甲状腺功能减低症的筛查．中华预防医学杂志，2004, 38(2): 99-102.

[47] Hillert A, Anikster Y, Belanger-Quintana A, et al. The genetic landscape and epidemiology of phenylketonuria. Am J Hum Genet, 2020, 107(2): 234-250.

[48] Ahring K, Bélanger-Quintana A, Dokoupil K, et al. Dietary management practices in phenylketonuria across European centres. Clin Nutr, 2009, 28(3): 231-236.

[49] 贺春，王琳，喻唯民，等．饮食治疗苯丙酮尿症患儿全血钙及微量元素水平分析．中国儿童保健杂志，2004, 12(5): 406-408.

[50] Rocha J C, MacDonald A. Dietary intervention in the management of phenylketonuria: current perspectives. Pediatric Health Med Ther, 2016, 7: 155-163.

[51] 周雪莲，赵正言，江剑辉，等．肠内营养粉剂 AA-PKU2 治疗 1 ～ 8 岁苯丙酮尿症患儿的有效性和安全性研究．中国当代儿科杂志，2014, 16(1): 11-15.

[52] 李晓雯，喻唯民，王琳，等．苯丙酮尿症患儿饮食治疗前后血清氨基酸测定结果分析．中国妇幼保健，2007, 22(18): 2512-2513.

[53] 叶军，黄晓东，陈瑞冠，等．低（无）苯丙氨酸奶粉“华夏 2 号”治疗苯丙酮尿症的临床观察．临床儿科杂志，2002, 20(9): 533-535.

[54] 张立琴，傅平，于双玉，等．经典型苯丙酮尿症患儿微量元素水平分析．中国儿童保健杂志，2008, 16(2): 213-214.

[55] Banta-Wright S A, Shelton K C, Lowe N D, et al. Breast-feeding success among infants with phenylketonuria. J Pediatr Nurs, 2012, 27(4): 319-327.

[56] 武万良，李风侠，史延．母乳喂养对苯丙酮尿症患儿血苯丙氨酸的影响．中国儿童保健杂志，2016, 24(7): 776-778.

[57] MacDonald A, Gokmen-Ozel H, van Rijn M, et al. The reality of dietary compliance in the management of phenylketonuria. J Inherit Metab Dis, 2010, 33(6): 665-670.

[58] 马书军，封纪珍，高峡，等．影响苯丙酮尿症患儿治疗的因素探讨．中国妇幼健康研究，2010, 21(4): 167-169.

[59] 杨丽珍，王丁丁．苯丙酮尿症患儿治疗状况及治疗依从性影响因素分析．中国全科医学，2014, 17(29): 3457-3460.

[60] 殷惠芳，杨宏莉．保定地区 19 例苯丙酮尿症患者调查结果分析．中国优生与遗传杂志，2008, 16(10): 120-121.

[61] 杨月欣．中国儿童乳糖不耐受发生率的调查研究．卫生研究，1999, 28(1): 44-46.

[62] 李洋洋，刘捷，曾超美 . 婴幼儿乳糖不耐受研究进展 . 中国生育健康杂志，2019, 30(2): 192-195.

[63] 任中夏，石羽杰，刘彪，等 . 低聚半乳糖与婴幼儿健康关系的研究进展 . 中国食物与营养，2020, 26(6): 12-16.

[64] Andreas N J, Kampmann B, Mehring Le-Doare K. Human breast milk: A review on its composition and bioactivity. Early Human Development, 2015, 91(11): 629-635.

[65] Strzalkowski A J, Järvinen K M, Schmidt B, et al. Protein and carbohydrate content of infant formula purchased in the United States. Clinical & Experimental Allergy, 2022, 52(11): 1291-1301.

[66] 衣喆，江华，薛勇，等 . 含菊粉及维生素 D_3 牛奶对乳糖不耐受人群骨骼健康的影响 . 卫生研究，2016, 45(5): 801-806.

[67] 孙俊，杨娜，吴芝岳，等 . 无乳糖配方粉的研究进展及应用 . 食品安全导刊，2016(22): 74-76.

[68] 田巍巍 . 婴幼儿乳糖不耐受的现代调查及干预效果分析 . 中国儿童保健杂志，2017, 25(8): 812-814.

[69] Azcarate-Peril M A, Ritter A J, Savaiano D, et al. Impact of short-chain galactooligosaccharides on the gut microbiome of lactose-intolerant individuals. Proc Natl Acad Sci USA, 2017, 114(3): E367-E375.

[70] 包爱丰 . 乳糖酶联合非营养性吸吮对早产儿喂养不耐受和早期生长发育的影响 . 中国妇幼保健，2023, 38(23): 4592-4595.

[71] Savaiano D A, Ritter A J, Klaenhammer T R, et al. Improving lactose digestion and symptoms of lactose intolerance with a novel galacto-oligosaccharide (RP-G28): a randomized, double-blind clinical trial. Nutr J, 2013, 12: 160.

[72] Jackson K A, Savaiano D A. Lactose maldigestion, calcium intake and osteoporosis in African-, Asian-, and Hispanic-Americans. J Am Coll Nutr, 2001, 20(2 Suppl): S198-S207.

[73] Uenishi K, Yamaura T. Nutrition and bone health. Lactose and bone. Clin Calcium, 2010, 20(3): 424-429.

[74] 胡燕 . 常用婴幼儿特殊功能配方粉的选择 . 中国实用儿科杂志，2015, 30(12): 897-900.

[75] Gaffey M F, Wazny K, Bassani D G, et al. Dietary management of childhood diarrhea in low- and middle-income countries: a systematic review. BMC Public Health, 2013, 13(Suppl 3): S17.

[76] Guarino A, Ashkenazi S, Gendrel D, et al. European society for pediatric gastroenterology, hepatology, and nutrition/european society for pediatric infectious diseases evidence-based guidelines for the management of acute gastroenteritis in children in Europe: update 2014. J Pediatr Gastroenterol Nutr, 2014, 59(1): 132-152.

[77] 李慧静，周惠明，朱科学，等 . 豆基婴幼儿配方粉的研究进展 . 大豆科学，2013, 32(2): 267-270.

[78] 赵善舶，孙晓萌，班清风，等 . 豆基婴儿配方粉化学与营养特性研究 . 食品科学，2022, 43(13): 125-130.

[79] Messina M, Messina V. Provisional recommended soy protein and isoflavone intakes for healthy adults: rationale. Nutr Today, 2003, 38(3): 100-109.

[80] 何涛，陈海．大豆异黄酮与婴儿喂养及健康．国外医学：卫生学分册，2000, 27(6): 336-340.

[81] 李忠民．豆基婴儿配方粉的研究进展．中国乳业，2013 (139): 60-61.

[82] 王茜，韩冬韧，焦颖．母乳及母乳强化剂在早产儿喂养策略及生长发育中作用的研究进展．北京医学，2018, 40(11): 1061-1063.

[83] 罗娅，范小清，章阿元．母乳强化剂在早产低出生体重儿中的应用进展．现代养生，2022, 22(15): 1229-1232.

[84] 马雯，储小军，姜艳喜，等．早产 / 低出生体重婴儿配方食品的应用及研究进展．中国乳品工业，2021, 49(10): 39-43.

[85] Coscia A, Bertino E, Tonetto P, et al. Nutritional adequacy of a novel human milk fortifier from donkey milk in feeding preterm infants: study protocol of a randomized controlled clinical trial. Nutr J, 2018, 17(1): 6.

[86] 童笑梅，常艳美．新生儿重症监护病房推行早产儿母乳喂养的建议．中华儿科杂志，2016, 54(01): 13-16.

[87] 刘丽芳，陈宏洁，田青，等．不同的奶方喂养对早产儿生长发育的研究．中国儿童保健杂志，2017, 25(2): 128-130,157.

[88] 王丹华．关注早产儿的营养与健康—国际早产儿喂养共识解读．中国当代儿科杂志，2014, 16(7): 664-669.

[89] Sampson H A, Aceves S, Bock S A, et al. Food allergy: a practice parameter update—2014. J Allergy Clin Immunol, 2014, 134(5): 1016-1025.e43.

[90] Dutta S, Singh B, Chessell L, et al. Guidelines for feeding very low birth weight infants. Nutrients, 2015, 7(1): 423-442.

[91] Belfort M B, Edwards E M, Greenberg L T, et al. Diet, weight gain, and head growth in hospitalized US very preterm infants: a 10-year observational study. Am J Clin Nutr, 2019, 109(5): 1373-1379.

[92] Callen J, Pinelli J. A review of the literature examining the benefits and challenges, incidence and duration, and barriers to breastfeeding in preterm infants. Adv Neonatal Care, 2005, 5(2): 72-88; quiz 89-92.

[93] Lucas A, Morley R, Cole T J, et al. Breast milk and subsequent intelligence quotient in children born preterm. Lancet, 1992, 339(8788): 261-264.

[94] Schanler R J, Lau C, Hurst N M, et al. Randomized trial of donor human milk versus preterm formula as substitutes for mothers' own milk in the feeding of extremely premature infants. Pediatrics, 2005, 116(2): 400-406.

[95] Assad M, Elliott M J, Abraham J H. Decreased cost and improved feeding tolerance in VLBW infants fed an exclusive human milk diet. J Perinatol, 2016, 36(3): 216-220.

[96] Thoene M, Lyden E, Weishaar K, et al. Comparison of a powdered, acidified liquid, and non-acidified liquid human milk fortifier on clinical outcomes in premature infants. Nutrients, 2016,

8(8): 451.
[97] Guest J F, Moya F, Sisk P M, et al. Relative cost-effectiveness of using a liquid human milk fortifier in preterm infants in the US. Clinicoecon Outcomes Res, 2017, 9: 49-57.
[98] 侯红梅，金未来，张盼，等 . 个性化添加母乳强化剂对早产儿生长发育的影响 . 深圳中西医结合杂志，2021, 31(18): 13-15.
[99] 程黎 . 母乳及母乳强化剂喂养对早产低出生体重儿体格生长发育的影响 . 中国社区医师，2021, 37(3): 26-27.
[100] 早产儿母乳强化剂使用专家共识工作组，中华新生儿科杂志编辑委员会 . 早产儿母乳强化剂使用专家共识 . 中华新生儿科杂志，2019, 34(5): 321-328.
[101] Hair A B, Blanco C L, Moreira A G, et al. Randomized trial of human milk cream as a supplement to standard fortification of an exclusive human milk-based diet in infants 750 ～ 1250g birth weight. J Pediatr, 2014, 165(5): 915-920.
[102] 汪志萍，李凌霄 . 母乳喂养联合母乳强化剂对极低体重早产儿出院后生长发育的影响 . 中国现代医生，2022, 60(1): 80-83.
[103] 白茜茜，温秋月 . 早期母乳喂养联合母乳强化剂在低体重早产儿中应用效果调查 . 辽宁医学杂志，2021, 35(3): 56-58.
[104] Schanler R J, Shulman R J, Lau C. Feeding strategies for premature infants: beneficial outcomes of feeding fortified human milk versus preterm formula. Pediatrics, 1999, 103(6 Pt 1): 1150-1157.
[105] 蒋雪明，刘一心，林艳 . 强化母乳对早产儿早期生长影响的 Meta 分析 . 中国妇幼健康研究，2014, 25(2): 173-176.
[106] Mangili G, Garzoli E. Feeding of preterm infants and fortification of breast milk. Pediatr Med Chir, 2017, 39(2): 158.
[107] Quan M, Wang D, Gou L, et al. Individualized human milk fortification to improve the growth of hospitalized preterm infants. Nutr Clin Pract, 2020, 35(4): 680-688.
[108] Moro G E, Arslanoglu S, Bertino E, et al. Ⅻ. Human milk in feeding premature infants: consensus statement. J Pediatr Gastroenterol Nutr, 2015, 61(Suppl 1): S16-S19.
[109] Section on Breastfeeding. Policy statement: Breastfeeding and the use of human milk. Pediatrics, 2012, 129(3): e827-e841.
[110] 中国医师协会新生儿科医师分会营养专业委员会，中国医师协会儿童健康专业委员会母乳库学组，《中华儿科杂志》编辑委员会 . 新生儿重症监护病房推行早产儿母乳喂养的建议 . 中华儿科杂志，2016, 54(1): 13-16.
[111] Gupta G, Murugesan A, Thanigainathan S, et al. Does early fortification of human milk decrease time to regain birth weight as compared to late fortification among preterm infants? - a randomized controlled trial. Indian J Pediatr, 2024.
[112] 陈文超，蔡成，王义乾，等 . 早产儿不同母乳强化策略的临床研究 . 中华新生儿科杂志，2019, 34(3): 167-171.
[113] 高琦，张亚娟，田秀英，等 . 母乳强化剂添加时间对极低出生体质量儿早期生长发育及

并发症发生率的影响．中华实用儿科临床杂志，2017, 32(7): 528-531.

[114] 朱建幸．早产儿院外喂养对策研讨会及专家共识．中华围产医学杂志，2009, 12(3): 239-240.

[115] Lucas A, Fewtrell M S, Morley R, et al. Randomized trial of nutrient-enriched formula versus standard formula for postdischarge preterm infants. Pediatrics, 2001, 108(3): 703-711.

[116] 邹红梅，吴玫瑰，赵晖，等．两种早产儿配方奶对早产儿营养发育的影响及安全性评估．中国妇幼保健，2015, 30(18): 2954-2957.

[117] Tudehope D, Vento M, Bhutta Z, et al. Nutritional requirements and feeding recommendations for small for gestational age infants. J Pediatr, 2013, 162(Suppl 3): S81-S89.

[118] WHO. Optimal feeding of low-birth-weight infants, 2006.

[119] World Health Organization, UNICEF. Low birthweight: country, regional and global estimates. New York: New York Unicef Dec, 2004.

[120] Abhay B, Reddy M H, Deshmukh M D. Child mortality in maharashtra. Economic and Political Weekly, 2002, 37(49): 4947-4965.

[121] Lawn J E, Cousens S, Zupan J. 4 million neonatal deaths: when? Where? Why? Lancet, 2005, 365(9462): 891-900.

[122] Fryer J G, Ashford J R. Trends in perinatal and neonatal mortality in England and Wales 1960-69. Br J Prev Soc Med, 1972, 26(1): 1-9.

[123] Bang A T, Baitule S B, Reddy H M, et al. Low birth weight and preterm neonates: can they be managed at home by mother and a trained village health worker? J Perinatol, 2005, 25(Suppl 1): S72-S81.

[124] Daga S R, Daga A S, Dighole R V, et al. Anganwadi worker's participation in rural newborn care. Indian J Pediatr, 1993, 60(5): 627-630.

[125] Pratinidhi A K, Shrotri A N, Shah U, et al. Domiciliary care of low birth weight neonates. Indian J Pediatr, 1986, 53(1): 87-92.

[126] Narayanan I, Prakash K, Bala S, et al. Partial supplementation with expressed breast-milk for prevention of infection in low-birth-weight infants. Lancet, 1980, 2(8194): 561-563.

[127] Hylander M A, Strobino D M, Dhanireddy R. Human milk feedings and infection among very low birth weight infants. Pediatrics, 1998, 102(3): E38.

[128] Rao M R, Hediger M L, Levine R J, et al. Effect of breastfeeding on cognitive development of infants born small for gestational age. Acta Paediatr, 2002, 91(3): 267-274.

[129] Morley R, Cole T J, Powell R, et al. Mother's choice to provide breast milk and developmental outcome. Arch Dis Child, 1988, 63(11): 1382-1385.

[130] Morley R, Fewtrell M S, Abbott R A, et al. Neurodevelopment in children born small for gestational age: a randomized trial of nutrient-enriched versus standard formula and comparison with a reference breastfed group. Pediatrics, 2004, 113(3 Pt 1): 515-521.

[131] Anderson J W, Johnstone B M, Remley D T. Breast-feeding and cognitive development: a meta-analysis. Am J Clin Nutr, 1999, 70(4): 525-535.

[132] Fewtrell M S, Morley R, Abbott R A, et al. Catch-up growth in small-for-gestational-age term infants: a randomized trial. Am J Clin Nutr, 2001, 74(4): 516-523.

[133] Pettifor J M, Rajah R, Venter A, et al. Bone mineralization and mineral homeostasis in very low-birth-weight infants fed either human milk or fortified human milk. J Pediatr Gastroenterol Nutr, 1989, 8(2): 217-224.

[134] Quigley M, Embleton N D, McGuire W. Formula versus donor breast milk for feeding preterm or low birth weight infants. Cochrane Database Syst Rev, 2018, 6(6): Cd002971.

[135] McGuire W, Anthony M Y. Donor human milk versus formula for preventing necrotising enterocolitis in preterm infants: systematic review. Arch Dis Child Fetal Neonatal Ed, 2003, 88(1): F11-14.

[136] Tyson J E, Lasky R E, Mize C E, et al. Growth, metabolic response, and development in very-low-birth-weight infants fed banked human milk or enriched formula. I. Neonatal findings. J Pediatr, 1983, 103(1): 95-104.

[137] Lucas A, Morley R, Cole T J, et al. A randomised multicentre study of human milk versus formula and later development in preterm infants. Arch Dis Child Fetal Neonatal Ed, 1994, 70(2): F141-F146.

[138] Gross S J. Growth and biochemical response of preterm infants fed human milk or modified infant formula. N Engl J Med, 1983, 308(5): 237-241.

[139] Davies D P. Adequacy of expressed breast milk for early growth of preterm infants. Arch Dis Child, 1977, 52(4): 296-301.

[140] Morley R, Lucas A. Randomized diet in the neonatal period and growth performance until 7.5-8 y of age in preterm children. Am J Clin Nutr, 2000, 71(3): 822-828.

[141] Lucas A, Morley R, Cole T J, et al. Early diet in preterm babies and developmental status at 18 months. Lancet, 1990, 335(8704): 1477-1481.

[142] Lucas A, Morley R, Cole T J. Randomised trial of early diet in preterm babies and later intelligence quotient. BMJ, 1998, 317(7171): 1481-1487.

[143] Cooke R J, Embleton N D, Griffin I J, et al. Feeding preterm infants after hospital discharge: growth and development at 18 months of age. Pediatr Res, 2001, 49(5): 719-722.

[144] Henderson G, Fahey T, McGuire W. Calorie and protein-enriched formula versus standard term formula for improving growth and development in preterm or low birth weight infants following hospital discharge. Cochrane Database Syst Rev, 2005(2): Cd004696.

婴幼儿配方食品喂养效果评估

Evaluation of Feeding Effects of Infants and Young Children Formulas

第9章

婴幼儿喂养与成年期营养相关慢性病研究

生命早期营养与喂养方式，与其成年时期慢性病的发生发展密切相关。本章以肥胖、心血管疾病为例，基于健康与疾病起源的生命早期概念，说明生命早期（如胚胎期和婴幼儿时期）喂养在预防成年期营养相关慢性病的作用。

9.1 肥胖、心血管疾病的概述

肥胖是一种复杂的、多因素的、在很大程度上可预防的慢性疾病，定义为不正常或过度的脂肪积累[1]。成年期超重和肥胖在全球范围呈上升趋势，是亟待解决的公共卫生问题[1-2]。全球疾病负担研究表明，2015年有6.037亿成年人肥胖[3]。在中国有研究显示，按WS/T 428—2013《成人体重判定》判断，1989～2018年18～35岁成年人BMI、超重率和肥胖率呈上升趋势，BMI从1989年的（21.3±2.3）kg/m^{2}上升至2018年的（23.3±4.0）kg/m^2，超重肥胖率从12.1%上升至36.8%[4]。超重与肥胖和多种慢性非传染性疾病密切相关，是当今社会损害人类健康的重要危险因素[5-6]。

心血管疾病包括高血压、冠状动脉疾病、脑血管疾病、外周血管疾病、心力衰竭、风湿性心脏病、先天性心脏病和心肌病在内的多种疾病[7]。心血管疾病是全球人口死亡的主要原因，也是我国居民第一死亡原因[8]。自1990～2015年，心脑血管疾病早死概率占重大慢性病早死概率的比例一直维持在45%以上[9]。心血管疾病在中国的流行现状和趋势显示，心血管疾病已成为中国人口中最普遍和最具有致残性的疾病之一。随着生活方式的变化、城市化进程和人口老龄化的加速，心血管疾病的风险因素在中国人群中变得更加普遍，导致心血管疾病的发病率进一步增加。预计在未来10年内，心血管疾病的发病率和死亡率将继续上升，成为公共卫生领域的一项重要负担[10-11]。儿童期暴露于心血管危险因素，易在成年时形成临床前动脉粥样硬化表型，增加心血管疾病相关事件的发生风险[12]。应通过规避相关危险因素（例如健康饮食、运动）来预防动脉粥样硬化从而达到早期预防心血管疾病的目的[13]。

肥胖与心血管疾病之间的关系已被广泛研究，众多证据表明肥胖是心血管疾病的一个重要的独立危险因素。肥胖通过多种机制直接或间接地增加了罹患心血管疾病的风险，包括通过影响血压、胆固醇水平、糖耐量、炎症标志物和血栓形成等。此外，肥胖还与心脏结构和功能的改变相关，这些改变可能导致心力衰竭、心律失常等心脏疾病的发展[14-15]。

超重和中心型肥胖在我国 18 ～ 64 岁居民心血管代谢性危险因素中检出率最高 [16]。因此，在我国，预防肥胖对降低心血管疾病的发生具有重要的公共卫生学意义。

已有研究证明，成年人肥胖的原因是长期的能量摄入增加和能量消耗减少共同造成的 [17-18]。膳食摄入则是影响能量摄入量的关键因素。成年人膳食摄入与肥胖及心血管疾病间的相关性已被大量研究证实 [19]。然而，慢性疾病的防治是漫长的过程，从婴幼儿期的喂养开始，个体饮食习惯的形成与机体的适应性变化，会对成年期肥胖和心血管疾病产生影响。

9.2 生命早期健康学说: DOHaD 理论与 Barker 假说

发展起源的健康与疾病（developmental origins of health and disease, DOHaD）理论是近 20 年来对疾病病因认识的新成果之一。传统的病因观认为，成年期慢性疾病是多基因遗传易感性和不良生活方式、环境因素共同作用的结果。DOHaD 理论认为在宫内和儿童生命早期经历营养、心理社会应激、药物等方面的不良因素会对人终生的健康和疾病产生影响，主要是成年后患病的风险增加。例如低出生体重儿童在成年后比较容易发生血压升高、2 型糖尿病、冠心病等。研究表明，成年期患病风险增加不仅与低出生体重相关，而且与生命开始的营养相关。新生儿期营养过度与成年期肥胖和代谢综合征的患病风险增加相关。DOHaD 通过几个关键假说来解释早期生命阶段如何影响个体的长期健康和疾病风险，包括节俭基因假说、节俭表型假说、预置适应性反应和发育可塑性理论。节俭基因假说认为，某些基因在食物匮乏的环境下有生存优势，但在现代富足的环境中，这些基因可能导致肥胖和 2 型糖尿病等代谢性疾病。节俭表型假说提出，胎儿和婴儿期的营养不良会导致身体发展出一种“节俭的表型”，以适应营养不足的环境。这种表型在营养充足的环境下可能增加患代谢性疾病的风险。预置适应性反应假说认为，胎儿期的环境条件（如营养和激素水平）可以预测未来的生存环境，并相应地调整其生理和代谢过程，以提高成年后的适应性和生存率。当预测的环境与实际环境不匹配时，可能会增加罹患疾病风险。发育可塑性理论强调，个体在早期发展阶段对环境的适应性调整，这种可塑性是通过表观遗传机制实现的，可以影响基因的表达而不改变 DNA 序列。这种早期生命阶段的环境适应性调整可能对个体的长期健康产生深远影响[20-23]。

Barker 假说是 DOHaD 理论发展的基础。早在 20 世纪 80 年代英国著名的流行病学家 Barker 教授就提出了出生体重过低的婴儿到了成年以后患各种慢性病的危险性显著增高的假说，即“成人疾病的胎儿起源（fetal origins of adult disease）”假说。Barker 发现，成人期的慢性疾病，如心血管疾病、2 型糖尿病和肥胖等，可能源于胎儿期或早期生命阶段的环境和营养状况。成年期的缺血性心脏病发病率与出生体重过低和生命最初阶段的营养不良有关[24]。他猜想，一个人在母体内和出生后的早期生活中，为了能在由营养不良造成的环境损害中生存下来，就会被设定为“节约营养”型[25]。这一假说强调了早期发展环境对个体长期健康的深远影响，提出胎儿期的营养不良或其他应激因素可能通过永久改变体内的结构、生理和代谢过程来增加成年后患疾病的风险[26]。Barker 假说有助于理解疾病起源，应从生命早期开始预防疾病，从而获得积极的远期健康结局，具有重要的公共卫生学意义。

9.3 降低蛋白质含量、提高蛋白质质量的喂养研究

多数发达国家人群的蛋白质摄入量超过了推荐摄入水平[27-28]。这种情况在儿童更为明显，他们的蛋白质摄入量比许多发达国家的推荐水平高出 2 ～ 3 倍[29]。同样的现象也出现在发展中国家。例如，中国有 52.4% 的 6 ～ 11 岁儿童的每日蛋白质摄入量达到或超过膳食蛋白质建议[30]。众多证据表明，全世界有相当多的儿童摄入的蛋白质超过推荐水平。对成年人的研究表明，摄入高蛋白质膳食对心脏代谢危险

因素有有益的影响，包括降低血压、降低三酰甘油（甘油三酯）水平和减轻体重[31-33]。然而，儿童早期的高蛋白摄入则与较高的肥胖风险有关[34]。同时，在生命早期摄入高蛋白也可能会对心脏代谢健康产生不利影响[35-38]。

9.3.1 多中心双盲随机对照试验

在比利时、德国、意大利、波兰和西班牙进行了一项多中心双盲随机对照试验，比较了从 2 个月大开始使用低蛋白婴儿配方奶粉（1.77 ～ 2.2g 蛋白质 /100kcal）、高蛋白婴儿配方奶粉（2.9 ～ 4.4g 蛋白质 /100kcal）和母乳喂养对 24 个月大时婴儿的身高和体重的影响。在入组时以及 3 月龄、6 月龄、12 月龄和 24 月龄时测定了儿童的体重和身长，并由此得到了体重与身长相对指数和体重指数（BMI)。随访至 24 个月时，在调整基线状态后，高蛋白配方奶粉组婴儿（*n*=323）的 BMI *z* 得分和体重与身长相对指数 *z* 得分，分别比低蛋白配方奶粉组（*n*=313）高 0.23 和 0.20，低蛋白配方粉组的生长模式与母乳喂养组（*n*=298）相似[39]。

儿童肥胖项目是一项于欧洲进行的多中心、双盲、随机临床试验，招募了 2002 年 10 月至 2004 年 7 月出生的健康婴儿。被纳入的婴儿（*n*=1090）在出生第一年被随机分配，分别接受高蛋白含量（HP）的常规瓶装牛奶或低蛋白含量（LP）的干预配方粉（在推荐量内）喂养，后者的蛋白质含量与母乳更加接近；母乳喂养婴儿（*n*=588）被纳入作为观察参考组。Weber 等[37]测量了 448 名（41%）经人工喂养的 6 岁儿童的体重和身高，并计算了 BMI。结果显示，HP 儿童在 6 岁时的 BMI 显著增高（增加 0.51）。HP 组肥胖的风险是 LP 组的 2.43 倍。HP 儿童的体重有增加的趋势（0.67kg），但干预组之间的身高没有差异。LP 组和母乳喂养组的人体测量结果相似。该研究得出结论，蛋白质含量较低的婴儿配方奶粉可降低 BMI 和学龄期肥胖风险。Koletzko 等[40]也基于儿童肥胖项目发现，低蛋白含量的干预配方奶粉使调整后的肥胖概率降低了 38%。婴儿喂养对以后的体重指数、肥胖患病有非常显著的长期影响，具有重大的公共健康意义。由于母乳中蛋白质含量低，应尽可能地促进母乳喂养。在条件不充分时，未母乳喂养或未完全母乳喂养的婴儿应接受特殊的婴儿配方奶粉，其蛋白质含量应与母乳含量接近，并具有较高的蛋白质质量。

9.3.2 婴儿早期添加辅食中蛋白质的量与后期肥胖的关系

有研究探讨了婴儿早期辅食中添加蛋白质与后期肥胖指标之间的关系。多特蒙德营养和纵向设计（DONALD）研究纳入了203名婴幼儿作为研究对象，探究其6～24个月时的蛋白质摄入量与7岁时的BMI和体脂百分比之间的关系。研究结果显示，在12个月以及18～24个月时，持续的高蛋白质摄入与后期较高的BMI和体脂百分比有关，且在7岁时，使BMI或体脂百分比高于第75百分位的风险增高（OR=2.39，95% CI：1.14～4.99）[35]。丹麦的一项队列研究（n=142）发现，婴儿9月龄时每日蛋白质摄入量与体型（身长和体重）密切正相关，但与肥胖指标无关，且婴儿时期每日蛋白质摄入量与10岁时的全部体脂指标均无相关性[41]。Günther等[42]研究了不同类型的蛋白质（总蛋白、动物蛋白、乳制品蛋白、肉类蛋白或谷物蛋白）对儿童7岁时肥胖指标的影响，发现12个月时动物蛋白摄入量最高的婴儿有更高的体脂百分比，而12个月时总蛋白、动物蛋白或乳制品蛋白摄入量最高的婴儿，有更高的BMI z评分（n=203）。而Gunnarsdottir等[43]则发现了性别会影响蛋白质摄入与肥胖间的相关性，纳入了90名研究对象的纵向观察性研究结果显示，男孩在2、4、9和12个月时摄入的蛋白质（占总能量摄入量的百分比）与6岁时的BMI呈正相关，该相关性在女孩中并未被观察到。Gemini队列纳入了2154对双胞胎，当儿童平均年龄为21月龄时，通过3日膳食日记法收集儿童的蛋白质摄入量，直至5岁，每3个月收集一次体重和身高。结果显示，在儿童21个月至5岁阶段，来自蛋白质的总能量与较高的BMI（β=0.043；95% CI：0.011～0.075）和体重（β=0.052；95% CI：0.031～0.074）相关，但与身高无关（β=0.088；95% CI：−0.038～0.213)；用脂肪或碳水化合物的能量百分比代替蛋白质的能量百分比，与 BMI 和体重的下降有关；蛋白质摄入与 3 岁时超重或肥胖概率增加的趋势相关（OR=1.10；95% CI：0.99 ～ 1.22)[44]。综上所述，在儿童早期辅食添加中的蛋白质含量，可能与后期的肥胖发生之间有正向关联，这一关联的强度和存在与否可能受蛋白质种类和儿童性别等因素的影响。

9.3.3 婴儿摄入过多蛋白质增加胰岛素和胰岛素样生长因子 1 分泌

婴幼儿长期摄入过多的蛋白质可能增加胰岛素和胰岛素样生长因子 1（IGF-1）的分泌 [38, 45]，IGF-1 是一种重要的生长激素，与身体生长和发育密切相关。研究表明，高蛋白质摄入（特别是动物蛋白）可以增加血液中的 IGF-1 水平，IGF-1 又可以刺激细胞增殖 [46-47]，从而促进身体生长和脂肪组织的积累。这可能导致儿童体重和 BMI 的增加，增加肥胖的风险。到目前为止，关于蛋白质摄入对儿童胰岛素水平、血脂和血压影响的研究很少，报告的结果也不一致 [48]。欧洲和其他地区幼儿的平均蛋白质摄入量远远高于代谢需要量。在出生后的第二年，每天总蛋白质的 30% ～ 50% 由乳制品构成，这表明通过调整乳制品的摄入，有机会减少蛋白质的总摄入量 [49-50]。

9.4 降低饱和脂肪、胆固醇摄入的研究

大量摄入饱和脂肪酸、反式脂肪酸和胆固醇，被认为是血液中胆固醇水平升高的主要因素。一项研究发现，每日饱和脂肪酸摄入量每增加 10g，颈动脉内中膜厚度（intima-media thickness, IMT）会增加 0.03mm，而每日反式脂肪酸摄入量每增加 1g，IMT 也会增加 0.03mm，这表明饱和脂肪酸和反式脂肪酸的摄入与增加的动脉粥样硬化风险有关 [51]。动脉粥样硬化形成和发展的过程从儿童期开始，并在未来的生活中导致心血管并发症 [52-53]。从儿童早期开始，主动脉和冠状动脉粥样硬化病变就

可能已经发生[54]。芬兰一项多中心的前瞻性队列研究（n=2229）发现，成年期颈动脉内膜中层厚度与儿童期低密度脂蛋白胆固醇（LDL-C）水平、收缩压以及体重指数显著相关。此项研究得出结论，在生命早期暴露于心血管危险因素可能会导致动脉的变化，从而导致动脉粥样硬化的发展，超重、高胆固醇血症和高血压可以从生命的最初几年一直持续到成年[55]。因此，早期预防动脉粥样硬化是合理的，可以抑制心血管危险因素的形成。

一项随机对照试验调查了低饱和脂肪和胆固醇饮食对1062名7个月大的健康婴儿血脂浓度和生长的影响。干预组（n=540）家庭每1～3个月接受一次饮食建议，在满足能量需要的基础上，以低脂肪摄入量（能量30%～35%，多不饱和∶单不饱和∶饱和脂肪酸比值1∶1∶1，胆固醇摄入量＜200mg/d）为目标。对照组（n=522）家庭在健康婴儿诊所接受所有芬兰家庭的常规健康教育。在8个月和13个月时收集3天的食物记录，同时仔细监测了婴儿的生长情况。7～13个月间，干预组血清胆固醇和非高密度脂蛋白胆固醇浓度无明显变化，对照组显著升高。在13个月时，干预组的能量和饱和脂肪日摄入量低于对照组，而多不饱和脂肪摄入量较高，两组之间的生长没有差异。该研究提示，7～13个月婴儿血清胆固醇和非高密度脂蛋白胆固醇浓度的升高可以通过个性化饮食来避免，对儿童的生长发育没有影响[56]。此部分研究是STRIP冠心病危险因素干预项目（The Special Turku Coronary Risk Factor Intervention Project）的开端。随后对干预组的饮食建议和对研究对象的随访延续到了13、24和36个月，13～36个月干预组患儿基线调整后平均血清胆固醇浓度低于对照组（95% CI：−0.27mmol/L，−0.12mmol/L）[57]。当研究继续进行到儿童5岁时，干预组儿童的饱和脂肪和胆固醇摄入量总是低于对照组儿童。13～60月龄干预组男童的平均血清胆固醇值比对照组男童低0.39mmol/L。5岁干预组男童的平均血清低密度脂蛋白胆固醇浓度比对照组男童低9%（95% CI：−0.39mmol/L，−0.12mmol/L），女生无差异[58]。STRIP项目是唯一一项研究减少饱和脂肪饮食对健康个体从婴儿期到青年期健康影响的随机试验。目前研究已经随访到了研究对象的成年期，干预组从婴儿期到19

岁的血清低密度脂蛋白胆固醇（LDL-C）浓度均低于对照组[59]。此外，干预与改善胰岛素敏感性[60]、降低血压[61]、增强肱动脉内皮功能[53]、提高理想心血管健康评分[62]和降低代谢综合征风险[63]均相关。

根据Barker等[25]的研究，低出生体重或在出生后第一年体重较低的男性患心血管疾病的风险更高，因此，应当满足婴幼儿直至童年期的生长需求。一般认为，在生命的第一年，脂肪的相对摄入量很高（占总能量的35%～55%，然后在接下来的几年里逐渐减少到总能量的30%～35%）。在生长非常迅速的儿童时期，脂肪是能量的主要来源之一。在生命的第一阶段，每天大量的能量用于生长，因此高脂肪摄入是必不可少的。在随后的几个月和几年里，生长所需的能量减少；在较大的孩子中，其他能量消耗的组成部分，如基础代谢率，体温调节，尤其是身体活动，变得更加重要。目前，支持正常生长发育和最大限度降低动脉粥样硬化风险的脂肪摄入量的确切百分比仍不清楚。因此，脂肪的推荐摄入量不应以每天作为单位，而应更重视不同生长时期的时间跨度[64]。当然，减少饱和脂肪酸和反式脂肪酸的摄入量，特别是通过替换为不饱和脂肪酸，可能有助于降低罹患心血管疾病的风险[65]。

9.5 母乳喂养的研究

与配方奶粉喂养的婴儿相比，母乳喂养的婴儿在1岁时的血液胆固醇水平更高，但当他们成年后，这些数据往往是相反的。Owen等[66]对已发表的17项观察性研究（17498名受试者；母乳喂养12890人，配方奶喂养4608人）进行了系统综述，这些研究探讨了婴儿最初的喂养状况与成年期（＞16岁）血液胆固醇浓度的关系。结果显示母乳喂养组的平均血液总胆固醇低于配方奶喂养组，母乳喂养（特别是纯母乳喂养）可能与婴儿成年期较低的血液胆固醇浓度有关。另一项综述的证据表明，母乳喂养的婴儿在童年后期血压值往往较低[67]。Martin等[68]的队列研究的报道是基于中年阶段（45～59岁）人群（n=2512）的血清总胆固醇和低密度脂蛋白水平与婴儿喂养关系的研究。发现在婴幼儿时接受较长时间母乳喂养的人群，其低密度脂蛋白水平较低，利于降低心血管疾病发病风险。母乳中的长链多不饱和脂肪酸可以稳定细胞膜和保护心血管系统可能是其原因之一[68-69]。

在 Owen 等[70]的系统性综述中，61 项研究报告了婴儿喂养方式与晚年肥胖的关系，其中 28 项（298900 名受试者）提供了优势比估计。在这些研究中，与配方奶喂养相比，母乳喂养与肥胖风险降低有关（OR=0.87，95% CI：0.85，0.89）。在 11 项研究对象小于 500 人的小型研究中，母乳喂养和肥胖之间的负相关关系尤其强烈（OR=0.43，95% CI：0.33，0.55），在大于或等于 500 名受试者的大型研究中仍然明显（OR=0.85，95% CI：0.85，0.90）。该综述提示，母乳喂养可能对未来肥胖的发展具有保护作用。在巴西东南部对 566 名学龄前儿童进行的横断面研究显示，纯母乳喂养 6 个月以上（OR=0.57，95% CI：0.38，0.86）或母乳喂养 24 个月以上（OR=0.13，95% CI：0.05，0.37）是预防儿童超重和肥胖的保护因素[71]。Taverag[72]等的队列研究中纳入了 1012 对母婴，在产后 1 年评估了母乳喂养的时间长度，结果显示母乳喂养时长每增加 3 个月，儿童 3 岁时的 BMI *z* 评分降低 0.045。Metzger 和 McDade[73]评估了婴幼儿母乳喂养史与儿童晚期或青春期（9 ～ 19 岁，平均 14 岁）BMI 之间的关系，队列中纳入了 976 名研究对象（488 对兄弟姐妹），在控制了协变量后，母乳喂养的青少年的 BMI 比其兄弟姐妹低 0.39 个标准差，在美国婴儿期母乳喂养可能是防止肥胖发展的重要保护因素。一项队列研究对 1958 年在英格兰、苏格兰和威尔士 1 周内出生的 9377 人进行定期随访，从出生到成年。在 7 岁时通过对父母进行问卷调查记录婴幼儿喂养情况（包括从未母乳喂养，部分或全部母乳喂养＜ 1 个月，或母乳喂养＞ 1 个月），并在 40 ～ 45 岁时对研究对象进行体格检测。结果显示，与从未接受母乳喂养的研究对象相比，母乳喂养＞ 1 个月者肥胖的发生风险降低（OR=0.85，95% CI：0.75，0.97）[74]。一项横断面研究发现，在 32200 名苏格兰儿童中，与配方奶喂养的儿童相比，母乳喂养的儿童在 39 ～ 42 个月大时肥胖（OR=0.78，95% CI：0.70，0.85）和严重肥胖（OR=0.73，95% CI：0.64，0.83）的概率皆显著较低，在调整了社会经济地位、出生体重和性别后，结果显示母乳喂养与降低儿童肥胖风险仍然相关[75]。这些研究结果支持母乳喂养对预防肥胖和心血管疾病具有积极作用的观点。母乳喂养不仅对儿童早期健康有益，还可能对长期健康产生积极影响。需要更多的研究来进一步探索这些关联的机制和潜在的长期效果。

9.6 降低糖摄入量的研究

糖是一个非常广泛的术语。总糖包括天然糖和游离糖。天然糖存在于水果、蔬菜、谷物，及牛奶和乳制品的乳糖中。世界卫生组织将游离糖定义为生产商、厨师或消费者在食品和饮料中添加的单糖和双糖，以及天然存在于蜂蜜、糖浆、果汁和浓缩果汁中的糖。游离糖不同于内源性糖，内源性糖存在于完整的植物细胞壁中，如蔬菜水果中的糖或天然存在于牛奶和奶制品中的乳糖。健康、均衡的饮食含有天然存在的糖分，作为全食物（即全水果、蔬菜、牛奶和乳制品以及一些谷物）的组成部分[76]。游离糖能够为食物提供更好的感官效果，但它并不是健康儿童饮食的必要组成部分，食物中游离糖过多的流行状况在儿童中令人担忧。过量摄入糖与几种代谢异常和不良健康状况有关，例如营养素缺乏、高血压等[77]。

9.6.1 生命早期糖摄入量建议

富含糖的饮食在生命早期就开始了，母亲在妊娠期和哺乳期间摄入含糖食物和饮料，婴幼儿摄入人工配制的饮料和食品。一些研究显示，游离糖摄入量过高，是肥胖、糖尿病和心血管疾病的主要风险因素[76, 78-79]。世界卫生组织 2015 年发布的指南建议人们应将游离糖的摄入量减少到每日能量摄入量的 10% 以下，并进一步建议，减少到＜ 5% 将降低成人和儿童患非传染性疾病（特别是体重过度增加和龋齿）的风险[80]。欧洲儿科胃肠病学会、肝病学和营养学委员会营养学文件表明婴儿、儿童和青少年对游离糖没有营养要求，并且目前欧洲儿童和青少年的平均糖摄入量，尤其是含糖饮料，远远超过推荐水平，在儿童和青少年中，可以通过用水代替含糖饮料来减少含糖饮料的摄入量以减轻体重和肥胖。对于 2 ～ 18 岁的儿童和青少年，应减少和尽量减少游离糖的摄入量，理想的上限为每天的游离糖摄入量所提供能量占总能量比小于 5%。小于 2 岁的婴幼儿的摄入量应该更低 [77]。然而，糖的摄入和各种疾病之间的关系是有争议的。也有研究认为，现存证据不足以说明以正确的方式摄取适量的糖会影响心血管健康 [81]。

9.6.2 长期摄入过多糖增加儿童患慢性病的风险

有学者通过对已发表研究的回顾发现，过多的糖摄入与儿童患肥胖、冠心病、糖尿病、代谢综合征的风险增加有关 [82]。在美国，尽管近年来游离糖的摄入量略有下降，但它们仍然占了美国儿童每日消耗的近 16% 的能量 [83]。含糖饮料是儿童摄入游离糖的一个重要来源。希腊的一项横断面研究（*n*=856）对 4 ～ 7 岁儿童使用 3 天食物称重记录法进行膳食调查，发现 59.8% 的儿童每天饮用含糖饮料，与不摄入含糖或低糖饮料的儿童相比，高糖饮料摄入者（＞ 250g/d）的 BMI 水平更高，超重和 / 或肥胖的风险高出两倍（OR=2.35）[84]。O'Connor 等 [85] 使用了 1999 ～ 2002 年美国健康和营养调查（NHANES）数据库对 2 ～ 5 岁学龄前儿童（*n*=1572）的数据进行了研究，发现饮料消费量的增加与儿童总能量摄入量的增加有关，但儿童的体重状况与摄入的饮料总量、牛奶、100% 果汁、水果饮料或苏打水无关。

现有的研究主要采用横断面设计探索儿童及青少年期糖的摄入和肥胖的关系，验证因果关系的纵向研究较为稀缺。一项纵向队列研究纳入了 1189 名参与婴儿喂养实践研究Ⅱ (Infant Feeding Practices Study Ⅱ) 的儿童，探讨婴儿时期摄入含糖饮料是否会预测 6 岁时的肥胖，该研究随访进行了 6 年。在婴儿期食用含糖饮料的儿童 6 岁时的肥胖患病率是未食用含糖饮料儿童的两倍（17.0% vs 8.6%)。与婴儿期不摄入含糖饮料相比，摄入任何含糖饮料 6 岁时肥胖的调整概率升高 71%，6 个月前摄入含糖饮料的调整概率升高 92%。在 10 ～ 12 个月期间，每周摄入含糖饮料≥ 3 次的儿童肥胖的概率是同期不摄入含糖饮料儿童的两倍。婴儿时期食用含糖饮料可能是儿童早期肥胖的危险因素，然而混杂因素和具体机制尚未查明[86]。Dubois 等[87]记录了加拿大某地区儿童（n=2103）在 2.5 岁、3.5 岁和 4.5 岁时两餐之间饮用含糖饮料的频率，并测量了儿童的身高和体重。结果显示，在 2.5 ～ 4.5 岁阶段两餐之间不饮用含糖饮料的儿童在 4.5 岁时的超重率为 6.9%，而饮用含糖饮料（每周 4 ～ 6 次或更多）的儿童的超重率为 15.4%；控制协变量后，多因素分析表明两餐之间饮用含糖饮料会使超重率增加一倍以上（OR=2.4），且家庭收入低的儿童更倾向于饮用含糖饮料（OR=2.7）。然而，一项于芬兰开展的针对 13 个月至 9 岁儿童进行的纵向研究发现，较高的蔗糖摄入量（定义为平均蔗糖摄入量的前 10%）与较高的 BMI 无关[88]。

此外，关于婴儿配方奶粉中糖含量与成年期肥胖和心血管疾病间的关联，目前罕见文献支持。一项于美国进行的横断面研究探讨了婴儿配方奶粉中的添加糖与婴幼儿体重快速增加之间的关系（n=141），研究对象中婴儿有 97 例（9 ～ 12 个月），幼儿有 44 例（13 ～ 15 个月）。结果显示，婴幼儿每天摄入的添加糖中，配方奶粉中的添加糖分别占 66% 和 7%。配方奶粉中的添加糖可以预测婴幼儿体重的快速增加，教育母亲如何选择低糖配方奶粉，可能有助于预防儿童肥胖[89]。

未来应进行更多长周期的纵向研究以探究生命早期蔗糖摄入与成年期肥胖及心血管疾病间的关联并了解其中的机制，以更好地了解婴幼儿如何发展他们的食物偏好和自我调节机制，特别是甜食，以便为照顾者制定关于如何喂养婴幼儿的循证指导，以有利地影响儿童的摄入模式。并且应促进系统地计算婴儿配方奶粉、婴幼儿 / 儿童 / 青少年食品和饮料中的游离糖含量。将所有食品和饮料的“游离糖”纳入食品成分表和营养软件程序，更精确地评估游离糖的摄入量和健康影响。

（周倩龄、文羽洁）

参考文献

[1] Obesity: preventing and managing the global epidemic. Report of a WHO consultation. World Health Organ Tech Rep Ser, 2000, 894(i-xii): 1-253.

[2] NCD Risk Factor Collaboration (NCD-RisC). Worldwide trends in body-mass index, underweight, overweight, and obesity from 1975 to 2016: a pooled analysis of 2416 population-based measurement studies in 128.9 million children, adolescents, and adults. Lancet, 2017, 390(10113): 2627-2642.

[3] Afshin A, Forouzanfar M H, Reitsma M B, et al. Health effects of overweight and obesity in 195 countries over 25 years. N Engl J Med, 2017, 377(1): 13-27.

[4] 郝丽鑫，张兵，王惠君，等 , 1989—2018 年我国 15 个省（自治区、直辖市）18 ～ 35 岁成年人超重和肥胖变化趋势及流行特征 . 环境与职业医学，2022, 39(5): 471-477.

[5] Bonow R O, Mitch W E, Nesto R W, et al. Prevention conference Ⅵ: diabetes and cardiovascular disease: writing group V: management of cardiovascular-renal complications. Circulation, 2002, 105(18): e159-e164.

[6] 韩晓洁，岑家佼，郭春美，等 , 2018 年深圳市光明区居民慢性病及危险因素调查 . 应用预防医学，2021, 27(5): 390-395, 400.

[7] Mensah G A, Roth G A, Fuster V. The global burden of cardiovascular diseases and risk factors: 2020 and beyond. J Am Coll Cardiol, 2019, 74(20): 2529-2532.

[8] Milner J, Wilkinson P. Trends in cause-specific mortality in Chinese provinces. Lancet, 2016, 387(10015): 204-205.

[9] 曾新颖，李镒冲，刘世炜，等 . 1990—2015 年中国四类慢性病早死概率与“健康中国 2030”下降目标分析 . 中华预防医学杂志，2017: 51(3): 209-214.

[10] Zhao D, Liu J, Wang M, et al. Epidemiology of cardiovascular disease in China: current features and implications. Nat Rev Cardiol, 2019, 16(4): 203-212.

[11] Weiwei C, Runlin G, Lisheng L, et al. Outline of the report on cardiovascular diseases in China, 2014. European Heart Journal Supplements, 2016, 18(supplF): F2-F11.

[12] Raitakari O, Pahkala K, Magnussen C G. Prevention of atherosclerosis from childhood. Nature Reviews Cardiology, 2022, 19(8): 543-554.

[13] Bułdak Ł. Cardiovascular diseases-a focus on atherosclerosis, its prophylaxis, complications and recent advancements in therapies. Int J Mol Sci, 2022, 23(9): 4695.

[14] Riaz H, Khan M S, Siddiqi T J, et al. Association between obesity and cardiovascular outcomes: a systematic review and meta-analysis of mendelian randomization studies. JAMA Network Open, 2018, 1(7): e183788.

[15] Van Gaal L F, Mertens I L, De Block C E. Mechanisms linking obesity with cardiovascular disease. Nature, 2006, 444(7121): 875-880.

[16] 焦莹莹，王柳森，姜红如，等 . 2009 ～ 2018 年中国 15 省份 18 ～ 64 岁居民心血管代谢性危险因素的流行特征 . 中国营养学会第十五届全国营养科学大会 , 2022.

[17] Blüher M. Obesity: global epidemiology and pathogenesis. Nat Rev Endocrinol, 2019, 15(5): 288-298.

[18] Camacho S, Ruppel A. Is the calorie concept a real solution to the obesity epidemic? Glob Health Action, 2017, 10(1): 1289650.

[19] Wiechert M, Holzapfel C. Nutrition concepts for the treatment of obesity in adults. Nutrients, 2021, 14(1): 169.

[20] 严双琴，徐叶清，陶芳标 . DOHaD 理论对妇幼保健工作的启示 . 中国妇幼保健，2011, 26(6): 938-940.

[21] 王政和，邹志勇，马军 . 胎儿期暴露于饥荒增加成年期患血脂异常的风险 . 达能营养中心第十八届学术年会 , 2015.

[22] Laubach Z M, Perng W, Dolinoy D C, et al. Epigenetics and the maintenance of developmental plasticity: extending the signalling theory framework. Bio Rev Camb Philos Soc, 2018, 93(3): 1323-1338.

[23] Silveira P P, Portella A K, Goldani M Z, et al. Developmental origins of health and disease (DOHaD). Jornal de pediatria, 2007, 83(6): 494-504.

[24] Barker D J. The origins of the developmental origins theory. J Intern Med, 2007, 261(5): 412-417.

[25] Barker D J, Eriksson J G, Forsén T, et al. Fetal origins of adult disease: strength of effects and biological basis. Int J Epidemiol, 2002, 31(6): 1235-1239.

[26] Scott Yoshizawa R. The Barker hypothesis and obesity: Connections for transdisciplinarity and social justice. Social Theory & Health, 2012, 10(4): 348-367.

[27] Trumbo P, Schlicker S, Yates A A, et al. Dietary reference intakes for energy, carbohydrate, fiber, fat, fatty acids, cholesterol, protein and amino acids. J Am Diet Assoc, 2002, 102(11): 1621-1630.

[28] Efsa Panel on Dietetic Products N, Allergies. Scientific opinion on dietary reference values for protein. EFSA J, 2012, 10(2): 2557.

[29] Garcia-Iborra M, Castanys-Munoz E, Oliveros E, et al. Optimal protein intake in healthy children and adolescents: evaluating current evidence. Nutrients, 2023, 15(7): 1683.

[30] 朴玮，赵丽云，于冬梅，等 . 2016—2017 年中国 6 ～ 11 岁儿童能量和宏量营养素摄入情况 . 卫生研究，2021, 50(3): 389-394.

[31] Altorf-van der Kuil W, Engberink M F, Brink E J, et al. Dietary protein and blood pressure: a systematic review. PLOS One, 2010, 5(8): e12102.

[32] Santesso N, Akl E A, Bianchi M, et al. Effects of higher- versus lower-protein diets on health outcomes: a systematic review and meta-analysis. Eur J Clin Nutr, 2012, 66(7): 780-788.

[33] Rebholz C M, Friedman E E, Powers L J, et al. Dietary protein intake and blood pressure: a meta-analysis of randomized controlled trials. Am J Epidemiol, 2012, 176(Suppl 7):S27-S43.

[34] Guardamagna O, Abello F, Cagliero P, et al. Impact of nutrition since early life on cardiovascular prevention. Ital J Pediatr, 2012, 38: 73.

[35] Günther A L, Buyken A E, Kroke A. Protein intake during the period of complementary feeding and early childhood and the association with body mass index and percentage body fat at 7 y of age. Am J Clin Nutr, 2007, 85(6): 1626-1633.

[36] Rolland-Cachera M F, Deheeger M, Akrout M, et al. Influence of macronutrients on adiposity development: a follow up study of nutrition and growth from 10 months to 8 years of age. Int J

Obes Relat Metab Disord, 1995, 19(8): 573-578.
[37] Weber M, Grote V, Closa-Monasterolo R, et al. Lower protein content in infant formula reduces BMI and obesity risk at school age: follow-up of a randomized trial. Am J Clin Nutr, 2014, 99(5): 1041-1051.
[38] Socha P, Grote V, Gruszfeld D, et al. Milk protein intake, the metabolic-endocrine response, and growth in infancy: data from a randomized clinical trial. Am J Clin Nutr, 2011, 94(6 Suppl): S1776-S1784.
[39] Koletzko B, von Kries R, Closa R, et al. Lower protein in infant formula is associated with lower weight up to age 2 y: a randomized clinical trial. Am J Clin Nutr, 2009, 89(6): 1836-1845.
[40] Koletzko B, Demmelmair H, Grote V, et al. Optimized protein intakes in term infants support physiological growth and promote long-term health. Semin Perinatol, 2019, 43(7): 151153.
[41] Hoppe C, Mølgaard C, Thomsen B L, et al. Protein intake at 9 mo of age is associated with body size but not with body fat in 10-y-old Danish children. Am J Clin Nutr, 2004, 79(3): 494-501.
[42] Günther A L, Remer T, Kroke A, et al. Early protein intake and later obesity risk: which protein sources at which time points throughout infancy and childhood are important for body mass index and body fat percentage at 7 y of age? Am J Clin Nutr, 2007, 86(6): 1765-1772.
[43] Gunnarsdottir I, Thorsdottir I. Relationship between growth and feeding in infancy and body mass index at the age of 6 years. Int J Obes Relat Metab Disord, 2003, 27(12): 1523-1527.
[44] Pimpin L, Jebb S, Johnson L, et al. Dietary protein intake is associated with body mass index and weight up to 5 y of age in a prospective cohort of twins12. Am J Clin Nutr, 2016, 103(2): 389-397.
[45] Cañete R, Gil-Campos M, Aguilera C M, et al. Development of insulin resistance and its relation to diet in the obese child. Eur J Nutr, 2007, 46(4): 181-187.
[46] Agostoni C, Scaglioni S, Ghisleni D, et al. How much protein is safe? Int J Obes (Lond), 2005, 29 (Suppl 2):S8-S13.
[47] Braun K V E, Erler N S, Kiefte-de Jong J C, et al. Dietary intake of protein in early childhood is associated with growth trajectories between 1 and 9 years of age. J Nutr, 2016, 146(11): 2361-2367.
[48] Voortman T, Vitezova A, Bramer W M, et al. Effects of protein intake on blood pressure, insulin sensitivity and blood lipids in children: a systematic review. Br J Nutr, 2015, 113(3): 383-402.
[49] Hilbig A, Kersting M. Effects of age and time on energy and macronutrient intake in German infants and young children: results of the DONALD study. J Pediatr Gastroenterol Nutr, 2006, 43(4): 518-524.
[50] Damianidi L, Gruszfeld D, Verduci E, et al. Protein intakes and their nutritional sources during the first 2 years of life: secondary data evaluation from the European Childhood Obesity Project. Eur J Clin Nutr, 2016, 70(11): 1291-1297.
[51] Merchant A T, Kelemen L E, de Koning L, et al. Interrelation of saturated fat, trans fat, alcohol intake, and subclinical atherosclerosis. Am J Clin Nutr, 2008, 87(1): 168-174.
[52] Expert panel on integrated guidelines for cardiovascular health and risk reduction in children and

adolescents: summary report. Pediatrics, 2011, 128 Suppl 5(Suppl 5): S213-S256.

[53] Raitakari O T, Rönnemaa T, Järvisalo M J, et al. Endothelial function in healthy 11-year-old children after dietary intervention with onset in infancy: the Special Turku Coronary Risk Factor Intervention Project for children (STRIP). Circulation, 2005, 112(24): 3786-3794.

[54] Napoli C, Glass C K, Witztum J L, et al. Influence of maternal hypercholesterolaemia during pregnancy on progression of early atherosclerotic lesions in childhood: Fate of Early Lesions in Children (FELIC) study. Lancet, 1999, 354(9186): 1234-1241.

[55] Raitakari O T, Juonala M, Kähönen M, et al. Cardiovascular risk factors in childhood and carotid artery intima-media thickness in adulthood: the cardiovascular risk in young finns study. JAMA, 2003, 290(17): 2277-2283.

[56] Lapinleimu H, Viikari J, Jokinen E, et al. Prospective randomised trial in 1062 infants of diet low in saturated fat and cholesterol. Lancet, 1995, 345(8948): 471-476.

[57] Niinikoski H, Viikari J, Rönnemaa T, et al. Prospective randomized trial of low-saturated-fat, low-cholesterol diet during the first 3 years of life. The STRIP baby project. Circulation, 1996, 94(6): 1386-1393.

[58] Rask-Nissilä L, Jokinen E, Rönnemaa T, et al. Prospective, randomized, infancy-onset trial of the effects of a low-saturated-fat, low-cholesterol diet on serum lipids and lipoproteins before school age: The Special Turku Coronary Risk Factor Intervention Project (STRIP). Circulation, 2000, 102(13): 1477-1483.

[59] Lehtovirta M, Pahkala K, Niinikoski H, et al. Effect of dietary counseling on a comprehensive metabolic profile from childhood to adulthood. J Pediatr, 2018(195): 190-198,e193.

[60] Oranta O, Pahkala K, Ruottinen S, et al. Infancy-onset dietary counseling of low-saturated-fat diet improves insulin sensitivity in healthy adolescents 15-20 years of age: the Special Turku Coronary Risk Factor Intervention Project (STRIP) study. Diabetes Care, 2013, 36(10): 2952-2959.

[61] Niinikoski H, Jula A, Viikari J, et al. Blood pressure is lower in children and adolescents with a low-saturated-fat diet since infancy: the special turku coronary risk factor intervention project. Hypertension, 2009, 53(6): 918-924.

[62] Pahkala K, Hietalampi H, Laitinen T T, et al. Ideal cardiovascular health in adolescence: effect of lifestyle intervention and association with vascular intima-media thickness and elasticity (the Special Turku Coronary Risk Factor Intervention Project for Children[STRIP] study). Circulation, 2013, 127(21): 2088-2096.

[63] Nupponen M, Pahkala K, Juonala M, et al. Metabolic syndrome from adolescence to early adulthood: effect of infancy-onset dietary counseling of low saturated fat: the Special Turku Coronary Risk Factor Intervention Project (STRIP). Circulation, 2015, 131(7): 605-613.

[64] Capra M E, Pederiva C, Viggiano C, et al. Nutritional approach to prevention and treatment of cardiovascular disease in childhood. Nutrients, 2021, 13(7): 2359.

[65] Bemelmans W J E, Lefrandt J D, Feskens E J M, et al. Change in saturated fat intake is

associated with progression of carotid and femoral intima-media thickness, and with levels of soluble intercellular adhesion molecule-1. Atherosclerosis, 2002, 163(1): 113-120.

[66] Owen C G, Whincup P H, Kaye S J, et al. Does initial breastfeeding lead to lower blood cholesterol in adult life? A quantitative review of the evidence. Am J Clin Nutr, 2008, 88(2): 305-314.

[67] Owen C G, Whincup P H, Gilg J A, et al. Effect of breast feeding in infancy on blood pressure in later life: systematic review and meta-analysis. BMJ, 2003, 327(7425): 1189-1195.

[68] Martin R M, Ben-Shlomo Y, Gunnell D, et al. Breast feeding and cardiovascular disease risk factors, incidence, and mortality: the Caerphilly study. J Epidemiol Community Health, 2005, 59(2): 121-129.

[69] 李海薇，赵琳．母乳喂养对婴幼儿体格发育及各系统疾病影响的研究进展．医学综述，2012, 18(21): 3604-3606.

[70] Owen C G, Martin R M, Whincup P H, et al. Effect of infant feeding on the risk of obesity across the life course: a quantitative review of published evidence. Pediatrics, 2005, 115(5): 1367-1377.

[71] Simon V G, Souza J M, Souza S B. Breastfeeding, complementary feeding, overweight and obesity in pre-school children. Rev Saude Publica, 2009, 43(1): 60-69.

[72] Taveras E M, Rifas-Shiman S L, Scanlon K S, et al. To what extent is the protective effect of breastfeeding on future overweight explained by decreased maternal feeding restriction? Pediatrics, 2006, 118(6): 2341-2348.

[73] Metzger M W, McDade T W. Breastfeeding as obesity prevention in the United States: a sibling difference model. Am J Hum Biol, 2010, 22(3): 291-296.

[74] Rudnicka A R, Owen C G, Strachan D P. The effect of breastfeeding on cardiorespiratory risk factors in adult life. Pediatrics, 2007, 119(5): e1107-e1115.

[75] Armstrong J, Reilly J J. Breastfeeding and lowering the risk of childhood obesity. The Lancet, 2002, 359(9322): 2003-2004.

[76] Vos M B, Kaar J L, Welsh J A, et al. Added sugars and cardiovascular disease risk in children: a scientific statement from the american heart association. Circulation, 2017, 135(19): e1017-e1034.

[77] Johnson R K, Appel L J, Brands M, et al. Dietary sugars intake and cardiovascular health: a scientific statement from the American Heart Association. Circulation, 2009, 120(11): 1011-1020.

[78] Ludwig D S, Peterson K E, Gortmaker S L. Relation between consumption of sugar-sweetened drinks and childhood obesity: a prospective, observational analysis. Lancet, 2001, 357(9255): 505-508.

[79] Fung T T, Malik V, Rexrode K M, et al. Sweetened beverage consumption and risk of coronary heart disease in women. Am J Clin Nutr, 2009, 89(4): 1037-1042.

[80] Geneva. WHO guidelines approved by the guidelines review committee. In: Guideline: Sugars Intake for Adults and Children. Edited by Geneva. Geneva: World Health Organization, 2015: 122-125.

[81] Rippe J M, Angelopoulos T J. Sugars, obesity, and cardiovascular disease: results from recent

randomized control trials. Eur J Nutr, 2016, 55(Suppl 2):S45-S53.
[82] DiNicolantonio J J, Lucan S C, O'Keefe J H. The evidence for saturated fat and for sugar related to coronary heart disease. Prog Cardiovasc Dis, 2016, 58(5): 464-472.
[83] Welsh J A, Sharma A J, Grellinger L, et al. Consumption of added sugars is decreasing in the United States. Am J Clin Nutr, 2011, 94(3): 726-734.
[84] Linardakis M, Sarri K, Pateraki M S, et al. Sugar-added beverages consumption among kindergarten children of Crete: effects on nutritional status and risk of obesity. BMC Public Health, 2008, 8: 279.
[85] O'Connor T M, Yang S J, Nicklas T A. Beverage intake among preschool children and its effect on weight status. Pediatrics, 2006, 118(4): e1010-e1018.
[86] Pan L, Li R, Park S, et al. A longitudinal analysis of sugar-sweetened beverage intake in infancy and obesity at 6 years. Pediatrics, 2014, 134 Suppl 1(Suppl 1): S29-S35.
[87] Dubois L, Farmer A, Girard M, et al. Regular sugar-sweetened beverage consumption between meals increases risk of overweight among preschool-aged children. J Am Diet Assoc, 2007, 107(6): 924-934.
[88] Ruottinen S, Niinikoski H, Lagström H, et al. High sucrose intake is associated with poor quality of diet and growth between 13 months and 9 years of age: the special Turku Coronary Risk Factor Intervention Project. Pediatrics, 2008, 121(6): e1676-e1685.
[89] Kong K L, Burgess B, Morris K S, et al. Association between added sugars from infant formulas and rapid weight gain in US infants and toddlers. J Nutr, 2021, 151(6): 1572-1580.